工程量清单计价编制快学快用系列

建筑电气工程清单计价
编制快学快用

李思源　主编

中国建材工业出版社

图书在版编目(CIP)数据

建筑电气工程清单计价编制快学快用/李思源主编
—北京：中国建材工业出版社，2014.7
(工程量清单计价编制快学快用系列)
ISBN 978-7-5160-0802-7

Ⅰ.①建… Ⅱ.①李… Ⅲ.①房屋建筑设备-电气设备-工程造价-基本知识 Ⅳ.①TU723.3

中国版本图书馆 CIP 数据核字(2014)第 133314 号

建筑电气工程清单计价编制快学快用

李思源　主编

出版发行：中国建材工业出版社
地　　址：北京市西城区车公庄大街6号
邮　　编：100044
经　　销：全国各地新华书店
印　　刷：北京紫瑞利印刷有限公司
开　　本：850mm×1168mm　1/32
印　　张：13.5
字　　数：376千字
版　　次：2014年7月第1版
印　　次：2014年7月第1次
定　　价：36.00元

本社网址：www.jccbs.com.cn　微信公众号：zgjcgycbs
本书如出现印装质量问题，由我社营销部负责调换。电话：(010)88386906
对本书内容有任何疑问及建议，请与本书责编联系。邮箱：dayi51@sina.com

内 容 提 要

本书根据《建设工程工程量清单计价规范》（GB 50500—2013）和《通用安装工程工程量计算规范》（GB 50856—2013），紧扣"快学快用"的理念进行编写，全面系统地介绍了建筑电气工程工程量清单计价的基础理论和方式方法。全书主要内容包括电气工程施工图绘制与识读，电气工程工程量清单，工程量清单计价费用，电气工程工程量清单计价，变配电工程计量与计价，电气线路安装工程计量与计价，电机、控制设备及照明器具安装工程计量与计价，防雷及接地工程计量与计价，附属工程与电气调整试验，电气工程计量与计价综合示例等。

本书内容丰富实用，可供建筑电气工程造价编制与管理人员使用，也可供高等院校相关专业师生学习时参考。

前　言

　　工程造价是工程建设的核心，也是市场运行的核心内容，建筑市场存在着许多不规范的行为，大多数与工程造价有直接联系。工程量清单计价是建设工程招标投标中，按照国家统一的工程量清单计价规范及相关工程国家计量规范，由招标人提供工程数量，投标人自主报价，经评审低价中标的工程造价计价模式。采用工程量清单计价有利于发挥企业自主报价的能力，同时也有利于规范业主在工程招标中计价行为，有效改变招标单位在招标中盲目压价的行为，从而真正体现公开、公平、公正的原则，反映市场经济规律。

　　2012年12月25日，住房和城乡建设部发布了《建设工程工程量清单计价规范》（GB 50500—2013）及《房屋建筑与装饰工程工程量计算规范》（GB 50854—2013）等9本工程量计算规范。这10本规范是在《建设工程工程量清单计价规范》（GB 50500—2008）的基础上，以原建设部发布的工程基础定额、消耗量定额、预算定额以及各省、自治区、直辖市或行业建设主管部门发布的工程计价定额为参考，以工程计价相关的国家或行业的技术标准、规范、规程为依据，收集近年来新的施工技术、工艺和新材料的项目资料，经过整理，在全国广泛征求意见后编制而成的，于2013年7月1日起正式实施。

　　《工程量清单计价编制快学快用系列》丛书即以《建设工程工程量清单计价规范》（GB 50500—2013）和《房屋建筑与装饰工程工程量计算规范》（GB 50854—2013）、《通用安装工程工程量计算规范》（GB 50856—2013）、《市政工程工程量计算规范》（GB 50857—2013）、《园林绿化工程工程量计算规范》（GB 50858—2013）等计价计量规范为依据编写而成。本套共包含以下分册：

　　1.《建筑工程清单计价编制快学快用》

2.《装饰装修工程清单计价编制快学快用》
3.《水暖工程清单计价编制快学快用》
4.《建筑电气工程清单计价编制快学快用》
5.《通风空调工程清单计价编制快学快用》
6.《市政工程清单计价编制快学快用》
7.《园林绿化工程清单计价编制快学快用》
8.《公路工程清单计价编制快学快用》

本套丛书主要具有以下特色：

（1）丛书的编写严格参照 2013 版工程量清单计价规范及相关工程现行国家计量规范进行编写，对建设工程工程量清单计价方式、各相关工程的工程量计算规则及清单项目设置注意事项进行了详细阐述，并细致介绍了施工过程中工程合同价款约定、工程计量与价款支付、索赔与现场签证、工程价款调整、工程计价争议处理中应注意的各项要求。

（2）丛书内容翔实、结构清晰、编撰体例新颖，在理论与实例相结合的基础上，注重应用理解，以更大限度地满足实际工作的需要，增加了图书的适用性和使用范围，提高了使用效果。

（3）丛书直接以各工程具体应用为叙述对象，详细阐述了各工程量清单计价的实用知识，具有较高的实用价值，方便读者在工作中随时查阅学习。

丛书在编写过程中，参考或引用了有关部门、单位和个人的资料，得到了相关部门及工程造价咨询单位的大力支持与帮助，在此表示衷心感谢。限于编者的学识及专业水平和实践经验，丛书中难免有疏漏或不妥之处，恳请广大读者指正。

编　者

目 录

第一章 电气工程施工图绘制与识读 …… (1)

第一节 电气工程相关概念 …… (1)
一、变配电设备 …… (1)
二、电机及动力、照明控制设备 …… (3)
三、电缆 …… (3)
四、配管配线 …… (4)
五、照明灯具 …… (4)
六、防雷接地系统 …… (5)
七、10kV 以下架空线路 …… (5)
八、电气调试 …… (6)

第二节 电气施工图绘制规定与识读方法 …… (6)
一、电气施工图绘制规定 …… (6)
二、电气施工图组成及内容 …… (8)
三、电气施工图识读要求与步骤 …… (14)

第三节 电气施工图绘制基本规定 …… (15)
一、图纸格式 …… (15)
二、图纸幅面尺寸 …… (18)
三、图线与字体 …… (19)
四、比例 …… (20)
五、编号和参照代号 …… (21)
六、标注 …… (21)
七、方位与风向频率标记 …… (22)
八、详图及其索引 …… (22)

九、设备材料表及说明 …………………………………… (23)
　第四节　电气图形符号、参照代号及标注方法 ………… (23)
　　一、电气图形符号 ………………………………………… (23)
　　二、电气图参照代号 ……………………………………… (43)
　　三、电气设备标注方式 …………………………………… (53)
　　四、电气图中其他标注方法 ……………………………… (57)

第二章　电气工程工程量清单 …………………………… (64)

　第一节　工程量清单计价概述 ……………………………… (64)
　　一、实行工程量清单计价的目的和意义 ………………… (64)
　　二、2013版清单计价规范简介 …………………………… (67)
　第二节　工程量清单概述 …………………………………… (69)
　　一、一般规定 ……………………………………………… (69)
　　二、工程量清单编制依据 ………………………………… (70)
　　三、工程量清单编制内容 ………………………………… (70)
　第三节　工程量清单编制标准格式 ………………………… (77)
　　一、工程量清单文件组成 ………………………………… (77)
　　二、工程量清单表格样式 ………………………………… (77)

第三章　工程量清单计价费用 …………………………… (92)

　第一节　建筑安装费用组成 ………………………………… (92)
　　一、建筑安装工程费用项目组成(按费用构成要素划分) …… (92)
　　二、建筑安装工程费用项目组成(按造价形成划分) ……… (97)
　第二节　建筑安装工程费用计算方法 ……………………… (100)
　　一、各费用构成计算方法 ………………………………… (100)
　　二、建筑安装工程计价参考公式 ………………………… (103)
　第三节　工程计价程序 ……………………………………… (105)
　　一、建设单位工程招标控制价计价程序 ………………… (105)

二、施工企业工程投标报价计价程序 …………………… (106)
三、竣工结算计价程序 …………………………………… (106)

第四章 电气工程工程量清单计价 ……………………… (108)

第一节 工程量清单计价规定 ……………………………… (108)
一、计价方式 ………………………………………………… (108)
二、发包人提供材料和机械设备 …………………………… (110)
三、承包人提供材料和工程设备 …………………………… (110)
四、计价风险 ………………………………………………… (111)

第二节 工程计量 …………………………………………… (113)
一、一般规定 ………………………………………………… (113)
二、单价合同的计量 ………………………………………… (113)
三、总价合同的计量 ………………………………………… (114)

第三节 招标控制价编制 …………………………………… (115)
一、一般规定 ………………………………………………… (115)
二、招标控制价编制与复核 ………………………………… (116)
三、投诉与投诉处理 ………………………………………… (118)

第四节 投标报价编制与合同价款约定 …………………… (119)
一、投标报价概述 …………………………………………… (119)
二、投标报价编制 …………………………………………… (124)
三、合同价款约定 …………………………………………… (128)

第五节 合同价款调整与支付 ……………………………… (130)
一、合同价款调整 …………………………………………… (130)
二、合同价款期中支付 ……………………………………… (146)
三、竣工结算与支付 ………………………………………… (151)
四、合同解除的价款结算与支付 …………………………… (158)
五、合同价款争议的解决 …………………………………… (159)

第六节 工程造价鉴定 ……………………………………… (163)

一、一般规定 …………………………………………… (163)
　　二、取证 ………………………………………………… (164)
　　三、鉴定 ………………………………………………… (165)
　第七节　工程计价资料与档案 …………………………… (166)
　　一、工程计价资料 ……………………………………… (166)
　　二、工程计价档案 ……………………………………… (168)
　第八节　工程量清单计价标准格式 ……………………… (168)
　　一、工程量清单计价文件组成 ………………………… (168)
　　二、工程量清单计价表格样式 ………………………… (170)

第五章　变配电工程计量与计价 …………………………… (197)

　第一节　变压器安装工程计量与计价 …………………… (197)
　　一、油浸电力变压器 …………………………………… (197)
　　二、干式变压器 ………………………………………… (199)
　　三、整流变压器 ………………………………………… (201)
　　四、自耦式变压器 ……………………………………… (202)
　　五、有载调压变压器 …………………………………… (203)
　　六、电炉变压器 ………………………………………… (204)
　　七、消弧线圈 …………………………………………… (205)
　第二节　配电装置安装工程计量与计价 ………………… (206)
　　一、断路器 ……………………………………………… (206)
　　二、真空接触器 ………………………………………… (210)
　　三、开关 ………………………………………………… (211)
　　四、互感器 ……………………………………………… (214)
　　五、高压熔断器 ………………………………………… (218)
　　六、避雷器 ……………………………………………… (220)
　　七、电抗器 ……………………………………………… (223)
　　八、交流滤波装置组架 ………………………………… (227)

九、高压成套配电柜 ································ (228)

十、组合型成套箱式变电站 ························ (231)

第三节 母线安装工程计量与计价 ···················· (232)

一、软母线 ·· (233)

二、共箱母线 ······································ (237)

三、低压封闭式插接母线槽 ························ (240)

四、始端箱、分线箱 ································ (241)

五、重型母线 ······································ (242)

第四节 蓄电池安装工程 ······························ (242)

一、蓄电池 ·· (242)

二、太阳能电池 ···································· (248)

第六章 电气线路安装工程计量与计价 ············ (252)

第一节 电缆安装工程 ································ (252)

一、电缆型号 ······································ (252)

二、电力电缆 ······································ (255)

三、控制电缆 ······································ (266)

四、电缆保护管 ···································· (268)

五、电缆槽盒 ······································ (271)

六、铺砂、盖保护板(砖) ·························· (271)

七、电缆头 ·· (272)

八、防火设施 ······································ (274)

九、电缆分支箱 ···································· (275)

第二节 滑触线装置安装工程 ·························· (277)

一、滑触线及其装置概述 ·························· (277)

二、滑触线清单项目设置及计量单位 ·············· (278)

三、工程量计算规则及计算示例 ···················· (278)

第三节 10kV 以下架空配电线路工程 ················ (281)

一、架空线路概述 …………………………………… (281)
　二、电杆组立 ………………………………………… (281)
　三、横担组装 ………………………………………… (288)
　四、导线架设 ………………………………………… (289)
　五、杆上设备 ………………………………………… (293)
第四节　配管、配线工程 ………………………………… (294)
　一、配管 ……………………………………………… (294)
　二、线槽 ……………………………………………… (299)
　三、桥架 ……………………………………………… (301)
　四、配线 ……………………………………………… (301)
　五、接线箱、接线盒 ………………………………… (316)

第七章　电机、控制设备及照明器具安装工程计量与计价 ………………………………… (318)

第一节　电机工程 ………………………………………… (318)
　一、发电机 …………………………………………… (318)
　二、调相机 …………………………………………… (321)
　三、电动机 …………………………………………… (322)
第二节　控制设备及低压电器安装工程 ……………… (333)
　一、控制设备 ………………………………………… (333)
　二、电阻器、变阻器 ………………………………… (361)
　三、小电器 …………………………………………… (362)
　四、端子箱 …………………………………………… (365)
　五、风扇 ……………………………………………… (366)
　六、照明开关、插座 ………………………………… (366)
　七、其他电器 ………………………………………… (368)
第三节　照明器具安装工程 …………………………… (368)
　一、照明灯具安装要求 ……………………………… (368)

二、普通灯具 …………………………………… (370)

三、工厂灯 ……………………………………… (371)

四、高度标志(障碍)灯 ………………………… (374)

五、装饰灯 ……………………………………… (375)

六、荧光灯 ……………………………………… (378)

七、医疗专用灯 ………………………………… (380)

八、市政工程灯具 ……………………………… (381)

第八章 防雷及接地工程计量与计价 …………… (386)

第一节 接地工程 ……………………………… (386)

一、接地装置 …………………………………… (386)

二、接地极 ……………………………………… (387)

三、接地母线 …………………………………… (388)

第二节 防雷工程 ……………………………… (389)

一、避雷装置的种类 …………………………… (389)

二、避雷引下线 ………………………………… (389)

三、均压环 ……………………………………… (391)

四、避雷网 ……………………………………… (391)

五、避雷针 ……………………………………… (392)

六、半导体少长针消雷装置 …………………… (393)

七、等电位端子箱、测试板 …………………… (394)

八、绝缘垫 ……………………………………… (395)

九、浪涌保护器 ………………………………… (395)

十、降阻剂 ……………………………………… (396)

第九章 附属工程与电气调整试验 ……………… (397)

第一节 附属工程 ……………………………… (397)

一、铁构件 ……………………………………… (397)

二、凿(压)槽与打洞(孔) ………………………………… (397)
三、管道包封 …………………………………………… (398)
四、人(手)孔砌筑与防水 ………………………………… (398)
第二节　电气调整试验 ……………………………………… (399)
一、变配电系统调整试验 ………………………………… (399)
二、电缆试验 …………………………………………… (403)
第三节　防雷及接地系统调整试验 …………………………… (404)
第四节　中央信号、照明装置系统调整试验 ………………… (405)

第十章　电气工程计量与计价综合示例 ………………… (407)

参考文献 ……………………………………………………… (417)

第一章 电气工程施工图绘制与识读

第一节 电气工程相关概念

一、变配电设备

变配电设备是用来改变电压和分配电能的电气设备。变配电设备分室内、室外两种，一般的变配电设备大多数安装在室内，有些 6～10kV 的小功率终端式变配电设备安装在室外。

1. 变压器

变压器是利用电磁感应的原理来改变交流电压的装置，主要构件是初级线圈、次级线圈和铁芯(磁芯)。变压器是变电所(站)的主要设备，其作用是改变电压，将电网的电压经变压器降压或升压，以满足各种用电设备的需求。

变压器按用途可分为两类：一类是电力变压器，主要用于输配电系统的升、降电压，如带调压器的变压器、发电厂用的升压变压器等；另一类是特种变压器，即专用变压器，主要用于变更电源的频率，如整流设备的电源、电焊设备的电源、电炉电源或作为电压互感器、电流互感器等，如电炉变压器、试验变压器、自耦变压器等。

互感器是按比例变换电压或电流的设备，是一种特种变压器，用于测量仪表和继电保护。仪表配用互感器的目的有两个方面：一方面是将测量仪表与被测量的高压电路隔离，以保证安全；另一方面是扩大仪表的量程。

互感器按用途分为电压互感器和电流互感器两种。其主要作用有：将一次系统的电压、电流信息准确地传递到二次侧相关设备；将一次系统的高电压、大电流变换为二次侧的低电压(标准值)、小电流(标准值),使测量、计量仪表和继电器等装置标准化、小型化,并降低了对二次设备的绝缘要求;将二次侧设备以及二次系统与一次系统高压设备在电气方面很好地隔离,从而保证了二次设备和人身的安全。

2. 开关设备

开关设备是电力系统中对高压配电柜、发电机、变压器、电力线路、断路器、低压开关柜、配电盘、开关箱、控制箱等配电设备的统称。

常用的开关设备有高压断路器、隔离开关及负荷开关三大类。

3. 操动机构

操动机构是高压开关设备中不可缺少的配套设备,按其操作形式及安装要求,分为电磁或电动操动机构、弹簧储能操动机构及手动操动机构。

4. 熔断器

熔断器也被称为保险丝,是一种安装在电路中,保证电路安全运行的电器元件。熔断器其实就是一种短路保护器,广泛用于配电系统和控制系统,主要进行短路保护或严重过载保护。

高压熔断器一般用于 35kV 以下高压系统中,保护电压互感器和小容量电气设备,是串在电路中最简单的一种保护电器。常用的高压熔断器有 RN1、RN2 型户内高压熔断器和 RW4 型高压户外跌落式熔断器。

5. 避雷器

避雷器是用来防止雷电产生的过电压(即高电位)沿线路侵入变电所或其他建筑物的设备。避雷器并接于被保护的设备线路上,当出现过电压时,它就对地放电,从而保护设备。

避雷器的形式有阀式避雷器和管式避雷器等。阀式避雷器常用于保护变压器,所以常装在变配电所的母线上;管式避雷器通常用于保护变电所进线端。

6. 低压配电屏

配电屏主要是用于电力分配,配电屏内有多个开关柜,每个开关柜控制相应的配电箱,电力通过配电屏输出到各个楼层的配电箱,再由各个配电箱分送到各个房间和具体的用户。

低压配电屏是按一定的接线方案将有关低压一、二次设备组装起来，用于低压配电系统中的动力、照明配电以及发电厂、变(配)电所和工矿企业中电压500V以下的三相三线或三相四线制系统的户内动力配电及照明配电。

低压配电屏按结构形式分为离墙式、靠墙式和抽屉式三种类型。

7. 静电电容器柜

电容器柜(屏)用于工矿企业变电所和车间电力设备较集中的地方，作为减少电能损失、改善电力系统功率因数的专用设备。

常用的电容器柜有 GR-1 型高压静电电容器柜，BJ-1 型、BJ(F)-3 型、BSJ-0.4 型、BSJ-1 型等低压静电电容器柜。

8. 电容器

电容器也称电力电容器，简称电容，是一种容纳电荷的器件。通常用于 10kV 以下电力系统，以改善和提高工频电力系统的功率因数，可以装于电容器柜内成套使用，也可以单独组装使用。电容器主要有移相电容器和串联电容器两种。

9. 高压支持绝缘子

高压支持绝缘子在电站、变电所配电设备及电气设备中，供导电部分绝缘和固定之用，它不属于电气设备。支持绝缘子按结构分为 A 型、B 型，分别为实芯结构(不击穿式)、薄壁结构(可击穿式)；按绝缘子外形分为普通型(少棱)和多棱形两种。

二、电机及动力、照明控制设备

电机及动力、照明控制设备是指安装在控制室、车间内的配电控制设备，主要有控制盘、箱、柜、动力配电箱以及各类开关、起动器、测量仪表、继电器等。

三、电缆

电缆通常是由几根或几组导线、每组至少两根绞合而成的类似绳索的电缆,每组导线之间相互绝缘,并常围绕着一根中心扭成,整个外面包有高度绝缘的覆盖层。由于电缆具有绝缘性能好、耐压、耐拉,敷设及维护方便等优点,所以在厂矿内的动力、照明、控制、通信等多采用。电缆一般采取埋地敷设、穿导管敷设、沿支架敷设、沿钢索敷设及沿槽架敷设等。

按绝缘性可分为纸绝缘电缆、塑料绝缘电缆和橡胶绝缘电缆;按导电材料可分为铜芯电缆、铝芯电缆和铁芯电缆;按敷设方式可分为直埋电缆和不可直埋电缆;按用途可分为电力电缆、控制电缆和通信电缆;按电压等级可分为 500V、1kV、6kV 及 10kV 的电缆,最高电压可达到 110kV、220kV 及 330kV 等。

四、配管配线

配管配线是指由配电箱接到用电器的供电线路和控制线路的安装方式,分明配和暗配两种。导线沿墙壁、天棚、梁、柱等明敷称为明配线;导线在天棚内,用夹子或绝缘子配线称为暗配线。明配管是指将管子固定在墙壁、天棚、梁、柱、钢结构及支架上;暗配管是指配合土建施工,将管子预埋在墙壁、楼板或天棚内。

五、照明灯具

1. 照明及照明灯具的分类

(1)照明按系统分为一般照明(供所有场所的照明)、局部照明(仅供某一局部地点的照明)和混合照明(一般照明与局部照明混合使用)。

(2)照明按种类分为工作照明(在工作场所保证应有的照明条件)和事故照明(在工作照明发生故障熄灭时保证照明条件,常用在重要的车间或场所,如有爆炸危险的车间、医院手术室、影剧院、会场的楼梯通道出口处等)。

(3)照明按电光源分为热辐射电源照明(如白炽灯、碘钨灯、溴钨灯)和气体放电光源照明(如荧光灯、紫外线杀菌灯、高压钠灯及高压氙气灯等)。

(4)照明灯具按其结构形式分为敞式照明灯具(无封闭灯罩者)、封闭式但非封闭的照明灯具(有封闭灯罩,但其内外能自由出入空气)、完全封闭式照明灯具(灯与玻璃罩间有紧密衬垫、丝扣连接等)、密闭式照明灯具(空气不能进入灯罩内)和防爆式照明灯具(密闭良好,能防爆,并有坚固的金属罩加以保护)。

(5)照明灯具按其安装形式可分为吸顶灯、壁灯、弯脖灯、吊灯等。

2. 照明灯具采用的电压

照明装置采用的电压有 220V 和 36V 两种,照明灯具一般采用的电压为 220V。在特殊情况下,如地下室、汽车修理处及特别潮湿的地方采用安全照明电压 36V。

六、防雷接地系统

防雷接地系统是指建筑物、构筑物及电气设备等为了防止雷击的危害并保证可靠运行所设置的系统。由接地体、接地母线、避雷针、避雷网及避雷针引下线等构成。

接地按其作用可分为以下几种:

(1)工作接地。为了保证电气设备在正常和发生事故的情况下可靠运行,将电路中的某一点与大地连接,如三相变压器中性点的接地、防雷接地等。

(2)保护接地。为了防止人体触及带电外壳而触电,将与电气设备带电部分相绝缘的金属外壳与接地体连接,如电机的外壳、管路等。

(3)重复接地。将零线上的一点或几点再次接地。

工作接地、保护接地的接地电阻不应大于 4Ω,重复接地的接地电阻不应大于 10Ω。

(4)接零。将电机、电器的金属外壳和构架与中性点直接接地系统中的零线相连接。

七、10kV 以下架空线路

远距离输电往往采用架空线路。10kV 以下架空线路一般是指从区域性变电站至厂矿内专用变电站（总降压站）的配电线路及厂区内的高低压架空线路。

架空线路分高压线路和低压线路两种：1kV 以下为低压线路；1kV 以上为高压线路。

架空线路一般由电杆、金具、绝缘子、横担、拉线和导线组成。

八、电气调试

所有电气设备在送电运行之前必须进行严格的试验和调试，主要包括以下系统及装置的调试：发电机及调相机系统，电力变压器系统，送配电系统，特殊保护装置，自动投入装置，事故照明切换及中央信号装置，母线系统，接地系统、避雷器、耦合电容器、静电电容器，硅整流设备，电动机，电梯，起重机电气设备等。

第二节 电气施工图绘制规定与识读方法

一、电气施工图绘制规定

1. 一般规定

(1)同一个工程项目所用的图纸幅面规格宜一致。

(2)同一个工程项目所用的图形符号、文字符号、参照代号、术语、线型、字体、制图方式等应一致。

(3)图样中本专业的汉字标注字高不宜小于 3.5mm，主导专业工艺、功能用房的汉字标注字高不宜小于 3.0mm，字母或数字标注字高不应小于 2.5mm。

(4)图样宜以图的形式表示，当设计依据、施工要求等在图样中无法以图表示时，应按下列规定进行文字说明：

1)对于工程项目的共性问题，宜在设计说明里集中说明。

2)对于图样中的局部问题，宜在本图样内说明。

(5)主要设备表宜注明序号、名称、型号、规格、单位、数量、备注，可按表 1-1 绘制。

表 1-1　　　　　　　　主要设备表

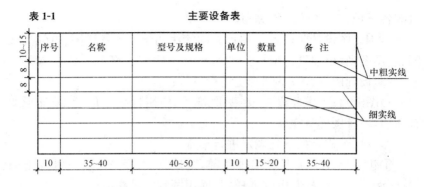

(6) 图形符号表宜注明序号、名称、图形符号、参照代号、备注等。建筑电气专业的主要设备表和图形符号表宜合并,可按表 1-2 绘制。

表 1-2　　　　　　　　主要设备、图形符号

(7) 电气设备及连接线缆、敷设路由等位置信息应以电气平面图为准,其安装高度统一标注不会引起混淆时,安装高度可在系统图、电气平面图、主要设备表或图形符号表的任一处标注。

2. 图号和图纸编排

(1) 设计图纸应有图号标识。图号标识宜表示出设计阶段、设计信息、图纸编号。

(2) 设计图纸应编写图纸目录,并宜符合下列规定:

1) 初步设计阶段工程设计的图纸目录宜以工程项目为单位进行编写。

2) 施工图设计阶段工程设计的图纸目录宜以工程项目或工程项

目的各子项目为单位进行编写。

3)施工图设计阶段各子项目共同使用的统一电气详图、电气大样图、通用图,宜单独进行编写。

(3)设计图纸宜按下列规定进行编排:

1)图纸目录、主要设备表、图形符号、使用标准图目录、设计说明宜在前,设计图样宜在后;

2)设计图样宜按下列规定进行编排:

①建筑电气系统图宜编排在前,电路图、接线图(表)、电气平面图、剖面图、电气详图、电气大样图、通用图宜编排在后;

②建筑电气系统图宜按强电系统、弱电系统、防雷、接地等依次编排;

③电气平面图应按地面下各层依次编排在前,地面上各层由低向高依次编排在后。

(4)建筑电气专业的总图宜按图纸目录、主要设备表、图形符号、设计说明、系统图、电气总平面图、路由剖面图、电力电缆井和人(手)孔剖面图、电气详图、电气大样图、通用图依次编排。

3. 图样布置

(1)由一张图纸内绘制多个电气平面图时,应自下而上按建筑物层次由低向高顺序布置。

(2)电气详图和电气大样图宜按索引编号顺序布置。

(3)每个图样均应在图样下方标注出图名,图名下应绘制一条中粗横线(0.7b),长度宜与图名长度相等。图样比例宜标注在图名的右侧,字的基准线应与图名取平;比例的字高宜比图名的字高小一号。

(4)图样中的文字说明宜采用"附注"形式书写在标题栏的上方或左侧,当"附注"内容较多时,宜对"附注"内容进行编号。

二、电气施工图组成及内容

由于每一项电气工程的规模不同,所以反映该项工程的电气图种类和数量也不尽相同,通常一项工程的电气施工图由以下几部分组成:

1. 首页

首页内容包括电气工程图的图纸目录、图例、设备明细表、设计说明等。图纸目录内容有序号、图纸名称、图纸编号、图纸张数等。图例使用表格的形式列出该系统中使用的图形符号或文字符号，通常只列出本套图纸中所涉及的一些图形符号或文字符号。设备材料明细表只列出该电气工程所需要的设备和材料的名称、型号、规格和数量等。设计说明(施工说明)主要阐述电气工程设计的依据、工程的要求和施工原则、建筑特点、电气安装标准、安装方法、工程等级、工艺要求及有关设计的补充说明等。通过识读设计说明可以了解以下内容：

(1) 工程规模概况、总体要求、采用的标准规范、标准图册及图号、负荷级别、供电要求、电压等级、供电线路及杆号、电源进户要求和方式、电压质量、弱电信号分贝要求等。

(2) 系统保护方式及接地电阻要求、系统防雷等级、防雷技术措施及要求、系统安全用电技术措施及要求、系统对过电压和跨步电压及漏电采取的技术措施。

(3) 工作电源与备用电源的切换程序及要求，供电系统短路参数，计算电流，有功负荷，无功负荷，功率因数及要求，电容补偿及切换程序要求，调整参数，试验要求及参数，大容量电动机启动方式及要求，继电保护装置的参数及要求，母线联络方式，信号装置，操作电源和报警方式。

(4) 高低压配电线路类型及敷设方法要求、厂区线路及户外照明装置的形式、控制方式；某些具体部位或特殊环境（爆炸及火灾危险、高温、潮湿、多尘、腐蚀、静电和电磁等）安装要求及方法；系统对设备、材料、元件的要求及选择原则，动力及照明线路的敷设方法与要求。

(5) 供配电控制方式、工艺装置控制方法及其联锁信号、检测、调节系统的技术方法及调整参数、自动化仪表的配置及调整参数、安装要求及其管线敷设要求、系统联动或自动控制的要求及参数、工艺系统的参数及要求。

(6) 弱电系统的机房安装要求、供电电源的要求、管线敷设方式、防雷接地要求及具体安装方法，探测器、终端及控制报警系统安装要求、信号传输分贝要求、调整及试验要求。

(7)铁构件加工制作和控制盘柜制作要求,防腐要求,密封要求,焊接工艺要求,大型部件吊装要求,混凝土基础工程施工要求,强度、设备冷却管路试验要求、蒸馏水及电解液配制要求,化学法降低接地电阻剂配制要求等非电气的有关要求。

(8)所有图中交代不清,不能表达或没有必要用图表示的要求、标准、规定、方法等。

(9)除设计说明外,其他每张图上的文字说明或注明的个别、局部的一些要求等,例如,相同或同一类别元件的安装标高及要求等。

(10)土建、暖通、设备、管道、装饰、空调制冷等专业对电气系统的要求或相互配合的有关说明、图样,如电气竖井、管道交叉、抹灰厚度、基准线等。

2. 电气总平面图

电气总平面图是在建筑总平面图上表示电源及电力负荷分布的图样。电气总平面图应表示出建筑物和构筑物的名称、外形、编号、坐标、道路形状、比例等,指北针或风玫瑰图宜绘制在电气总平面图图样的右上角。强电和弱电宜分别绘制电气总平面图。通过电气总平面图可了解该项工程的概况,掌握电气负荷的分布及电源装置等。一般大型工程都有电气总平面图,中小型工程则由动力平面图或照明平面图代替。通过识读电气总平面图可以了解以下内容:

(1)建筑物名称、编号、用途、层数、标高、等高线,用电设备容量及大型电动机容量、台数,弱电装置类别,电源及信号进户位置。

(2)变配电所位置及电压等级、变压器台数及容量、电源进户位置及方式,架空线路走向、杆塔杆型及路灯、拉线布置,电缆走向、电缆沟及电缆井的位置、回路编号、电缆根数,主要负荷导线截面面积及根数,弱电线路的走向及敷设方式,大型电动机、主要用电负荷位置以及电压等级,特殊或直流用电负荷位置、容量及其电压等级等。

(3)系统周围环境、河道、公路、铁路、工业设施、电网方位及电压等级、居民区、自然条件、地理位置、海拔等。

(4)设备材料表中的主要设备材料的规格、型号、数量、进货要求及其他特殊要求等。

(5)文字标注和符号意义,以及其他有关说明和要求等。

3. 电气系统图

电气系统图是用单线图表示电能或电信号接回路分配出去的图样。电气系统图应表示出系统的主要组成、主要特征、功能信息、位置信息、连接信息等。电气系统图宜按功能布局、位置布局绘制,连接信息可采用单线表示。电气系统图可根据系统的功能或结构(规模)的不同层次分别绘制。电气系统图宜标注电气设备、路由(回路)等的参照代号、编号等,并应采用用于系统的图形符号绘制。建筑电气系统图用得很多,动力、照明、变配电装置、通信广播、电缆电视、火灾报警、防盗保安、微机监控、自动化仪表等都要用到系统图。通过识读电气系统图可以了解以下内容:

(1)进线回路数及编号、电压等级、进线方式(架空、电缆)、导线及电缆规格型号、计算方式、电流电压互感器及仪表规格型号与数量、防雷方式及避雷器规格型号与数量。

(2)进线开关规格型号及数量、进线柜的规格型号及台数、高压侧联络开关规格型号。

(3)变压器规格型号及台数、母线规格型号及低压侧联络开关(柜)规格型号。

(4)低压出线开关(柜)的规格型号及台数、回路数用途及编号、计量方式及表计、有无直控电动机或设备及其规格型号与台数、启动方式、导线及电缆规格型号,同时对照单元系统图和平面图查阅送出回路是否一致。

(5)有无自备发电设备或 UPS,其规格型号、容量与系统连接方式及切换方式、切换开关及线路的规格型号、计算方式及仪表。

(6)电容补偿装置的规格型号与容量、切换方式及切换装置的规格型号。

4. 电气平面图

电气平面图是表示电气设备与线路平面位置的图纸,是进行建筑电气设备安装的重要依据。电气平面图应表示出建筑物轮廓线、轴线号、房间名称、楼层标高、门、窗、墙体、梁柱、平台和绘图比例等,承重墙体及柱宜涂灰。电气平面图应绘制出安装在本层的电气设备、敷设在本层和连接本层电气设备的线缆、路由等信息。进出建筑物的线缆,其保护管应注明与建筑轴线的定位尺寸、穿建筑外墙的标高和防水形式。电气平面图应标注电气设备、线缆敷设路由的安装位置、参照代号等,并应采用用于平面图的图形符号绘制。

电气平面图、剖面图中局部部位需另绘制电气详图或电气大样图时,应在局部部位处标注电气详图或电气大样图编号,在电气详图或电气大样图下方标注其编号和比例。电气设备布置不相同的楼层应分别绘制其电气平面图;电气设备布置相同的楼层可只绘制其中一个楼层的电气平面图。建筑专业的建筑平面图采用分区绘制时,电气平面图也应分区绘制,分区部位和编号宜与建筑专业一致,并应绘制分区组合示意图,各区电气设备线缆连接处应加标注。强电和弱电应分别绘制电气平面图。

防雷接地平面图应在建筑物或构筑物建筑专业的顶部平面图上绘制接闪器、引下线、断接卡、连接板、接地装置等的安装位置及电气通路。由于电气平面图缩小的比例较大,因此不能表现电气设备的具体位置,只能反映电气设备之间的相对位置关系。

通过电气平面图的识读,可以了解以下内容:
(1)了解建筑物的平面布置、轴线分布、尺寸以及图纸比例。
(2)了解各种变、配电设备的编号、名称,各种用电设备的名称、型号以及它们在平面图上的位置。
(3)弄清楚各种配电线路的起点和终点、敷设方式、型号、规格、根数,以及在建筑物中的走向、平面和垂直位置。

5. 设备布置图

设备布置图表示各种电气设备平面与空间的位置、安装方式及其相互关系。一般由平面图、立面图、断面图、剖面图及各种构建详图等组成,设备布置图一般都是按照三面视图原理绘制的,与机械工程图没有原则性区别。

6. 电路图

电路图是单独用来表示电气设备、元件控制方式及其控制线路的图纸。电路图应便于理解电路的控制原理及其功能，可不受元器件实际物理尺寸和形状的限制。电路图应表示元器件的图形符号、连接线、参照代号、端子代号、位置信息等。电路图应绘制主回路系统图。电路图的布局应突出控制过程或信号流的方向，并可增加端子接线图（表）、设备表等内容。电路图中的元器件可采用单个符号或多个符号组合表示。同一项工程同一张电路图，同一个参照代号不宜表示不同的元器件。电路图中的元器件可采用集中表示法、分开表示法、重复表示法表示。通过查看控制原理图可以知道各设备元件的工作原理、控制方式，掌握建筑物功能实现的方法等。

7. 接线图（表）

接线图（表）是与电路图配套的图纸，用来表示设备元件外部接线以及设备元件之间接线。建筑电气专业的接线图（表）宜包括电气设备单元接线图（表）、互连接线图（表）、端子接线图（表）、电缆图（表）。接线图（表）应能识别每个连接点上所连接的线缆，并应表示出线缆的型号、规格、根数、敷设方式、端子标识，宜表示出线缆的编号、参照代号及补充说明。连接点的标识宜采用参照代号、端子代号、图形符号等表示。接线图中元器件、单元或组件宜采用正方形、矩形或圆形等简单图形表示，也可采用图形符号表示。通过接线图（表）可以知道系统控制的接线及控制电缆、控制线的走向及布置等。动力、变配电装置、火灾报警、防盗保安、微机监控、自动化仪表、电梯等都要用到接线图（表）。

8. 大样图

大样图一般用来表示某一具体部位或某一设备元件的结构或具体安装方法。通过大样图可以了解该项工程的复杂程度。一般非标准的控制柜、箱，检测元件和架空线路的安装等都要用到大样图。大样图通常均采用标准通用图集，其中剖面图也是大样图的一种。

9. 电缆清册

电缆清册是用表格的形式表示该系统中电缆的规格、型号、数量、走向、敷设方法、头尾接线部位等内容,一般使用电缆较多的工程均有电缆清册,简单的工程通常没有电缆清册。

10. 电气材料表

电气材料表是把某一电气工程所需的主要设备、元件、材料和有关数据列成表格,表示其名称、符号、型号、规格、数量、备注等内容。应与图联系起来阅读,根据建筑电气施工图编制的主要设备材料和预算,作为施工图设计文件提供给建筑单位。

三、电气施工图识读要求与步骤

(一)电气施工图识读要求

(1)对于投影图的识读,其关键是要解决好平面与物体的关系,即搞清电气设备的装配、连接关系。

(2)电气系统图、原理图和接线图都是用各种图例符号绘制的示意性图样,不表示平面与物体的实际情况,只表示各种电气设备、部件之间的关系。识读时应按以下要求进行:

1)在识读电气工程施工图前,必须明确和熟悉图纸中的图形、符号所代表的内容和含义,这是识图的基础,符号掌握得越多,记得越牢,读图就越方便。

2)对于控制原理图,要搞清主电路(一次回路系统)和辅助电路(二次回路系统)的相互关系、控制原理及作用。控制回路和保护回路是为主电路服务的,它起着对主电路的启动、停止、制动及保护等作用。

3)对于每一回路的识读应从电源端开始,顺着电源线,依次通过每一电气元件时,都要弄清楚它们的动作及变化,以及由于这些变化可能造成的连锁反应。

4)不仅要掌握电气制图规则及各种电气图例符号,还要具备有关电气的一般原理知识和电气施工技术。

(二)电气施工图识读步骤

1. 粗读

粗读就是将施工图从头到尾大概浏览一遍,主要了解工程的概况，做到心中有数。粗读主要是阅读电气总平面图、电气系统图、设备材料表和设计说明。

2. 细读

细读就是仔细阅读每一张施工图，并重点掌握以下内容：
(1)每台设备和元件安装位置及要求。
(2)每条管线缆走向、布置及敷设要求。
(3)所有线缆连接部位及接线要求。
(4)所有控制、调节、信号、报警工作原理及参数。
(5)系统图、平面图及关联图样标注一致，无差错。
(6)系统层次清楚、关联部位或复杂部位清楚。
(7)土建、设备、采暖、通风等其他专业分工协作明确。

3. 精读

精读就是将施工图中的关键部位及设备、贵重设备及元件、电力变压器、大型电机及机房设施、复杂控制装置的施工图重新仔细阅读，系统熟练地掌握中心作业内容和施工图要求。

第三节　电气施工图绘制基本规定

工程图是工程界的技术语言，它的绘制格式及各种表达方式都必须遵守相关的规定。因此，阅读建筑电气工程图之前必须熟悉这些基本规定。

一、图纸格式

图纸通常由图框线、标题栏、幅面线、装订线和对中标志组成，其格式如图1-1～图1-4所示。

标题栏应符合图1-5的规定，根据工程的需要选择确定其尺寸、格式及分区。签字栏应包括实名列和签名列，并应符合下列规定：

(1)涉外工程的标题栏内，各项主要内容的中文下方应附有译文，设计单位的上方或左方，应加"中华人民共和国"字样。

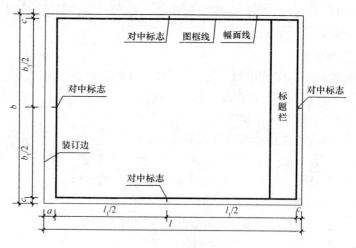

图 1-1 A0~A3 横式幅面(一)

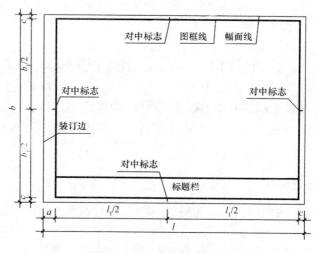

图 1-2 A0~A3 横式幅面(二)

(2)在计算机制图文件中当使用电子签名与认证时,应符合国家有关电子签名法的规定。

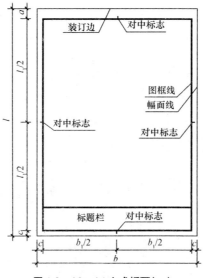

图 1-3　A0~A4 立式幅面(一)

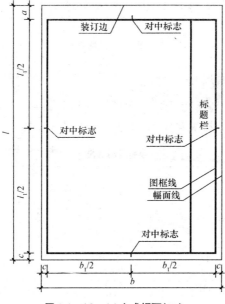

图 1-4　A0~A4 立式幅面(二)

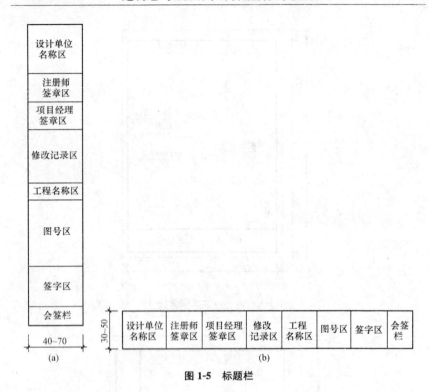

图 1-5 标题栏

二、图纸幅面尺寸

图纸的幅面是指图纸短边和长边的尺寸,一般分为 A0 号、A1 号、A2 号、A3 号、A4 号五种标准图幅。具体尺寸见表 1-3。

表 1-3　　　　　　　　　幅面及图框尺寸　　　　　　　　　mm

尺寸代号＼幅面代号	A0	A1	A2	A3	A4
$b\times l$	841×1189	594×841	420×594	297×420	210×297
c		10			5
a			25		

注:表中 b 为幅面短边尺寸,l 为幅面长边尺寸,c 为图框线与幅面线间宽度,a 为图框线与装订边间宽度,如图 1-1~图 1-4 所示。

三、图线与字体

1. 图线

(1) 建筑电气专业的图线宽度(b)应根据图纸的类型、比例和复杂程度,按现行国家标准《房屋建筑制图统一标准》(GB/T 50001—2010)的规定选用,并宜为 0.5mm、0.7mm、1.0mm。

(2) 电气总平面图和电气平面图宜采用三种及以上的线宽绘制,其他图样宜采用两种及以上的线宽绘制。

(3) 同一张图纸内,相同比例的各图样,宜选用相同的线宽组。

(4) 同一个图样内,各种不同线宽组中的细线,可统一采用线宽组中较细的细线。

(5) 建筑电气专业常用的制图图线、线型及线宽宜符合表 1-4 的规定。

表 1-4　　　　　　　制图图线、线型及线宽

图线名称		线型	线宽	一般用途
实线	粗	————	b	本专业设备之间电气通路连接线、本专业设备可见轮廓线、图形符号轮廓线
	中粗	————	$0.7b$	
	中	————	$0.5b$	本专业设备可见轮廓线、图形符号轮廓线、方框线、建筑物可见轮廓
	细	————	$0.25b$	非本专业设备可见轮廓线、建筑物可见轮廓;尺寸、标高、角度等标注线及引出线
虚线	粗	— — — —	b	本专业设备之间电气通路不可见连接线;线路改造中原有线路
	中粗	— — — —	$0.7b$	
	中	— — — —	$0.5b$	本专业设备不可见轮廓线、地下电缆沟、排管区、隧道、屏蔽线、连锁线
	细	— — — —	$0.25b$	非本专业设备不可见轮廓线及地下管沟、建筑物不可见轮廓线等

续表

图线名称		线型	线宽	一般用途
波浪线	粗	～～～	b	本专业软管、软护套保护的电气通路连接线、蛇形敷设线缆
	中粗	～～～	0.7b	
单点长画线		—·— —	0.25b	定位轴线、中心线、对称线；结构、功能、单元相同围框线
双点长画线		—··—	0.25b	辅助围框线、假想或工艺设备轮廓线
折断线		——〤——	0.25b	断开界线

(6)图样中可使用自定义的图线、线型及用途,并应在设计文件中明确说明。自定义的图线、线型及用途不应与现行国家有关标准相矛盾。

2. 字体

图面上的汉字、字母和数字是图纸的重要组成部分,因此,图中的字体必须字体端正,笔画清楚,排列整齐、间距均匀。图样和说明中的汉字宜用长仿宋体和黑体,图样和说明中的拉丁字母、阿拉伯数字与罗马数字宜采用单线简体或 ROMAN 字体。字体的字高应从表 1-5 中选取。

表 1-5 字体的最小高度 mm

字体种类	中文矢量字体	True type 字体及非文中矢量字体
字高	3.5、5、7、10、14、20	3、4、6、8、10、14、20

四、比例

(1)电气总平面图、电气平面图的制图比例,宜与工程项目设计的主导专业一致,采用的比例宜符合表 1-6 的规定,并应优先采用常用比例。

表 1-6　　　　　电气总平面图、电气平面图的制图比例

序号	图名	常用比例	可用比例
1	电气总平面图、规划图	1:500、1:1000、1:2000	1:300、1:5000
2	电气平面图	1:50、1:100、1:150	1:200
3	电气竖井、设备间、电信间、变配电室等平、剖面图	1:20、1:50、1:100	1:25、1:150
4	电气详图、电气大样图	10:1、5:1、2:1、1:1、1:2、1:5、1:10、1:20	4:1、1:25、1:50

(2)电气总平面图、电气平面图应按比例制图,并应在图样中标注制图比例。

(3)一个图样宜选用一种比例绘制。选用两种比例绘制时,应做说明。

五、编号和参照代号

(1)当同一类型或同一系统的电气设备、线路(回路)、元器件等的数量大于或等于 2 时,应进行编号。

(2)当电气设备的图形符号在图样中不能清晰地表达其信息时,应在其图形符号附近标注参照代号。

(3)编号宜选用 1、2、3……数字顺序排列。

(4)参照代号采用字线代码标注时,参照代号宜由前缀符号、字线代码和数字组成。当采用参照代号标注不会引起混淆时,参照代号的前缀符号可省略。

(5)参照代号可表示项目的数量、安装位置、方案等信息。参照代号的编制规则宜在设计文件里说明。

六、标注

(1)电气设备的标注应符合下列规定:

1)宜在用电设备的图形符号附近标注其额定功率、参照代号;

2)对于电气箱(柜、屏),应在其图形符号附近标注参照代号,并宜标注设备安装容量;

3)对于照明灯具,宜在其图形符号附近标注灯具的数量、光源数量、光源安装容量、安装高度、安装方式。

(2)电气线路的标注应符合下列规定:

1)应标注电气线路的回路编号或参照代号、线缆型号及规格、根数、敷设方式、敷设部位等信息;

2)对于弱电线路,宜在线路上标注本系统的线型符号,线型符号应按有关标准的规定标注;

3)对于封闭母线、电缆梯架、托盘和槽盒宜标注其规格及安装高度。

七、方位与风向频率标记

1. 方位

工程平面图一般按上北下南、左西右东来表示建筑物和设备的位置和朝向。在许多情况下都用方位标记(指北针方向)来表示朝向。方位标记如图1-6所示。

图1-6 方位标记

2. 风向频率标记

风向频率标记是在工程总平面图上表示该地区全面和夏季风向频率的符号。它是根据某一地区多年统计的风向发生频率的平均值,按一定比例绘制而成的。风向频率标记形似一朵玫瑰花,故又称为风向玫瑰图,如图1-7所示。

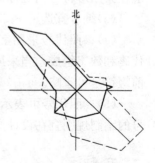

图1-7 风向玫瑰图

八、详图及其索引

为了详细表明某些细部的结构、做法、

安装工艺要求,有时需要将这部分单独放大,详细表示,这种图称为详图。根据不同的情况,详图可以与总图画在同一张图样上,也可以画在另外的图样上。这就需要用一标志将详图和总图联系起来,这种联系标志称为详图索引,如图 1-8 所示。图 1-8(a)表示 2 号详图与总图画在同一张图上;图 1-8(b)表示 2 号详图画在第 3 张图样上;图 1-8(c)表示 5 号详图被索引在第 2 张图样上,可采用编号为 J103 的标准图集中的标准图。

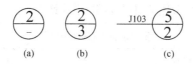

图 1-8　详图索引标志

九、设备材料表及说明

设备材料表一般都要列出系统主要设备及主要材料的规格、型号、数量、具体要求或产地。但是表中的数量一般只作为概算估计数,不作为设备和材料的供货依据。

在某些图纸上还写有"说明"。说明主要标注图中交代不清或没有必要用图表示的要求、标准、规格等,并用以补充说明工程特点、设计思想、施工方法、维护管理等方面的注意事项。

第四节　电气图形符号、参照代号及标注方法

一、电气图形符号

图形符号是构成电气图的基本单元。电气工程图形符号的种类很多,一般都画在电气系统图、平面图、原理图和接线图上,用于标明电气设备、装置、元器件及电气线路在电气系统中的位置、功能和作用。

(1)图样中采用的图形符号应符合下列规定:
1)图形符号可放大或缩小;

2)当图形符号旋转或镜像时,其中的文字宜为视图的正向;

3)当图形符号有两种表达形式时,可任选其中一种形式,但同一工程应使用同一种表达形式;

4)当现有图形符号不能满足设计要求时,可按图形符号生成原则产生新的图形符号;新产生的图形符号宜由一般符号与一个或多个相关的补充符号组合而成;

5)补充符号可置于一般符号的里面、外面或与其相交。

(2)强电图样宜采用表 1-7 的常用图形符号。

表 1-7 强电图样的常用图形符号

序号	常用图形符号		说 明	应用类别
	形式 1	形式 2		
1	─╫─	─／─	导线组(示出导线数,如示出三根导线)	电路图、接线图、平面图、总平面图、系统图
2	∿		软连接	
3	○		端子	
4	▭▭▭▭▭		端子板	电路图
5	┬	┬	T 型连接	
6	┼	┼	导线的双 T 连接	电路图、接线图、平面图、总平面图、系统图
7	┼		跨接连接(跨越连接)	
8	⊂		阴接触件(连接器的)、插座	电路图、接线图、系统图

续一

序号	常用图形符号		说 明	应用类别
	形式1	形式2		
9	▬━━		阳接触件(连接器的)、插头	电路图、接线图、平面图、系统图
10	╱		定向连接	
11	╲╱		进入线束的点(本符号不适用于表示电气连接)	
12	─▭─		电阻器,一般符号	电路图、接线图、平面图、总平面图、系统图
13	─┤├─		电容器,一般符号	
14	▽		半导体二极管,一般符号	电路图
15	▽↗		发光二极管,一般符号	
16	▽△		双向三级闸流晶体管	
17	─┤◁		PNP 晶体管	

续二

序号	常用图形符号		说　　明	应用类别
	形式1	形式2		
18	★		电机,一般符号,见注2	电路图、接线图、平面图、系统图
19	Ⓜ 3~		三相笼式感应电动机	电路图
20	Ⓜ 1~		单相笼式感应电动机,有绕组分相引出端子	电路图
21	Ⓜ 3~		三相绕线式转子感应电动机	
22	⊗	⌇⌇	双绕组变压器,一般符号(形式2可表示瞬时电压的极性)	
23	⊗	⌇⌇	绕组间有屏蔽的双绕组变压器	电路图、接线图、平面图、总平面图、系统图 形式2只适用电路图
24	⊗	⌇⌇	一个绕组上有中间抽头的变压器	

续三

序号	常用图形符号 形式1	常用图形符号 形式2	说　　明	应用类别
25			星形—三角形连接的三相变压器	电路图、接线图、平面图、总平面图、系统图 形式2只适用电路图
26			具有4个抽头的星形—星形连接的三相变压器	电路图、接线图、平面图、总平面图、系统图 形式2只适用电路图
27			单相变压器组成的三相变压器,星形—三角形连接	
28			具有分接开关的三相变压器,星形—三角形连接	电路图、接线图、平面图、系统图 形式2只适用电路图
29			三相变压器,星形—星形—三角形连接	电路图、接线图、系统图 形式2只适用电路图
30			自耦变压器,一般符号	电路图、接线图、平面图、总平面图、系统图 形式2只适用电路图

续四

序号	常用图形符号		说　明	应用类别
	形式1	形式2		
31			单相自耦变压器	
32			三相自耦变压器,星形连接	
33			可调压的单相自耦变压器	电路图、接线图、系统图 形式2只适用电路图
34			三相感应调压器	
35			电抗器,一般符号	
36			电压互感器	
37			电流互感器,一般符号	电路图、接线图、平面图、总平面图、系统图 形式2只适用电路图

续五

序号	常用图形符号 形式1	常用图形符号 形式2	说明	应用类别
38			具有两个铁芯,每个铁芯有一个次级绕组的电流互感器,见注3,其中形式2中的铁芯符号可以略去	
39			在一个铁芯上具有两个次级绕组的电流互感器,形式2中的铁芯符号必须画出	
40			具有三条穿线一次导体的脉冲变压器或电流互感器	
41			三个电流互感器(四个次级引线引出)	电路图、接线图、系统图 形式2只适用电路图
42			具有两个铁芯,每个铁芯有一个次级绕组的三个电流互感器,见注3	
43			两个电流互感器,导线L1和导线L3;三个次级引线引出	

续六

序号	常用图形符号		说　明	应用类别
	形式1	形式2		
44			具有两个铁芯,每个铁芯有一个次级绕组的两个电流互感器,见注3	电路图、接线图、系统图 形式2只适用电路图
45		○		
46		□	物件,一般符号	电路图、接线图、平面图、系统图
47		▭ 注4		
48			有稳定输出电压的变换器	电路图、接线图、系统图
49		f1/f2	频率由f1变到f2的变频器(f1和f2可用输入和输出频率的具体数值代替)	电路图、系统图
50			直流/直流变换器	
51			整流器	电路图、接线图、系统图
52			逆变器	

续七

序号	常用图形符号 形式1	常用图形符号 形式2	说明	应用类别
53			整流器/逆变器	电路图、接线图、系统图
54			原电池 长线代表阳极,短线代表阴极	
55			静止电能发生器,一般符号	电路图、接线图、平面图、系统图
56			光电发生器	电路图、接线图、系统图
57			剩余电流监视器	
58			动合(常开)触点,一般符号;开关,一般符号	电路图、接线图
59			动断(常闭)触点	
60			先断后合的转换触点	

续八

序号	常用图形符号		说　明	应用类别
	形式1	形式2		
61			中间断开的转换触点	
62			先合后断的双向转换触点	
63			延时闭合的动合触点（当带该触点的器件被吸合时，此触点延时闭合）	
64			延时断开的动合触点（当带该触点的器件被释放时，此触点延时断开）	电路图、接线图
65			延时断开的动断触点（当带该触点的器件被吸合时，此触点延时断开）	
66			延时闭合的动断触点（当带该触点的器件被释放时，此触点延时闭合）	
67			自动复位的手动按钮开关	
68			无自动复位的手动旋转开关	

续九

序号	常用图形符号 形式1	常用图形符号 形式2	说明	应用类别
69	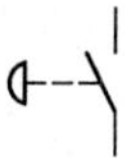		具有动合触点且自动复位的蘑菇头式的应急按钮开关	
70	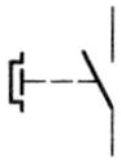		带有防止无意操作的手动控制的具有动合触点的按钮开关	
71			热继电器,动断触点	电路图、接线图
72	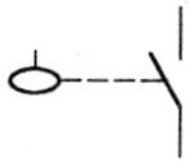		液位控制开关,动合触点	
73	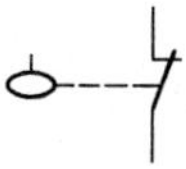		液位控制开关,动断触点	
74	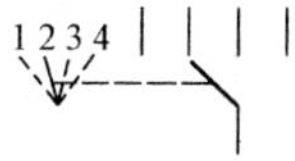		带位置图示的多位开关,最多四位	电路图
75			接触器;接触器的主动合触点(在非操作位置上触点断开)	电路图、接线图
76			接触器;接触器的主动断触点(在非操作位置上触点闭合)	

续十

序号	常用图形符号		说　明	应用类别
	形式1	形式2		
77			隔离器	
78			隔离开关	
79			带自动释放功能的隔离开关(具有由内装的测量继电器或脱扣器触发的自动释放功能)	
80			断路器,一般符号	
81			带隔离功能断路器	电路图、接线图
82			剩余电流动作断路器	
83			带隔离功能的剩余电流动作断路器	
84			继电器线圈,一般符号;驱动器件,一般符号	
85			缓慢释放继电器线圈	

续十一

序号	常用图形符号 形式1	常用图形符号 形式2	说　明	应用类别
86			缓慢吸合继电器线圈	
87			热继电器的驱动器件	
88			熔断器，一般符号	
89			熔断器式隔离器	电路图、接线图
90			熔断器式隔离开关	
91			火花间隙	
92			避雷器	
93			多功能电器控制与保护开关电器（CPS）（该多功能开关器件可通过使用相关功能符号表示可逆功能、断路器功能、隔离功能、接触器功能和自动脱扣功能。当使用该符号时，可省略不采用的功能符号要素）	电路图、系统图

续十二

序号	常用图形符号 形式1	常用图形符号 形式2	说 明	应用类别
94	V		电压表	电路图、接线图、系统图
95	Wh		电度表（瓦时计）	电路图、接线图、系统图
96	Wh		复费率电度表（示出二费率）	电路图、接线图、系统图
97	⊗		信号灯,一般符号,见注5	电路图、接线图、平面图、系统图
98			音响信号装置,一般符号（电喇叭、电铃、单击电铃、电动汽笛）	电路图、接线图、平面图、系统图
99			蜂鸣器	电路图、接线图、平面图、系统图
100	□		发电站,规划的	总平面图
101	▨		发电站,运行的	总平面图
102			热电联产发电站,规划的	总平面图

续十三

序号	常用图形符号		说　明	应用类别
	形式1	形式2		
103			热电联产发电站,运行的	总平面图
104			变电站、配电所,规划的（可在符号内加上任何有关变电站详细类型的说明）	总平面图
105			变电站、配电所,运行的	
106			接闪杆	接线图、平面图、总平面图、系统图
107			架空线路	总平面图
108			电力电缆井/人孔	
109			手孔	
110			电缆梯架、托盘和槽盒线路	平面图、总平面图
111			电缆沟线路	
112			中性线	电路图、平面图、系统图
113			保护线	
114			保护线和中性线共用线	
115			带中性线和保护线的三相线路	

续十四

序号	常用图形符号		说　明	应用类别
	形式1	形式2		
116			向上配线或布线	平面图
117			向下配线或布线	
118			垂直通过配线或布线	
119			由下引来配线或布线	
120			由上引来配线或布线	
121	⊙		连接盒；接线盒	
122		MS	电动机启动器，一般符号	电路图、接线图、系统图 形式2用于平面图
123		SDS	星-三角启动器	
124		SAT	带自耦变压器的启动器	
125		ST	带可控硅整流器的调节-启动器	

续十五

序号	常用图形符号		说明	应用类别
	形式1	形式2		
126			电源插座、插孔,一般符号(用于不带保护极的电源插座),见注6	
127	3		多个电源插座(符号表示三个插座)	
128			带保护极的电源插座	
129			单相二、三极电源插座	
130			带保护极和单极开关的电源插座	
131			带隔离变压器的电源插座(剃须插座)	平面图
132			开关,一般符号(单联单控开关)	
133			双联单控开关	
134			三联单控开关	
135	n		n联单控开关,n>3	
136			带指示灯的开关(带指示灯的单联单控开关)	

续十六

序号	常用图形符号		说　明	应用类别
	形式1	形式2		
137			带指示灯双联单控开关	
138			带指示灯的三联单控开关	
139			带指示灯的 n 联单控开关,n>3	
140			单极限时开关	
141			单极声光控开关	
142			双控单极开关	平面图
143			单极拉线开关	
144			风机盘管三速开关	
145			按钮	
146			带指示灯的按钮	
147			防止无意操作的按钮(例如借助于打碎玻璃罩进行保护)	

续十七

序号	常用图形符号 形式1	常用图形符号 形式2	说明	应用类别
148	⊗		灯,一般符号,见注7	
149	E		应急疏散指示标志灯	
150	→		应急疏散指示标志灯(向右)	
151	←		应急疏散指示标志灯(向左)	
152	⇌		应急疏散指示标志灯(向左、向右)	
153	✕●		专用电路上的应急照明灯	平面图
154	⊠		自带电源的应急照明灯	
155	⊢─┤		荧光灯,一般符号(单管荧光灯)	
156	⊟		二管荧光灯	
157	⊟		三管荧光灯	
158	⊢n/─┤		多管荧光灯,n>3	
159	⊡		单管格栅灯	

续十八

序号	常用图形符号		说明	应用类别
	形式1	形式2		
160	▭		双管格栅灯	
161	▭		三管格栅灯	
162	⊗		投光灯,一般符号	平面图
163	⊗→		聚光灯	
164	◯		风扇;风机	

注:1. 当电气元器件需要说明类型和敷设方式时,宜在符号旁标注下列字母:EX—防爆;EN—密闭;C—暗装。

2. 当电机需要区分不同类型时,符号"★"可采用下列字母表示:G—发电机;GP—永磁发电机;GS—同步发电机;M—电动机;MG—能作为发电机或电动机使用的电机;MS—同步电动机;MGS—同步发电机-电动机等。

3. 符号中加上端子符号(○)表明是一个器件,如果使用了端子代号,则端子符号可以省略。

4. ▫可作为电气箱(柜、屏)的图形符号,当需要区分其类型时,宜在▫内标注下列字母:LB—照明配电箱;ELB—应急照明配电箱;PB—动力配电箱;EPB—应急动力配电箱;WB—电度表箱;SB—信号箱;TB—电源切换箱;CB—控制箱、操作箱。

5. 当信号灯需要指示颜色,宜在符号旁标注下列字母:YE—黄;RD—红;GN—绿;BU—蓝;WH—白。如果需要指示光源种类,宜在符号旁标注下列字母:Na—钠气;Xe—氙;Ne—氖;IN—白炽灯;Hg—汞;I—碘;EL—电致发光的;ARC—弧光;IR—红外线;FL—荧光的;UV—紫外线;LED—发光二极管。

6. 当电源插座需要区分不同类型时,宜在符号旁标注下列字母:1P—单相;3P—三相;1C—单相暗敷;3C—三相暗敷;1EX—单相防爆;3EX—三相防爆;1EN—单相密闭;3EN—三相密闭。

7. 当灯具需要区分不同类型时,宜在符号旁标注下列字母:ST—备用照明;SA—安全照明;LL—局部照明灯;W—壁灯;C—吸顶灯;R—筒灯;EN—密闭灯;G—圆球灯;EX—防爆灯;E—应急灯;L—花灯;P—吊灯;BM—浴霸。

二、电气图参照代号

1. 参照代号的构成

(1)参照代号主要作为检索项目信息的代号。通过使用参照代号,可以表示不同层次的产品,也可以把产品的功能信息或位置信息联系起来。参照代号有三种构成方式:①前缀符号加字母代码;②前缀符号加字母代码和数字;③前缀符号加数字。前缀符号字符分为:

1)"-"表示项目的产品信息(即系统或项目的构成);

2)"="表示项目的功能信息(即系统或项目的作用);

3)"+"表示项目的位置信息(即系统或项目的位置)。

(2)参照代号的主类字母代码按所涉及项目的用途和任务划分。参照代号的子类字母代码(第二字符)是依据国家标准《技术产品及技术产品文件结构原则 字母代码 按项目用途和任务划分的主类和子类》(GB/T 20939—2007)划分。由于子类字母代码的划分并没有明确的规则,因此参照代号的字母代码应优先采用单字母;只有当用单字母代码不能满足设计要求时,可采用多字母代码,以便较详细和具体地表达电气设备、装置和元器件。

(3)当电气设备的图形符号在图样中不会引起混淆时,可不标注其参照代号,例如电气平面图中的照明开关或电源插座,如果没有特殊要求时,可只绘制图形符号。当电气设备的图形符号在图样中不能清晰地表达其信息时,例如电气平面图中的照明配电箱,如果数量大于等于2且规格不同时,只绘制图形符号已不能区别,需要在图形符号附近加注参照代号 AL1、AL2……

2. 参照代号的标注

(1)参照代号宜水平书写。当符号用于垂直布置图样时,与符号相关的参照代号应置于符号的左侧;当符号用于水平布置图样时,与符号相关的参照代号应置于符号的上方。与项目相关的参照代号,应清楚地关联到项目上,不应与项目交叉,否则可借助引出线。

(2)在功能和结构上属于同一单元的项目,可用单点长画线有规则地封闭围成围框,参照代号宜置于围框线的左上方或左方。

(3)参照代号有利于识别项目。当项目数量在 9 以内时,编号采用阿拉伯数字 1~9。数量在 99 以内时,编号采用阿拉伯数字 01~99。

3. 参照代号的应用

(1)参照代号的应用应根据实际工程的规模确定,同一个项目其参照代号可有不同的表示方式。以照明配电箱为例,如果一个建筑工程楼层超过 10 层,一个楼层的照明配电箱数量超过 10 个,每个照明配电箱参照代号的编制规则如图 1-9 所示。

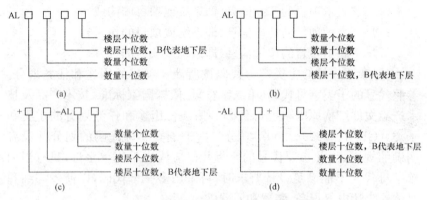

图 1-9 照明配电箱参照代号编制规则示例

参照代号 AL11B2,ALB211,+B2-ALL11,-AL11+B2,均可表示安装在地下二层的第 11 个照明配电箱。采用图 1-9(a)、(b)参照代号标注,因不会引起混淆,所以取消了前缀符号"-"。图 1-9(a)、(b)表示方式占用字符少,但参照代号的编制规则需在设计文件里说明。采用图 1-9(c)、(d)参照代号标注,对位置、数量信息表示更加清晰、直观、易懂,且前缀符号国家标准有定义,参照代号的编制规则不用再在设计文件里说明。

这四种参照代号的表示方式,设计人员可任意选择使用,但同一项工程使用参照代号的表示方式应一致。

(2)如果是参照代号采用前缀符号加字母代码和数字,则数字应在字母代码之后,数字可以对具有相同字母代码的项目(电气元件、配电箱等)进行编号等,数字可以代表一定的意义。

(3) 参照代号分为单层参照代号和多层参照代号,单层参照代号使用 1 个前缀符号表示项目 1 个信息,多层参照代号使用 2~3 个前缀符号(相同或不同)表示项目多个信息。一般使用多层参照代号可以比较准确标识项目,如图 1-9(c)、(d)所示。

(4) 图 1-9(c)、(d)中字母 B 代表地下层,地上层可用字母 F 代替,或直接写数字。例如:+F2－AL11 和+2－AL11 均表示地上 2 层第 11 个照明配电箱。位置信息可以用于表示群体建筑中的个体建筑、不同流水作业段或防火分区等。多层参照代号的使用示例见表 1-8。

表 1-8　　　　　　　　多层参照代号使用示例

序号	多层参照代号示例	说　　明
1	+I－AK1	I 段母线的 AK1 动力配电柜
2	+A+F2－AL11	A 栋 2 层第 11 照明配电箱
3	=CP01－AC1	CP01 空压机系统第 1 控制箱

4. 电气图常用参照代号

电气设备常用参照代号宜采用表 1-9 的字母代码。

表 1-9　　　　　　　电气设备常用参照代号的字母代码

项目种类	设备、装置和元件名称	参照代号的字母代码	
		主类代码	含子类代码
两种或两种以上的用途或任务	35kV 开关柜	A	AH
	20kV 开关柜		AJ
	10kV 开关柜		AK
	6kV 开关柜		—
	低压配电柜		AN
	并联电容器箱(柜、屏)		ACC
	直流配电箱(柜、屏)		AD
	保护箱(柜、屏)		AR

续一

项目种类	设备、装置和元件名称	参照代号的字母代码 主类代码	参照代号的字母代码 含子类代码
两种或两种以上的用途或任务	电能计量箱(柜、屏)	A	AM
	信号箱(柜、屏)		AS
	电源自动切换箱(柜、屏)		AT
	动力配电箱(柜、屏)		AP
	应急动力配电箱(柜、屏)		APE
	控制、操作箱(柜、屏)		AC
	励磁箱(柜、屏)		AE
	照明配电箱(柜、屏)		AL
	应急照明配电箱(柜、屏)		ALE
	电度表箱(柜、屏)		AW
	弱电系统设备箱(柜、屏)		—
把某一输入变量(物理性质、条件或事件)转换为供进一步处理的信号	热过载继电器	B	BB
	保护继电器		BB
	电流互感器		BE
	电压互感器		BE
	测量继电器		BE
	测量电阻(分流)		BE
	测量变送器		BE
	气表、水表		BF
	差压传感器		BF
	流量传感器		BF
	接近开关、位置开关		BG
	接近传感器		BG
	时钟、计时器		BK
	温度计、湿度测量传感器		BM
	压力传感器		BP

续二

项目种类	设备、装置和元件名称	参照代号的字母代码	
		主类代码	含子类代码
把某一输入变量（物理性质、条件或事件）转换为供进一步处理的信号	烟雾（感烟）探测器	B	BR
	感光（火焰）探测器		BR
	光电池		BR
	速度计、转速计		BS
	速度变换器		BS
	温度传感器、温度计		BT
	麦克风		BX
	视频摄像机		BX
	火灾探测器		—
	气体探测器		
	测量变换器		
	位置测量传感器		BG
	液位测量传感器		BL
材料、能量或信号的存储	电容器	C	CA
	线圈		CB
	硬盘		CF
	存储器		CF
	磁带记录仪、磁带机		CF
	录像机		CF
提供辐射能或热能	白炽灯、荧光灯	E	EA
	紫外灯		EA
	电炉、电暖炉		EB
	电热、电热丝		EB
	灯、灯泡		—
	激光器		
	发光设备		
	辐射器		

续三

项目种类	设备、装置和元件名称	参照代号的字母代码	
		主类代码	含子类代码
直接防止(自动)能量流、信息流、人身或设备发生危险的或意外的情况,包括用于防护的系统和设备	热过载释放器	F	FD
	熔断器		FA
	安全栅		FC
	电涌保护器		FC
	接闪器		FE
	接闪杆		FE
	保护阳极(阴极)		FR
启动能量流或材料流,产生用作信息载体或参考源的信号。生产一种新能量、材料或产品	发电机	G	GA
	直流发电机		GA
	电动发电机组		GA
	柴油发电机组		GA
	蓄电池、干电池		GB
	燃料电池		GB
	太阳能电池		GC
	信号发生器		GF
	不间断电源		GU
处理(接收、加工和提供)信号或信息(用于防护的物体除外,见F类)	继电器	K	KF
	时间继电器		KF
	控制器(电、电子)		KF
	输入、输出模块		KF
	接收机		KF
	发射机		KF
	光耦器		KF
	控制器(光、声学)		KG
	阀门控制器		KH
	瞬时接触继电器		KA

续四

项目种类	设备、装置和元件名称	参照代号的字母代码	
		主类代码	含子类代码
处理(接收、加工和提供)信号或信息(用于防护的物体除外,见F类)	电流继电器	K	KC
	电压继电器		KV
	信号继电器		KS
	瓦斯保护继电器		KB
	压力继电器		KPR
提供驱动用机械能(旋转或线性机械运动)	电动机	M	MA
	直线电动机		MA
	电磁驱动		MB
	励磁线圈		MB
	执行器		ML
	弹簧储能装置		ML
提供信息	打印机	P	PF
	录音机		PF
	电压表		PV
	告警灯、信号灯		PG
	监视器、显示器		PG
	LED(发光二极管)		PG
	铃、钟		PB
	计量表		PG
	电流表		PA
	电度表		PJ
	时钟、操作时间表		PT
	无功电度表		PJR
	最大需用量表		PM
	有功功率表		PW
	功率因数表		PPF
	无功电流表		PAR

续五

项目种类	设备、装置和元件名称	参照代号的字母代码	
		主类代码	含子类代码
提供信息	(脉冲)计数器	P	PC
	记录仪器		PS
	频率表		PF
	相位表		PPA
	转速表		PT
	同位指示器		PS
	无色信号灯		PG
	白色信号灯		PGW
	红色信号灯		PGR
	绿色信号灯		PGG
	黄色信号灯		PGY
	显示器		PC
	温度计、液位计		PG
受控切换或改变能量流、信号流或材料流(对于控制电路中的信号,见 K 类和 S 类)	断路器	Q	QA
	接触器		QAC
	晶闸管、电动机启动器		QA
	隔离器、隔离开关		QB
	熔断器式隔离器		QB
	熔断器式隔离开关		QB
	接地开关		QC
	旁路断路器		QD
	电源转换开关		QCS
	剩余电流保护断路器		QR
	软启动器		QAS
	综合启动器		QCS
	星—三角启动器		QSD
	自耦降压启动器		QTS
	转子变阻式启动器		QRS

续六

项目种类	设备、装置和元件名称	参照代号的字母代码	
		主类代码	含子类代码
限制或稳定能量、信息或材料的运动或流动	电阻器、二极管	R	RA
	电抗线圈		RA
	滤波器、均衡器		RF
	电磁锁		RL
	限流器		RN
	电感器		—
把手动操作转变为进一步处理的特定信号	控制开关	S	SF
	按钮开关		SF
	多位开关(选择开关)		SAC
	启动按钮		SF
	停止按钮		SS
	复位按钮		SR
	试验按钮		ST
	电压表切换开关		SV
	电流表切换开关		SA
保持能量性质不变的能量变换,已建立的信号保持信息内容不变的变换,材料形态或形状的变换	变频器、频率转换器	T	TA
	电力变压器		TA
	DC/DC转换器		TA
	整流器、AC/DC变换器		TB
	天线、放大器		TF
	调制器、解调器		TF
	隔离变压器		TF
	控制变压器		TC
	整流变压器		TR
	照明变压器		TL
	有载调压变压器		TLC
	自耦变压器		TT

续七

项目种类	设备、装置和元件名称	参照代号的字母代码	
		主类代码	含子类代码
保护物体在一定的位置	支柱绝缘子	U	UB
	强电梯架、托盘和槽盒		UB
	瓷瓶		UB
	弱电梯架、托盘和槽盒		UG
	绝缘子		—
从一地到另一地导引或输送能量、信号、材料或产品	高压母线、母线槽	W	WA
	高压配电线缆		WB
	低压母线、母线槽		WC
	低压配电线缆		WD
	数据总线		WF
	控制电缆、测量电缆		WG
	光缆、光纤		WH
	信号线路		WS
	电力(动力)线路		WP
	照明线路		WL
	应急电力(动力)线路		WPE
	应急照明线路		WLE
	滑触线		WT
连接物	高压端子、接线盒	X	XB
	高压电缆头		XB
	低压端子、端子板		XD
	过路接线盒、接线端子箱		XD
	低压电缆头		XD
	插座、插座箱		XD
	接地端子、屏蔽接地端子		XE
	信号分配器		XG
	信号插头连接器		XG
	(光学)信号连接		XH
	连接器		—
	插头		

三、电气设备标注方式

绘制图样时,宜采用表 1-10 所示的电气设备标注方式表示。

表 1-10　　　　　　　　电气设备标注方式

序号	标注方式	说　明	示　例
1	$\dfrac{a}{b}$	用电设备标注 a—参照代号 b—额定容量(kW 或 kVA)	$\dfrac{-AL11}{3kW}$ 照明配电箱 AL11,额定容量 3kW
2	$-a+b/c$ 注 1	系统图电气箱(柜、屏)标注 a—参照代号 b—位置信息 c—型号	$-AL11+F2/\square$ 照明配电箱 AL11,位于地上二层,型号为$\square$
3	$-a$ 注 1	平面图电气箱(柜、屏)标注 a—参照代号	$-AL11$ 或 AL11
4	a　b/c　d	照明、安全、控制变压器标注 a—参照代号 b/c——次电压/二次电压 d—额定容量	TA1　220/36V　500VA 照明变压器 TA1,变比 220/36V,容量 500VA
5	$a-b\dfrac{c\times d\times L}{e}f$	灯具标注 a—数量 b—型号 c—每盏灯具的光源数量 d—光源安装容量 e—安装高度(m) "—"表示吸顶安装 L—光源种类,参见表 1-7 注 5 f—安装方式,参见表 1-11	$8-\square\dfrac{1\times 18\times FL}{3.5}CS$ 8 盏单管 18W 荧光灯链吊式安装,距地 3.5m。灯具形式为$\square$。 若照明灯具的型号、光源种类在设计说明或材料表中已注明,灯具标注可省略为: $8-\dfrac{1\times 18}{3.5}CS$

续一

序号	标注方式	说明	示例
6	$\dfrac{a \times b}{c}$	电缆梯架、托盘和槽盒标注 a—宽度(mm) b—高度(mm) c—安装高度(mm)	$\dfrac{400 \times 100}{+3.1}$ 宽度400mm，高度100mm，安装高度3.1m
7	a/b/c	光缆标注 a—型号 b—光纤芯数 c—长度	—
8	a b−c (d×e+f×g) i−jh 注2	线缆的标注 a—参照代号 b—型号 c—电缆根数 d—相导体根数 e—相导体截面(mm²) f—N、PE导体根数 g—N、PE导体截面(mm²) i—敷设方式和管径(mm)，参见表1-12 j—敷设部位，参见表1-13 h—安装高度(m)	单根电缆标注示例： −WD01　YJV−0.6/1kV−(3×50+1×25)CT　SC50−WS3.5 多根电缆标注示例： −WD01　YJV−0.6/1kV−2(3×50+1×25)SC50−WS3.5 导线标注示例： −WD24　BV−450/750V　5×2.5　SC20−FC 线缆的额定电压不会引起混淆时，标注可省略为： −WD01　YJV−2(3×50+1×25)CT　SC50−FC −WD24　BV−5×2.5　SC20−FC

续二

序号	标注方式	说 明	示 例
9	a—b(c×2×d) e—f	电话线缆的标注 a—参照代号 b—型号 c—导体对数 d—导体直径(mm) e—敷设方式和管径(mm)，参见表 1-12 f—敷设部位，参见表 1-13	—W1—HYV(5×2×0.5) SC15—WS

注：1. 前缀"—"在不会引起混淆时可省略。
  2. 当电源线缆 N 的 PE 分开标注时，应先标注 N 后标注 PE（线缆规格中的电压值在不会引起混淆时可省略）。

表 1-11　　　　　　灯具安装方式标注的文字符号

序号	名　称	文字符号
1	线吊式	SW
2	链吊式	CS
3	管吊式	DS
4	壁装式	W
5	吸顶式	C
6	嵌入式	R
7	吊顶内安装	CR
8	墙壁内安装	WR
9	支架上安装	S
10	柱上安装	CL
11	座装	HM

表 1-12　　　　　　　　线缆敷设方式标注的文字符号

序号	名称	文字符号	序号	名称	文字符号
1	穿低压流体输送用焊接钢管(钢导管)敷设	SC	8	电缆梯架敷设	CL
2	穿普通碳素钢电线套管敷设	MT	9	金属槽盒敷设	MR
3	穿可挠金属电线保护套管敷设	CP	10	塑料槽盒敷设	PR
4	穿硬塑料导管敷设	PC	11	钢索敷设	M
5	穿阻燃半硬塑料导管敷设	FPC	12	直埋敷设	DB
6	穿塑料波纹电线管敷设	KPC	13	电缆沟敷设	TC
7	电缆托盘敷设	CT	14	电缆排管敷设	CE

表 1-13　　　　　　　　线缆敷设部位标注的文字符号

序号	名称	文字符号
1	沿或跨梁(屋架)敷设	AB
2	沿或跨柱敷设	AC
3	沿吊顶或顶板面敷设	CE
4	吊顶内敷设	SCE
5	沿墙面敷设	WS
6	沿屋面敷设	RS
7	暗敷设在顶板内	CC
8	暗敷设在梁内	BC
9	暗敷设在柱内	CLC
10	暗敷设在墙内	WC
11	暗敷设在地板或地面下	FC

四、电气图中其他标注方法

1. 电气线路线型符号

电气图样中的电气线路可采用表 1-14 所示的线型符号绘制。

表 1-14　　　　　　　电气线路线型符号

序号	线型符号		说　明
	形式 1	形式 2	
1	——S——	——S——	信号线路
2	——C——	——C——	控制线路
3	——EL——	——EL——	应急照明线路
4	——PE——	——PE——	保护接地线
5	——E——	——E——	接地线
6	——LP——	——LP——	接闪线、接闪带、接闪网
7	——TP——	——TP——	电话线路
8	——TD——	——TD——	数据线路
9	——TV——	——TV——	有线电视线路
10	——BC——	——BC——	广播线路
11	——V——	——V——	视频线路
12	——GCS——	——GCS——	综合布线系统线路
13	——F——	——F——	消防电话线路
14	——D——	——D——	50V 以下的电源线路
15	——DC——	——DC——	直流电源线路
16			光缆,一般符号

2. 供配电系统设计文件的文字符号

供配电系统设计文件的标注宜采用表 1-15 所示的文字符号。

表 1-15　　　　　供配电系统设计文件标注的文字符号

序号	文字符号	名　称	单位
1	U_n	系统标称电压,线电压(有效值)	V
2	U_r	设备的额定电压,线电压(有效值)	V
3	I_r	额定电流	A
4	f	频率	Hz
5	P_r	额定功率	kW
6	P_n	设备安装功率	kW
7	P_c	计算有功功率	kW
8	Q_c	计算无功功率	kvar
9	S_c	计算视在功率	kVA
10	S_r	额定视在功率	kVA
11	I_c	计算电流	A
12	I_{st}	启动电流	A
13	I_p	尖峰电流	A
14	I_s	整定电流	A
15	I_k	稳态短路电流	kA
16	$\cos\varphi$	功率因数	—
17	u_{kr}	阻抗电压	%
18	i_p	短路电流峰值	kA
19	S''_{KQ}	短路容量	MVA
20	K_d	需要系数	—

3. 设备端子和导体的标志和标识

设备端子和导体宜采用表 1-16 所示的标志和标识。

表 1-16 设备端子和导体的标志和标识

序号	导体		文字符号	
			设备端子标志	导体和导体终端标识
1	交流导体	第1线	U	L1
		第2线	V	L2
		第3线	W	L3
		中性导体	N	N
2	直流导体	正极	+或C	L+
		负极	-或D	L-
		中间点导体	M	M
3	保护导体		PE	PE
4	PEN导体		PEN	PEN

4. 常用辅助文字符号

电气图样中常用辅助文字符号见表1-17。

表 1-17 常用辅助文字符号

序号	文字符号	中文名称	序号	文字符号	中文名称
1	A	电流	14	BW	向后
2	A	模拟	15	C	控制
3	AC	交流	16	CCW	逆时针
4	A、AUT	自动	17	CD	操作台(独立)
5	ACC	加速	18	CO	切换
6	ADD	附加	19	CW	顺时针
7	ADJ	可调	20	D	延时、延迟
8	AUX	辅助	21	D	差动
9	ASY	异步	22	D	数字
10	B、BRK	制动	23	D	降
11	BC	广播	24	DC	直流
12	BK	黑	25	DCD	解调
13	BU	蓝	26	DEC	减

续一

序号	文字符号	中文名称	序号	文字符号	中文名称
27	DP	调度	59	MIN	最小
28	DR	方向	60	MC	微波
29	DS	失步	61	MD	调制
30	E	接地	62	MH	人孔(人井)
31	EC	编码	63	MN	监听
32	EM	紧急	64	MO	瞬间(时)
33	EMS	发射	65	MUX	多路用的限定符号
34	EX	防爆	66	NR	正常
35	F	快速	67	OFF	断开
36	FA	事故	68	ON	闭合
37	FB	反馈	69	OUT	输出
38	FM	调频	70	O/E	光电转换器
39	FW	正、向前	71	P	压力
40	FX	固定	72	P	保护
41	G	气体	73	PL	脉冲
42	GN	绿	74	PM	调相
43	H	高	75	PO	并机
44	HH	最高(较高)	76	PR	参量
45	HH	手孔	77	R	记录
46	HV	高压	78	R	右
47	IN	输入	79	R	反
48	INC	增	80	RD	红
49	IND	感应	81	RES	备用
50	L	左	82	R、RST	复位
51	L	限制	83	RTD	热电阻
52	L	低	84	RUN	运转
53	LL	最低(较低)	85	S	信号
54	LA	闭锁	86	ST	启动
55	M	主	87	S、SET	置位、定位
56	M	中	88	SAT	饱和
57	M、MAN	手动	89	STE	步进
58	MAX	最大	90	STP	停止

续二

序号	文字符号	中文名称	序号	文字符号	中文名称
91	SYN	同步	99	UPS	不间断电源
92	SY	整步	100	V	真空
93	SP	设定点	101	V	速度
94	T	温度	102	V	电压
95	T	时间	103	VR	可变
96	T	力矩	104	WH	白
97	TM	发送	105	YE	黄
98	U	升			

5. 电气设备辅助文字符号

电气设备辅助文字符号见表 1-18 和表 1-19。

表 1-18　　　　强电设备辅助文字符号

序号	文字符号	中文名称	序号	文字符号	中文名称
1	DB	配电屏(箱)	11	LB	照明配电箱
2	UPS	不间断电源装置(箱)	12	ELB	应急照明配电箱
3	EPS	应急电源装置(箱)	13	WB	电度表箱
4	MEB	总等电位端子箱	14	IB	仪表箱
5	LEB	局部等电位端子箱	15	MS	电动机启动器
6	SB	信号箱	16	SDS	星—三角启动器
7	TB	电源切换箱	17	SAT	自耦降压启动器
8	PB	动力配电箱	18	ST	软启动器
9	EPB	应急动力配电箱	19	HDR	烘手器
10	CB	控制箱、操作箱			

表 1-19　　　　弱电设备辅助文字符号

序号	文字符号	中文名称	序号	文字符号	中文名称
1	DDC	直接数字控制器	5	SC	安防系统设备箱
2	BAS	建筑设备监控系统设备箱	6	NT	网络系统设备箱
3	BC	广播系统设备箱	7	TP	电话系统设备箱
4	CF	会议系统设备箱	8	TV	电视系统设备箱

续表

序号	文字符号	中文名称	序号	文字符号	中文名称
9	HD	家居配线箱	18	VD	视频分配器
10	HC	家居控制器	19	VS	视频顺序切换器
11	HE	家居配电箱	20	VA	视频补偿器
12	DEC	解码器	21	TG	时间信号发生器
13	VS	视频服务器	22	CPU	计算机
14	KY	操作键盘	23	DVR	数字硬盘录像机
15	STB	机顶盒	24	DEM	解调器
16	VAD	音量调节器	25	MO	调制器
17	DC	门禁控制器	26	MOD	调制解调器

6. 信号灯、按钮和导体的颜色标识

(1)信号灯和按钮的颜色标识见表 1-20 和表 1-21。

表 1-20　　　　　　　　　信号灯的颜色标识

状　态	颜色标识	备　注
危险指示	红色(RD)	
事故跳闸		
重要的服务系统停机		
起重机停止位置超行程		
辅助系统的压力/温度超出安全极限		
警告指示	黄色(YE)	
高温报警		
过负荷		
异常指示		
安全指示	绿色(GN)	
正常指示		核准继续运行
正常分闸(停机)指示		
弹簧储能完毕指示		设备在安全状态
电动机降压启动过程指示	蓝色(BU)	
开关的开合(分)或运行指示	白色(WH)	单灯指示开关开运行状态；双灯指示开关合时运行状态

表 1-21　　　　　　　　　　按钮的颜色标识

按钮名称	颜色标识
紧停按钮	红色(RD)
正常停和紧急停合用按钮	
危险状态或紧急指令	
合闸(开机、启动)按钮	绿色(GN)、白色(WH)
分闸(停机)按钮	红色(RD)、黑色(BK)
电动机降压启动结束按钮	白色(WH)
复位按钮	
弹簧储能按钮	蓝色(BU)
异常、故障状态按钮	黄色(YE)
安全状态按钮	绿色(GN)

(2)导体的颜色标识宜按表 1-22 执行。

表 1-22　　　　　　　　　　导体的颜色标识

导体名称	颜色标识
交流导体的第 1 线	黄色(YE)
交流导体的第 2 线	绿色(GN)
交流导体的第 3 线	红色(RD)
中性导体 N	淡蓝色(BU)
保护导体 PE	绿/黄双色(GNYE)
PEN 导体	全长绿/黄色(GNYE),终端另用淡蓝色(BU)标志或全长淡蓝色(BU),终端另用绿/黄双色(GNYE)标志
直流导体的正极	棕色(BN)
直流导体的负极	蓝色(BU)
直流导体的中间点导体	淡蓝色(BU)

第二章　电气工程工程量清单

第一节　工程量清单计价概述

一、实行工程量清单计价的目的和意义

（1）推行工程量清单计价是深化工程造价管理改革,推进建设市场化的重要途径。

长期以来,工程预算定额是我国承发包计价、定价的主要依据。现预算定额中规定的消耗量和有关施工措施性费用是按社会平均水平编制的,以此为依据形成的工程造价基本上也属于社会平均价格。这种平均价格可作为市场竞争的参考价格,但不能反映参与竞争企业的实际消耗和技术管理水平,在一定程度上限制了企业的公平竞争。

20世纪90年代,国家提出了"控制量、指导价、竞争费"的改革措施,将工程预算定额中的人工、材料、机械消耗量和相应的量价分离,国家控制量以保证质量,价格逐步走向市场化,这一措施走出了向传统工程预算定额改革的第一步。但是,这种做法难以改变工程预算定额中国家指令性内容较多的状况,难以满足招标投标竞争定价和经评审的合理低价中标的要求。这是因为国家定额的控制量是社会平均消耗量,不能反映企业的实际消耗量,不能全面体现企业的技术装备水平、管理水平和劳动生产率,不能体现公平竞争的原则,社会平均水平不能代表社会先进水平,改变以往的工程预算定额的计价模式,适应招标投标的需要,推行工程量清单计价办法是十分必要的。

工程量清单计价是建设工程招标投标中,按照国家统一的工程量清单计价规范，由招标人提供工程数量，投标人自主报价，经评审低价中标的工程造价计价模式。采用工程量清单计价能反映工程个别成本，有利于企业自主报价和公平竞争。

(2)在建设工程招标投标中实行工程量清单计价是规范建筑市场秩序的治本措施之一，适应社会主义市场经济的需要。

工程造价是工程建设的核心，也是市场运行的核心内容，建筑市场存在着许多不规范的行为，大多数与工程造价有直接联系。建筑产品是商品，具有商品的共性，它受价值规律、货币流通规律和供求规律的支配。但是，建筑产品与一般的工业产品价格构成不一样，建筑产品具有某些特殊性：

1)它竣工后一般不在空间发生物理运动，可以直接移交用户，立即进入生产消费或生活消费，因而价格中不含商品使用价值运动发生的流通费用，即因生产过程在流通领域内继续进行而支付的商品包装运输费、保管费。

2)它是固定在某地方的。

3)由于施工人员和施工机具围绕着建设工程流动，因而，有的建设工程构成还包括施工企业远离基地的费用，甚至包括成建制转移到新的工地所增加的费用等。

建筑产品价格随建设时间和地点而变化，相同结构的建筑物在同一地段建造，施工的时间不同造价就不一样；同一时间、不同地段造价也不一样；即使时间和地段相同，施工方法、施工手段、管理水平不同工程造价也有所差别。所以说，建筑产品的价格，既有它的同一性，又有它的特殊性。

为了推动社会主义市场经济的发展，国家颁发了相应的有关法律，如《中华人民共和国价格法》第三条规定：我国实行并逐步完善宏观经济调控下主要由市场形成价格的机制。价格的制定应当符合价格规律，对多数商品和服务价格实行市场调节价，极少数商品和服务价格实行政府指导价或政府定价。市场调节价，是指由经营者自主定价，通过市场竞争形成价格。中华人民共和国建设部第107号令《建设工程施工发包与承包计价管理办法》第7条规定：投标报价应依据企业定额和市场信息,并按国务院和省、自治区、直辖市人民政府建设行政主管部门发布的工程造价计价办法编制。建筑产品市场形成价格是社会主义市场经济的需要。过去工程预算定额在调节承发包双方利益和反映市场价格、需求方面存在着不相适应的地方,特别是公开、公正、公平竞争方面,还缺乏合理的机制,甚至出现了一些漏洞,高估冒算,相互串通,从中回扣。发挥市场规律"竞争"和"价格"的作用是治本之策。尽快建立和完善市场形成工程造价的机制,是当前规范建筑市场的需要。通过推行工程量清单计价有利于发挥企业自主报价的能力,同时,也有利于规范业主在工程招标中计价行为,有效改变招标单位在招标中盲目压价的行为,从而真正体现公开、公平、公正的原则,反映市场经济规律。

(3)实行工程量清单计价,是促进建设市场有序竞争和企业健康发展的需要。

工程量清单是招标文件的重要组成部分,由招标单位编制或委托有资质的工程造价咨询单位编制,工程量清单编制的准确、详尽、完整,有利于提高招标单位的管理水平,减少索赔事件的发生。由于工程量清单是公开的,有利于防止招标工程中弄虚作假、暗箱操作等不规范行为。投标单位通过对单位工程成本、利润进行分析,统筹考虑,精心选择施工方案,根据企业的定额合理确定人工、材料、机械等要素投入量的合理配置,优化组合,合理控制现场经费和施工技术措施费,在满足招标文件需要的前提下,合理确定自己的报价,让企业有自主报价权。改变了过去依赖建设行政主管部门发布的定额和规定的取费标准进行计价的模式,有利于提高劳动生产率,促进企业技术进步,节约投资和规范建设市场。采用工程量清单计价后,将使招标活动的透明度增加,在充分竞争的基础上降低了造价,提高了投资效益,且便于操作和推行,业主和承包商将都会接受这种计价模式。

(4)实行工程量清单计价,有利于我国工程造价政府职能的转变。

按照政府部门真正履行起"经济调节、市场监督、社会管理和公共服务"的职能要求,政府对工程造价管理的模式要进行相应的改变,将推行政府宏观调控、企业自主报价、市场形成价格、社会全面监督的工程造价管理思路。实行工程量清单计价,将会有利于我国工程造价政府职能的转变,由过去的政府控制指令性定额转变为制定适应市场经济规律需要的工程量清单计价方法,由过去的行政干预转变为对工程造价进行依法监管,有效地强化政府对工程造价的宏观调控。

二、2013版清单计价规范简介

2012年12月25日,住房和城乡建设部发布了《建设工程工程量清单计价规范》(GB 50500—2013)(以下简称"13计价规范")和《房屋建筑与装饰工程工程量计算规范》(GB 50854—2013)、《仿古建筑工程工程量计算规范》(GB 50855—2013)、《通用安装工程工程量计算规范》(GB 50856—2013)、《市政工程工程量计算规范》(GB 50857—2013)、《园林绿化工程工程量计算规范》(GB 50858—2013)、《矿山工程工程量计算规范》(GB 50859—2013)、《构筑物工程工程量计算规范》(GB 50860—2013)、《城市轨道交通工程工程量计算规范》(GB 50861—2013)、《爆破工程工程量计算规范》(GB 50862—2013)等9本计量规范(以下简称"13工程计量规范"),全部10本规范于2013年7月1日起实施。

"13计价规范"及"13工程计量规范"是在《建设工程工程量清单计价规范》(GB 50500—2008)(以下简称"08计价规范")基础上,以原建设部发布的工程基础定额、消耗量定额、预算定额以及各省、自治区、直辖市或行业建设主管部门发布的工程计价定额为参考,以工程计价相关的国家或行业的技术标准、规范、规程为依据,收集近年来新的施工技术、工艺和新材料的项目资料,经过整理,在全国广泛征求意见后编制而成。

"13计价规范"共设置16章、54节、329条,各章名称为:总则、术语、一般规定、工程量清单编制、招标控制价、投标报价、合同价款约定、工程计量、合同价款调整、合同价款期中支付、竣工结算与支付、合同解除的价款结算与支付、合同价款争议的解决、工程造价鉴定、工程计价资料与档案和工程计价表格。相比"08 计价规范"而言，分别增加了 11 章、37 节、192 条。

"13 计价规范"适用于建设工程发承包及实施阶段的招标工程量清单、招标控制价、投标报价的编制，工程合同价款的约定，竣工结算的办理以及施工过程中的工程计量、合同价款支付、施工索赔与现场签证、合同价款调整和合同价款争议的解决等计价活动。相对于"08 计价规范"，"13 计价规范"将"建设工程工程量清单计价活动"修改为"建设工程发承包及实施阶段的计价活动"，从而对清单计价规范的适用范围进一步进行了明确，表明了不分何种计价方式，建设工程发承包及实施阶段的计价活动必须执行"13 计价规范"。之所以规定"建设工程发承包及实施阶段的计价活动"，主要是因为工程建设具有周期长、金额大、不确定因素多的特点，从而决定了建设工程计价具有分阶段计价的特点，建设工程决策阶段、设计阶段的计价要求与发承包及实施阶段人计价要求是有区别的，这就避免了因理解上的歧义而发生纠纷。

"13 计价规范"规定："建设工程发承包及实施阶段的工程造价应由分部分项工程费、措施项目费、其他项目费、规费和税金组成。"这说明了不论采用什么计价方式，建设工程发承包及实施阶段的工程造价均由这五部分组成，这五部分也称之为建筑安装工程费。

根据原人事部、原建设部《关于印发〈造价工程师执业制度暂行规定〉的通知》（人发〔1996〕77 号）、《注册造价工程师管理办法》（建设部第 150 号令）以及《全国建设工程造价员管理办法》（中价协〔2011〕021 号）的有关规定，"13 计价规范"规定："招标工程量清单、招标控制价、投标报价、工程计量、合同价款调整、合同价款结算与支付以及工程造价鉴定等工程造价文件的编制与核对，应由具有专业资格的工程造价人员承担。""承担工程造价文件的编制与核对的工程造价人员及其所在单位，应对工程造价文件的质量负责。"

另外，由于建设工程造价计价活动不仅要客观反映工程建设的投资，更应体现工程建设交易活动的公正、公平的原则，因此"13 计价规范"规定，工程建设双方，包括受其委托的工程造价咨询方，在建设工程发承包及实施阶段从事计价活动均应遵循客观、公正、公平的原则。

第二节 工程量清单概述

工程量清单是载明建设工程分部分项工程项目、措施项目、其他项目的名称和相应数量以及规费、税金项目等内容的明细清单。其中由招标人依据国家标准、招标文件、设计文件以及施工现场实际情况编制的，随招标文件发布供投标报价的工程量清单（包括其说明和表格）称为招标工程量清单。构成合同文件组成部分的投标文件中已标明价格，经算术性错误修正（如有）且承包人已确认的工程量清单（包括其说明和表格）称为已标价工程量清单。

一、一般规定

(1) 招标工程量清单应由招标人负责编制，若招标人不具有编制工程量清单的能力，则可根据《工程造价咨询企业管理办法》（建设部第149号令）的规定，委托具有工程造价咨询性质的工程造价咨询人编制。

(2) 招标工程量清单必须作为招标文件的组成部分，其准确性（数量不算错）和完整性（不缺项漏项）应由招标人负责。招标人应将工程量清单连同招标文件一起发（售）给投标人。投标人依据工程量清单进行投标报价时，对工程量清单不负有核实的义务，更不具有修改和调整的权力。如招标人委托工程造价咨询人编制工程量清单，其责任仍由招标人负责。

(3) 招标工程量清单是工程量清单计价的基础，应作为编制招标控制价、投标报价、计算或调整工程量以及工程索赔等的依据之一。

(4) 招标工程量清单应以单位（项）工程为单位编制，应由分部分项工程项目清单、措施项目清单、其他项目清单、规费和税金项目清单组成。

二、工程量清单编制依据

(1)"13计价规范"和相关专业工程的国家计量规范。
(2)国家或省级、行业建设主管部门颁发的计价定额和办法。
(3)建设工程设计文件及相关资料。
(4)与建设工程有关的标准、规范、技术资料。
(5)拟定的招标文件。
(6)施工现场情况、地勘水文资料、工程特点及常规施工方案。
(7)其他相关资料。

三、工程量清单编制内容

(一)分部分项工程项目清单

(1)分部分项工程项目清单必须载明项目编码、项目名称、项目特征、计量单位和工程量。这是构成一个分部分项工程项目清单的五个要件,在分部分项工程项目清单的组成中缺一不可。

(2)分部分项工程项目清单应根据"13计价规范"和相关专业工程国家计量规范附录中规定的项目编码、项目名称、项目特征、计量单位和工程量计算规则进行编制。

分部分项工程项目清单项目编码栏应根据相关国家工程量计算规范项目编码栏内规定的9位数字另加3位顺序码共12位阿拉伯数字填写。各位数字的含义为:一、二位为专业工程代码,房屋建筑与装饰工程为01,仿古建筑为02,通用安装工程为03,市政工程为04,园林绿化工程为05,矿山工程为06,构筑物工程为07,城市轨道交通工程为08,爆破工程为09;三、四位为专业工程附录分类顺序码;五、六位为分部工程顺序码;七、八、九位为分项工程项目名称顺序码;十至十二位为清单项目名称顺序码。

在编制工程量清单时应注意对项目编码的设置不得有重码,特别是当同一标段(或合同段)的一份工程量清单中含有多个单项或单位工程且工程量清单是以单项或单位工程为编制对象时,应注意项目编码中的十至十二位的设置不得重码。

分部分项工程量清单项目名称栏应按相关工程国家工程量计算规范的规定,根据拟建工程实际填写。在实际填写过程中,"项目名称"有两种填写方法:一是完全保持相关工程国家工程量计算规范的项目名称不变;二是根据工程实际在工程量计算规范项目名称下另行确定详细名称。

分部分项工程量清单项目特征栏应按相关工程国家工程量计算规范的规定,根据拟建工程实际进行描述。

分部分项工程量清单的计量单位应按相关工程国家工程量计算规范规定的计量单位填写。有些项目工程量计算规范中有两个或两个以上计量单位,应根据拟建工程项目的实际,选择最适宜表现该项目特征并方便计量的单位。如蓄电池项目,工程量计算规范以个、组件两个计量单位表示,此时就应根据工程项目的特点,选择其中一个即可。

工程量应按相关工程国家工程量计算规范规定的工程量计算规则计算填写。

工程量的有效位数应遵守下列规定:

1)以"t"为单位,应保留小数点后三位小数,第四位小数四舍五入;

2)以"m""m^2""m^3""kg"为单位,应保留小数点后两位小数,第三位小数四舍五入;

3)以"台""个""件""根""组""系统"为单位,应取整数。

分部分项工程量清单编制应注意的问题:

(1)不能随意设置项目名称,清单项目名称一定要按"13 工程计量规范"附录的规定设置。

(2)正确对项目进行描述,一定要将完成该项目的全部内容完整地体现在清单上,不能有遗漏,以便投标人报价。

(二)措施项目清单

措施项目清单是指为完成工程项目施工,发生于该工程施工准备和施工过程中的技术、生活、安全、环境保护等方面的项目。"13 工程计量规范"中有关措施项目的规定和具体条文比较少。投标人可根据施工组织设计中采取的措施增加项目。

措施项目清单的设置,首先要参考拟建工程的施工组织设计,以确定安全文明施工、材料的二次搬运等项目。其次参阅施工技术方案,以确定夜间施工增加费、大型机械进出场及安拆费、脚手架工程费等项目。参阅相关的工程施工规范及工程验收规范,可以确定施工技术方案没有表达的,但是为了实现施工规范及工程验收规范要求而必须发生的技术措施。

(1)措施项目清单应根据拟建工程的实际情况列项。

(2)措施项目中可以计算工程量的项目清单宜采用分部分项工程量清单的方式编制,列出项目编码、项目名称、项目特征、计量单位和工程量计算规则;不能计算工程量的项目清单,以"项"为计量单位。

(3)"13 工程计量规范"将实体性项目划分为分部分项工程量清单,非实体性项目划分为措施项目。所谓非实体性项目,一般来说,其费用的发生和金额的大小与使用时间、施工方法或者两个以上工序相关,与实际完成的实体工程量的多少关系不大,典型的是大中型施工机械、文明施工和安全防护、临时设施等。但有的非实体性项目,则是可以计算工程量的项目,典型的建筑工程是混凝土浇筑的模板工程,用分部分项工程量清单的方式采用综合单价,更有利于措施费的确定和调整,更有利于合同管理。

(三)其他项目清单

其他项目清单是指分部分项工程量清单、措施项目清单所包含的内容以外,因招标人的特殊要求而发生的与拟建工程有关的其他费用项目和相应数量的清单。工程建设标准的高低、工程的复杂程度、工程的工期长短、工程的组成内容、发包人对工程管理要求等都直接影响其他项目清单的具体内容。其他项目清单包括暂列金额、暂估价(包括材料暂估单价、工程设备暂估单价、专业工程暂估价)、计日工、总承包服务费。

1. 暂列金额

暂列金额是招标人在工程量清单中暂定并包括在合同价款中的

一笔款项。清单计价规范中明确规定暂列金额用于施工合同签订时尚未确定或者不可预见的所需材料、设备、服务的采购，施工中可能发生的工程变更、合同约定调整因素出现时的工程价款调整以及发生的索赔、现场签证确认等的费用。

不管采用何种合同形式，工程造价理想的标准是一份合同的价格就是其最终的竣工结算价格，或者至少两者应尽可能接近。我国规定对政府投资工程实行概算管理，经项目审批部门批复的设计概算是工程投资控制的刚性指标，即使商业性开发项目也有成本的预先控制问题，否则无法相对准确预测投资的收益和科学合理地进行投资控制。但工程建设自身的特性决定了工程的设计需要根据工程进展不断地进行优化和调整，业主需求可能会随工程建设进展出现变化，工程建设过程还会存在一些不能预见、不能确定的因素。消化这些因素必然会影响合同价格的调整，暂列金额正是为这类不可避免的价格调整而设立，以便达到合理确定和有效控制工程造价的目标。

另外，暂列金额列入合同价格不等于就属于承包人所有了，即使是总价包干合同，也不等于列入合同价格的所有金额就属于承包人，是否属于承包人应得金额取决于具体的合同约定，只有按照合同约定程序实际发生后，才能成为承包人的应得金额，纳入合同结算价款中。扣除实际发生金额后的暂列金额余额仍属于发包人所有。设立暂列金额并不能保证合同结算价格就不会再出现超过合同价格的情况，是否超出合同价格完全取决于工程量清单编制人暂列金额预测的准确性，以及工程建设过程是否出现了其他事先未预测到的事件。

2. 暂估价

暂估价是指招标阶段直至签订合同协议时，招标人在招标文件中提供的用于支付必然发生但暂时不能确定价格的材料以及专业工程的金额。暂估价包括材料暂估单价、工程设备暂估单价和专业工程暂估价。暂估价类似于 FIDIC 合同条款中的 Prime Cost Items，在招标阶段预见肯定要发生，只是因为标准不明确或者需要由专业承包人完成，暂时无法确定价格。暂估价数量和拟用项目应当结合工程量清单中的"暂估价表"予以补充说明。

为方便合同管理,需要纳入分部分项工程项目清单综合单价中的暂估价应只是材料费、工程设备费,以方便投标人组价。

专业工程的暂估价一般应是综合暂估价,应当包括除规费和税金以外的管理费、利润等取费。总承包招标时,专业工程设计深度往往是不够的,一般需要交由专业设计人设计。国际上,出于提高可建造性考虑,一般由专业承包人负责设计,以发挥其专业技能和专业施工经验的优势。这类专业工程交由专业分包人完成是国际工程的良好实践,目前在我国工程建设领域也已经比较普遍。公开、透明地合理确定这类暂估价的实际开支金额的最佳途径,就是通过施工总承包人与工程建设项目招标人共同组织的招标。

3. 计日工

计日工是为解决现场发生的零星工作的计价而设立的,其为额外工作和变更的计价提供了一个方便快捷的途径。计日工适用的所谓零星工作一般是指合同约定之外的或者因变更而产生的、工程量清单中没有相应项目的额外工作,尤其是那些时间不允许事先商定价格的额外工作。计日工以完成零星工作所消耗的人工工时、材料数量、机械台班进行计量,并按照计日工表中填报的适用项目的单价进行计价支付。

国际上常见的标准合同条款中,大多数都设立了计日工(Daywork)计价机制。但在我国以往的工程量清单计价实践中,由于计日工项目的单价水平一般要高于工程量清单项目的单价水平,因而经常被忽略。从理论上讲,由于计日工往往是用于一些突发性的额外工作,缺少计划性,承包人在调动施工生产资源方面难免不影响已经计划好的工作,生产资源的使用效率也有一定的降低,客观上造成超出常规的额外投入。另外,其他项目清单中计日工往往是一个暂定的数量,其无法纳入有效的竞争。所以,合理的计日工单价水平一定是要高于工程量清单的价格水平的。为获得合理的计日工单价,发包人在其他项目清单中对计日工一定要给出暂定数量,并需要根据经验尽可能估算一个较接近实际的数量。

4. 总承包服务费

总承包服务费是为了解决招标人在法律、法规允许的条件下进行专业工程发包,以及自行供应材料、设备,并需要总承包人对发包的专业工程提供协调和配合服务,对供应的材料、设备提供收、发和保管服务以及进行施工现场管理时发生,并向总承包人支付的费用。招标人应预计该项费用并按投标人的投标报价向投标人支付该项费用。

为保证工程施工建设的顺利实施,投标人在编制招标工程量清单时应对施工过程中可能出现的各种不确定因素对工程造价的影响进行估算,列出一笔暂列金额。暂列金额可根据工程的复杂程度、设计深度、工程环境条件(包括地质、水文、气候条件等)进行估算,一般可按分部分项工程费的 10%~15% 作为参考。

暂估价中的材料、工程设备暂估单价应根据工程造价信息或参照市场价格估算,列出明细表;专业工程暂估价应分不同专业,按有关计价规定估算,列出明细表。

计日工应列出项目名称、计量单位和暂估数量。

总承包服务费应列出服务项目及其内容等。

出现未列的项目,应根据工程实际情况补充。如办理竣工结算时就需将索赔及现场签证列入其他项目中。

(四)规费项目清单

规费是根据省级政府或省级有关权力部门规定必须缴纳的,应计入建筑安装工程造价的费用。根据住房和城乡建设部、财政部"关于印发《建筑安装工程费用项目组成》的通知"(建标[2013]44号)的规定,规费主要包括社会保险费、住房公积金、工程排污费,其中社会保险费包括养老保险费、医疗保险费、失业保险费、工伤保险费和生育保险费;税金主要包括营业税、城市维护建设税、教育费附加和地方教育附加。规费作为政府和有关权力部门规定必须缴纳的费用,政府和有关权力部门可根据形势发展的需要,对规费项目进行调整,因此,清单编制人对《建筑安装工程费用项目组成》中未包括的规费项目,在编制规费项目清单时应根据省级政府或省级有关权力部门的规定列项。

规费项目清单应按照下列内容列项:

(1)社会保险费:包括养老保险费、失业保险费、医疗保险费、工伤保险费、生育保险费。

(2)住房公积金。

(3)工程排污费。

相对于"08计价规范","13计价规范"对规费项目清单进行了以下调整:

(1)根据《中华人民共和国社会保险法》的规定,将"08计价规范"使用的"社会保障费"更名为"社会保险费",将"工伤保险费、生育保险费"列入社会保险费。

(2)根据十一届全国人大常委会第20次会议将《中华人民共和国建筑法》第48条由"建筑施工企业必须为从事危险作业的职工办理意外伤害保险,支付保险费"修改为"建筑施工企业应当依法为职工参加工伤保险缴纳工伤保险费。鼓励企业为从事危险作业的职工办理意外伤害保险,支付保险费"。由于建筑法将意外伤害保险由强制改为鼓励,因此,"13计价规范"中规费项目增加了工伤保险费,删除了意外伤害保险,将其列入企业管理费中列支。

(3)根据《财政部、国家发展改革委关于公布取消和停止征收100项行政事业性收费项目的通知》(财综[2008]78号)的规定,工程定额测定费从2009年1月1日起取消,停止征收。因此,"13计价规范"中规费项目取消了工程定额测定费。

(五)税金

根据住房和城乡建设部、财政部"关于印发《建筑安装工程费用项目组成》的通知"(建标[2013]44号)的规定,目前我国税法规定应计入建筑安装工程造价的税种包括营业税、城市建设维护税、教育费附加和地方教育附加。如国家税法发生变化,税务部门依据职权增加了税种,应对税金项目清单进行补充。

税金项目清单应按下列内容列项:

(1)营业税。
(2)城市维护建设税。
(3)教育费附加。
(4)地方教育附加。

根据《财政部关于统一地方教育政策有关内容的通知》(财综[2011]98号)的有关规定,"13计价规范"相对于"08计价规范",在税金项目增列了地方教育附加项目。

第三节 工程量清单编制标准格式

一、工程量清单文件组成

工程量清单的表格包括招标工程量清单封面(封-1),招标工程量清单扉页(扉-1),工程计价总说明(表-01),分部分项工程和单价措施项目清单与计价表(表-08),总价措施项目清单与计价表(表-11),其他项目清单与计价汇总表(表-12),暂列金额明细表(表-12-1),材料(工程设备)暂估单价及调整表(表-12-2),专业工程暂估价及结算价表(表-12-3),计日工表(表-12-4),总承包服务费计价表(表-12-5),规费、税金项目计价表(表-13),发包人提供材料和工程设备一览表(表-20),承包人提供主要材料和工程设备一览表(适用于造价信息差额调整法)(表-21),承包人提供主要材料和工程设备一览表(适用于价格指数差额调整法)(表-22)。

二、工程量清单表格样式

1. 招标工程量清单封面

招标工程量清单应填写招标工程项目的具体名称,招标人应盖单位公章,如委托工程造价咨询人编制,还应加盖工程造价咨询人所在单位公章。

招标工程量清单封面格式见表2-1。

表 2-1　　　　　　　招标工程量清单封面

_____工程

招标工程量清单

招 标 人：_____
　　　　　　　　（单位盖章）

造价咨询人：_____
　　　　　　　　（单位盖章）

年　　　月　　　日

封-1

2. 招标工程量清单扉页

招标工程量清单扉页由招标人或招标人委托的工程造价咨询人编制招标工程量清单时填写。

招标人自行编制工程量清单的,编制人员必须是在招标人单位注册的造价人员,由招标人盖单位公章,法定代表人或其授权人签字或盖章。当编制人是注册造价工程师时,由其签字盖执业专用章;当编制人是造价员时,由其在编制人栏签字盖专用章,并应由注册造价工程师复核,在复核人栏签字盖执业专用章。

招标人委托工程造价咨询人编制工程量清单的,编制人必须是在工程造价咨询人单位注册的造价人员,由工程造价咨询人盖单位资质专用章,法定代表人或其授权人签字或盖章。当编制人是注册造价工程师时,由其签字盖执业专用章;当编制人是造价员时,由其在编制人栏签字盖专用章,并应由注册造价师复核,在复核人栏签字盖执业专用章。

招标工程量清单扉页见表2-2。

表 2-2　　　　　　　　　招标工程量清单扉页

_____工程

招标工程量清单

招 标 人：_____　　造价咨询人：_____
     （单位盖章）　　　　　　　　（单位资质专用章）

法定代表人　　　　　　　　　　法定代表人
或其授权人：_____　　或其授权人：_____
   （签字或盖章）　　　　　　　　（签字或盖章）

编 制 人：_____　　复 核 人：_____
  （造价人员签字盖专用章）　　　（造价工程师签字盖专用章）

编制时间： 年 月 日 复核时间： 年 月 日

扉-1

3. 总说明

工程计价总说明表适用于工程计价的各个阶段。对工程计价的不同阶段，总说明表中说明的内容是有差别的，要求也有所不同。

(1)工程量清单编制阶段。工程量清单中总说明应包括的内容有：①工程概况：如建设地址、建设规模、工程特征、交通状况、环保要求等；②工程招标和专业工程发包范围；③工程量清单编制依据；④工程质量、材料、施工等的特殊要求；⑤其他需要说明的问题。

(2)招标控制价编制阶段。招标控制价中总说明应包括的内容有：①采用的计价依据；②采用的施工组织设计；③采用的材料价格来源；④综合单价中风险因素、风险范围(幅度)；⑤其他等。

(3)投标报价编制阶段。投标报价总说明应包括的内容有：①采用的计价依据；②采用的施工组织设计；③综合单价中包含的风险因素，风险范围(幅度)；④措施项目的依据；⑤其他有关内容的说明等。

(4)竣工结算编制阶段。竣工结算中总说明应包括的内容有：①工程概况；②编制依据；③工程变更；④工程价款调整；⑤索赔；⑥其他等。

(5)工程造价鉴定阶段。工程造价鉴定书总说明应包括的内容有：①鉴定项目委托人名称、委托鉴定的内容；②委托鉴定的证据材料；③鉴定的依据及使用的专业技术手段；④对鉴定过程的说明；⑤明确的鉴定结论；⑥其他需说明的事宜等。

工程计价总说明表见表2-3。

表2-3 　　　　　　　　　　　总说明

工程名称：　　　　　　　　　　　　　　　　　　　　第　页共　页

表-01

4. 分部分项工程和单价措施项目清单与计价表

分部分项工程和单价措施项目清单与计价表是依据"08 计价规范"中《分部分项工程量清单与计价表》和《措施项目清单与计价表(二)》合并而来。单价措施项目和分部分项工程项目清单编制与计价均使用本表。

分部分项工程和单价措施项目清单与计价表不只是编制招标工程量清单的表式,也是编制招标控制价、投标报价和竣工结算的最基本用表。在编制工程量清单时,在"工程名称"栏应填写详细具体的工程称谓,对于电气工程而言,习惯上并无标段划分,可不填写"标段"栏,但相对于管道敷设、道路施工,则往往以标段划分,此时,应填写"标段"栏,其他各表涉及此类设置,道理相同。

由于各省、自治区、直辖市以及行业建设主管部门对规费计取基础的不同设置,为了计取规费等的使用,使用分部分项工程和单价措施项目清单与计价表可在表中增设其中:"定额人工费"。编制招标控制价时,使用"综合单价"、"合计"以及"其中:暂估价"按"13 计价规范"的规定填写。编写投标报价时,投标人对表中的"项目编码"、"项目名称"、"项目特征"、"计量单位"、"工程量"均不应做改动。"综合单价"、"合价"自主决定填写,对其中的"暂估价"栏,投标人应将招标文件中提供了暂估材料单价的暂估价计入综合单价,并应计算出暂估单价的材料在"综合单价"及其"合价"中的具体数额,因此,为更详细地反映暂估价情况,也可在表中增设一栏"综合单价"其中的"暂估价"。

编制竣工结算时,使用分部分项工程和单价措施项目清单与计价表可取消"暂估价"。

分部分项工程和单价措施项目清单与计价表见表 2-4。

5. 总价措施项目清单与计价表

在编制招标工程量清单时,总价措施项目清单与计价表中的项目可根据工程实际情况进行增减。在编制招标控制价时,计费基础、费率应按省级或行业建设主管部门的规定计取。编制投标报价时,除"安全文明施工费"必须按"13 计价规范"的强制性规定,按省级、行业建设主管部门的规定计取外,其他措施项目均可根据投标施工组织设计自主报价。

表2-4　　　　　分部分项工程和单价措施项目清单与计价表

工程名称：　　　　　　　　标段：　　　　　　　　第　页共　页

序号	项目编码	项目名称	项目特征描述	计量单位	工程量	金额/元		
						综合单价	合价	其中暂估价
			本页小计					
			合　计					

表-08

总价措施项目清单与计价表见表2-5。

表2-5　　　　　　总价措施项目清单与计价表

工程名称：　　　　　　　　标段：　　　　　　　　第　页共　页

序号	项目编码	项目名称	计算基础	费率/(%)	金额/元	调整费率/(%)	调整后金额/元	备注
		安全文明施工费						
		夜间施工增加费						
		二次搬运费						
		冬雨季施工增加费						
		已完工程及设备保护费						
		合　计						

编制人(造价人员)：　　　　　　　　复核人(造价工程师)：

表-11

6. 其他项目清单与计价汇总表

编制招标工程量清单,应汇总"暂列金额"和"专业工程暂估价",以提供给投标人报价。

编制招标控制价,应按有关计价规定估算"计日工"和"总承包服务费"。如招标工程量清单中未列"暂列金额",应按有关规定编列。编制投标报价,应按招标文件工程量提供的"暂列金额"和"专业工程暂估价"填写金额,不得变动。"计日工"、"总承包服务费"自主确定报价。编制或核对竣工结算,"专业工程暂估价"按实际分包结算价填写,"计日工"、"总承包服务费"按双方认可的费用填写,如发生"索赔"或"现场签证"费用,按双方认可的金额计人本表。

其他项目清单与计价汇总表见表 2-6。

表 2-6　　　　　　　其他项目清单与计价汇总表

工程名称:　　　　　　　标段:　　　　　　　第　页共　页

序号	项目名称	金额/元	结算金额/元	备注
1	暂列金额			明细详见表-12-1
2	暂估价			
2.1	材料(工程设备)暂估价/结算价	—		明细详见表-12-2
2.2	专业工程暂估价/结算价			明细详见表-12-3
3	计日工			明细详见表-12-4
4	总承包服务费			明细详见表-12-5
5	索赔与现场签证	—		明细详见表-12-6
	合　计		—	

注:材料(工程设备)暂估单价计入清单项目综合单价,此处不汇总。

表-12

7. 暂列金额明细表

暂列金额在实际履约过程中可能发生,也可能不发生。表中要求招标人能将暂列金额与拟用项目列出明细,但如确实不能详列也可只列暂定金额总额,投标人应将上述暂列金额计入投标总价中。

暂列金额明细表见表 2-7。

表 2-7　　　　　　　　　　暂列金额明细表

工程名称：　　　　　　　　标段：　　　　　　　　第　页共　页

序号	项目名称	计量单位	暂定金额/元	备注
1				
2				
3				
4				
5				
6				
7				
8				
9				
10				
11				
合　计				—

注：此表由招标人填写,如不能详列,也可只列暂定金额总额,投标人应将上述暂列金额计入投标总价中。

表-12-1

8. 材料(工程设备)暂估单价及调整表

暂估价是在招标阶段预见肯定要发生,只是因为标准不明确或者需要由专业承包人完成,暂时无法确定材料、工程设备的具体价格而采用的一种临时性计价方式。暂估价的材料、工程设备数量应在表内填写,拟用项目应在备注栏给予补充说明。

"13计价规范"要求招标人针对每一类暂估价给出相应的拟用项目,即按照材料、工程设备的名称分别给出,这样的材料、工程设备暂估价能够纳入到清单项目的综合单价中。

材料(工程设备)暂估单价及调整表见表2-8。

表2-8　　　　　材料(工程设备)暂估单价及调整表

工程名称：　　　　　　　　　标段：　　　　　　　　第　页共　页

序号	材料(工程设备)名称、规格、型号	计量单位	数量		暂估/元		确认/元		差额±/元		备注
			暂估	确认	单价	合价	单价	合价	单价	合价	
	合　计										

注:此表由招标人填写"暂估单价",并在备注栏说明暂估价的材料、工程设备拟用在哪些清单项目上,投标人应将上述材料、工程设备暂估单价计入工程量清单综合单价报价中。

表-12-2

9. 专业工程暂估价及结算价表

专业工程暂估价应在表内填写工程名称、工作内容、暂估金额,投标人应将上述金额计入投标总价中。专业工程暂估价项目及其表中列明的专业工程暂估价,是指分包人实施专业工程的含税金后的完整价,除了合同约定的发包人应承担的总包管理、协调、配合和服务责任所对应的总承包服务费以外,承包人为履行其总包管理、配合、协调和服务所需产生的费用应该包括在投标报价中。

专业工程暂估价及结算价表见表 2-9。

表 2-9　　　　　　　　专业工程暂估价及结算价表

工程名称：　　　　　　　　　标段：　　　　　　　　　第 页共 页

序号	工程名称	工作内容	暂估金额/元	结算金额/元	差额±/元	备注
	合计					

注：此表"暂估金额"由招标人填写,招标人应将"暂估金额"计入投标总价中。结算时按合同约定结算金额填写。

表-12-3

10. 计日工表

编制工程量清单时,"项目名称"、"单位"、"暂定数量"由招标人填写。编制招标控制价时,人工、材料、机械台班单价由招标人按有关计价规定填写并计算合价。编制投标报价时,人工、材料、机械台班单价由投标人自主确定,按已给暂估数量计算合计计入投标总价中。

计日工表见表 2-10。

表 2-10　　　　　　　　　　　　计日工表

工程名称：　　　　　　　　　标段：　　　　　　　　　第　页　共　页

编号	项目名称	单位	暂定数量	实际数量	综合单价/元	合价/元	
						暂定	实际
一	人工						
1							
2							
3							
4							
	人工小计						
二	材料						
1							
2							
3							
4							
5							
	材料小计						
三	施工机械						
1							
2							
3							
4							
	施工机械小计						
四、企业管理费和利润							
	总　　计						

注：此表项目名称、暂定数量由招标人填写，编制招标控制价时，单价由招标人按有关计价规定确定；投标时，单价由投标人自主报价，按暂定数量计算合价计入投标总价中；结算时，按发承包双方确认的实际数量计算合价。

表-12-4

11. 总承包服务费计价表

编制招标工程量清单时,招标人应将拟定进行专业分包的专业工程、自行采购的材料设备等决定清楚,填写项目名称、服务内容,以使投标人决定报价。编制招标控制价时,招标人按有关计价规定计价。编制投标报价时,由投标人根据工程量清单中的总承包服务内容,自主决定报价。办理竣工结算时,发承包双方应按承包人已标价工程量清单中的报价计算,如有发承包双方确定调整的,按调整后的金额计算。

总承包服务费计价表见表 2-11。

表 2-11　　　　　　　　总承包服务费计价表

工程名称:　　　　　　　　标段:　　　　　　　　第　页共　页

序号	项目名称	项目价值/元	服务内容	计算基础	费率/(%)	金额/元
1	发包人发包专业工程					
2	发包人提供材料					
	合　计		—	—		

注:此表项目名称、服务内容由招标人填写,编制招标控制价时,费率及金额由招标人按有关计价规定确定;投标时,费率及金额由投标人自主报价,计入投标总价中。

表-12-5

12. 规费、税金项目计价表

规费、税金项目计价表按住房和城乡建设部、财政部印发的《建筑安装工程费用项目组成》(建标[2013]44 号)列举的规费项目列项。在施工实践中,有的规费项目,如工程排污费,并非每个工程所在地都要征收,实践中可作为按实计算的费用处理。

规费、税金项目计价表见表2-12。

表 2-12　　　　　　　规费、税金项目计价表

工程名称：　　　　　　　标段：　　　　　　　第　页共　页

序号	项目名称	计算基础	计算基数	计算费率/(%)	金额/元
1	规费	定额人工费			
1.1	社会保险费	定额人工费			
(1)	养老保险费	定额人工费			
(2)	失业保险费	定额人工费			
(3)	医疗保险费	定额人工费			
(4)	工伤保险费	定额人工费			
(5)	生育保险费	定额人工费			
1.2	住房公积金	定额人工费			
1.3	工程排污费	按工程所在地环境保护部门收取标准,按实计入			
2	税金	分部分项工程费＋措施项目费＋其他项目费＋规费－按规定不计税的工程设备金额			
	合　计				

编制人(造价人员)：　　　　　　　复核人(造价工程师)：

表-13

13. 发包人提供主要材料和工程设备一览表

发包人提供材料和工程设备一览表(表2-13)由招标人填写,供投标人在投标、报价、确定总承包服务费时参考。

表 2-13　　　　　发包人提供材料和工程设备一览表

工程名称：　　　　　　　　　　标段：　　　　　　　　　第　页共　页

序号	材料(工程设备)名称、规格、型号	单位	数量	单价/元	交货方式	送达地点	备注

注：此表由招标人填写，供投标人在投标报价、确定总承包服务费时参考。

表-20

14. 承包人提供主要材料和工程设备一览表(适用于造价信息差额调整法)

承包人提供主要材料和工程设备一览表(适用于造价信息差额调整法)由招标人填写除"投标单价"栏的内容，投标人在投标时自主确定投标单价。招标人应优先采用工程造价管理机构发布的单价作为基准单价，未发布的，通过市场调查确定其基准单价。

承包人提供主要材料和工程设备一览表(适用于造价信息差额调整法)见表 2-14。

表 2-14　　　　承包人提供主要材料和工程设备一览表
　　　　　　　　　（适用于造价信息差额调整法）

工程名称：　　　　　　　　　　标段：　　　　　　　　　第　页共　页

序号	名称、规格、型号	单位	数量	风险系数/(%)	基准单价/元	投标单价/元	发承包人确认单价/元	备注

注：1. 此表由招标人填写除"投标单价"栏的内容，投标人在投标时自主确定投标单价。
　　2. 招标人应优先采用工程造价管理机构发布的单价作为基准单价，未发布的，通过市场调查确定其基准单价。

表-21

15. 承包人提供主要材料和工程设备一览表(适用于价格指数差额调整法)

表中"名称、规格、型号""基本价格指数"栏由招标人填写,基本价格指数应首先采用工程造价管理机构公布的价格指数,没有时可采用发布的价格代替。如人工、机械费也采用本法调整,由招标人在名称"名称"栏填写。"变值权重"栏由投标人根据该项人工、机械费和材料、工程设备价值在投标总报价中所占比例填写,1减去其比例为定值权重。"现行价格指数"按约定付款证书相关周期最后一天的前42天的各项价格指数填写。该指数应首先采用工程造价管理机构发布的价格指数,没有时可采用工程造价管理机构公布的价格代替。

承包人提供主要材料和工程设备一览表(适用于价格指数差额调整法)见表 2-15。

表 2-15 承包人提供主要材料和工程设备一览表
(适用于价格指数差额调整法)

工程名称:　　　　　　　　标段:　　　　　　　　第　页共　页

序号	名称、规格、型号	变值权重 B	基本价格指数 F_0	现行价格指数 F_t	备注
	定值权重 A		—	—	
	合　计	1	—	—	

注:1. "名称、规格、型号"、"基本价格指数"栏由招标人填写,基本价格指数应首先采用工程造价管理机构发布的价格指数,没有时,可采用发布的价格代替。如人工、机械费也采用本法调整,由招标人在"名称"栏填写。

2. "变值权重"栏由投标人根据该项人工、机械费和材料、工程设备价值在投标总报价中所占的比例填写,1减去其比例为定值权重。

3. "现行价格指数"按约定的付款证书相关周期最后一天的前42天的各项价格指数填写,该指数应首先采用工程造价管理机构发布的价格指数,没有时,可采用发布的价格代替。

表-22

第三章 工程量清单计价费用

第一节 建筑安装费用组成

一、建筑安装工程费用项目组成(按费用构成要素划分)

建筑安装工程费按照费用构成要素划分：由人工费、材料(包含工程设备,下同)费、施工机具使用费、企业管理费、利润、规费和税金组成。其中,人工费、材料费、施工机具使用费、企业管理费和利润包含在分部分项工程费、措施项目费、其他项目费中,如图 3-1 所示。

1. 人工费

人工费是指按工资总额构成规定,支付给从事建筑安装工程施工的生产工人和附属生产单位工人的各项费用。内容包括：

(1)计时工资或计件工资。是指按计时工资标准和工作时间或对已做工作按计件单价支付给个人的劳动报酬。

(2)奖金。是指对超额劳动和增收节支支付给个人的劳动报酬。如节约奖、劳动竞赛奖等。

(3)津贴补贴。是指为了补偿职工特殊或额外的劳动消耗和因其他特殊原因支付给个人的津贴,以及为了保证职工工资水平不受物价影响支付给个人的物价补贴。如流动施工津贴、特殊地区施工津贴、高温(寒)作业临时津贴、高空津贴等。

(4)加班加点工资。是指按规定支付的在法定节假日工作的加班工资和在法定日工作时间外延时工作的加点工资。

(5)特殊情况下支付的工资。是指根据国家法律、法规和政策规定,因病、工伤、产假、计划生育假、婚丧假、事假、探亲假、定期休假、停工学习、执行国家或社会义务等原因按计时工资标准或计时工资标准的一定比例支付的工资。

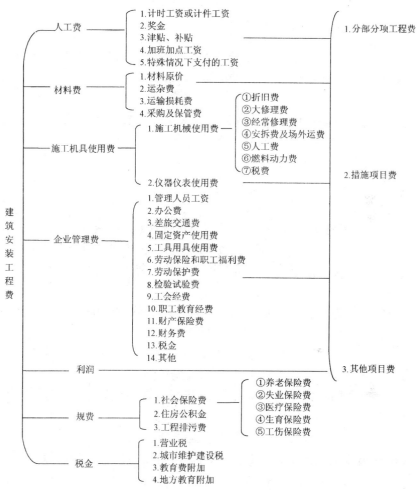

图 3-1 建筑安装工程费按照费用构成要素划分

2. 材料费

材料费是指施工过程中耗费的原材料、辅助材料、构配件、零件、半成品或成品、工程设备的费用。内容包括：

(1)材料原价。是指材料、工程设备的出厂价格或商家供应价格。

(2)运杂费。是指材料、工程设备自来源地运至工地仓库或指定堆放地点所发生的全部费用。

(3)运输损耗费。是指材料在运输装卸过程中不可避免的损耗。

(4)采购及保管费。是指为组织采购、供应和保管材料、工程设备的过程中所需要的各项费用。包括采购费、仓储费、工地保管费、仓储损耗。

工程设备是指构成或计划构成永久工程一部分的机电设备、金属结构设备、仪器装置及其他类似的设备和装置。

3. 施工机具使用费

施工机具使用费是指施工作业所发生的施工机械、仪器仪表使用费或其租赁费。

(1)施工机械使用费。施工机械使用费以施工机械台班耗用量乘以施工机械台班单价表示,施工机械台班单价应由下列七项费用组成:

1)折旧费。是指施工机械在规定的使用年限内,陆续收回其原值的费用。

2)大修理费。是指施工机械按规定的大修理间隔台班进行必要的大修理,以恢复其正常功能所需的费用。

3)经常修理费。是指施工机械除大修理以外的各级保养和临时故障排除所需的费用。包括为保障机械正常运转所需替换设备与随机配备工具附具的摊销和维护费用,机械运转中日常保养所需润滑与擦拭的材料费用及机械停滞期间的维护和保养费用等。

4)安拆费及场外运费。安拆费是指施工机械(大型机械除外)在现场进行安装与拆卸所需的人工、材料、机械和试运转费用以及机械辅助设施的折旧、搭设、拆除等费用;场外运费是指施工机械整体或分体自停放地点运至施工现场或由一施工地点运至另一施工地点的运输、装卸、辅助材料及架线等费用。

5)人工费。是指机上司机(司炉)和其他操作人员的人工费。

6)燃料动力费。是指施工机械在运转作业中所消耗的各种燃料及水、电等。

7)税费。是指施工机械按照国家规定应缴纳的车船使用税、保险费及年检费等。

(2)仪器仪表使用费。是指工程施工所需使用的仪器仪表的摊销及维修费用。

4. 企业管理费

企业管理费是指建筑安装企业组织施工生产和经营管理所需的费用。内容包括：

(1)管理人员工资。是指按规定支付给管理人员的计时工资、奖金、津贴补贴、加班加点工资及特殊情况下支付的工资等。

(2)办公费。是指企业管理办公用的文具、纸张、账表、印刷、邮电、书报、办公软件、现场监控、会议、水电、烧水和集体取暖降温（包括现场临时宿舍取暖降温）等费用。

(3)差旅交通费。是指职工因公出差、调动工作的差旅费、住勤补助费，市内交通费和误餐补助费，职工探亲路费，劳动力招募费，职工退休、退职一次性路费，工伤人员就医路费，工地转移费以及管理部门使用的交通工具的油料、燃料等费用。

(4)固定资产使用费。是指管理和试验部门及附属生产单位使用的属于固定资产的房屋、设备、仪器等的折旧、大修、维修或租赁费。

(5)工具用具使用费。是指企业施工生产和管理使用的不属于固定资产的工具、器具、家具、交通工具和检验、试验、测绘、消防用具等的购置、维修和摊销费。

(6)劳动保险和职工福利费。是指由企业支付的职工退职金、按规定支付给离休干部的经费，集体福利费、夏季防暑降温、冬季取暖补贴、上下班交通补贴等。

(7)劳动保护费。是指企业按规定发放的劳动保护用品的支出。如工作服、手套、防暑降温饮料以及在有碍身体健康的环境中施工的保健费用等。

(8)检验试验费。是指施工企业按照有关标准规定，对建筑以及材料、构件和建筑安装物进行一般鉴定、检查所发生的费用，包括自设试验室进行试验所耗用的材料等费用。不包括新结构、新材料的试验费，对构件做破坏性试验及其他特殊要求检验试验的费用和建设单位委托检测机构进行检测的费用。对此类检测发生的费用，由建设单位在工程建设其他费用中列支。但对施工企业提供的具有合格证明的材料进行检测不合格的,该检测费用由施工企业支付。

(9)工会经费。是指企业按《工会法》规定的全部职工工资总额比例计提的工会经费。

(10)职工教育经费。是指按职工工资总额的规定比例计提,企业为职工进行专业技术和职业技能培训,专业技术人员继续教育、职工职业技能鉴定、职业资格认定以及根据需要对职工进行各类文化教育所发生的费用。

(11)财产保险费。是指施工管理用财产、车辆等的保险费用。

(12)财务费。是指企业为施工生产筹集资金或提供预付款担保、履约担保、职工工资支付担保等所发生的各种费用。

(13)税金。是指企业按规定缴纳的房产税、车船使用税、土地使用税、印花税等。

(14)其他。包括技术转让费、技术开发费、投标费、业务招待费、绿化费、广告费、公证费、法律顾问费、审计费、咨询费、保险费等。

5. 利润

利润是指施工企业完成所承包工程获得的盈利。

6. 规费

规费是指按国家法律、法规规定,由省级政府和省级有关权力部门规定必须缴纳或计取的费用。包括:

(1)社会保险费。

1)养老保险费。是指企业按照规定标准为职工缴纳的基本养老保险费。

2)失业保险费。是指企业按照规定标准为职工缴纳的失业保险费。

3)医疗保险费。是指企业按照规定标准为职工缴纳的基本医疗保险费。

4)生育保险费。是指企业按照规定标准为职工缴纳的生育保险费。

5)工伤保险费。是指企业按照规定标准为职工缴纳的工伤保险费。

(2)住房公积金。是指企业按规定标准为职工缴纳的住房公积金。

(3)工程排污费。是指按规定缴纳的施工现场工程排污费。

其他应列而未列入的规费,按实际发生计取。

7. 税金

税金是指国家税法规定的应计入建筑安装工程造价内的营业税、城市维护建设税、教育费附加以及地方教育附加。

二、建筑安装工程费用项目组成(按造价形成划分)

建筑安装工程费按照工程造价形成由分部分项工程费、措施项目费、其他项目费、规费、税金组成,分部分项工程费、措施项目费、其他项目费包含人工费、材料费、施工机具使用费、企业管理费和利润,如图 3-2 所示。

1. 分部分项工程费

分部分项工程费是指各专业工程的分部分项工程应予列支的各项费用。

(1)专业工程。是指按现行国家计量规范划分的房屋建筑与装饰工程、仿古建筑工程、通用安装工程、市政工程、园林绿化工程、矿山工程、构筑物工程、城市轨道交通工程、爆破工程等各类工程。

(2)分部分项工程。指按现行国家计量规范对各专业工程划分的项目。如通用安装工程划分的机械设备安装工程,热力设备安装工程,静电设备与工艺金属结构制作安装工程,电气设备安装工程,建筑智能化工程,自动化控制仪表安装工程,通风空调工程,工业管道工程,消防工程,给排水、采暖、燃气工程,通信设备及线路工程,刷油、防腐蚀、绝热工程等。

各类专业工程的分部分项工程划分见现行国家或行业计量规范。

2. 措施项目费

措施项目费是指为完成建设工程施工,发生于该工程施工前和施工过程中的技术、生活、安全、环境保护等方面的费用。内容包括:

(1)安全文明施工费。

1)环境保护费。是指施工现场为达到环保部门要求所需要的各项费用。

2)文明施工费。是指施工现场文明施工所需要的各项费用。

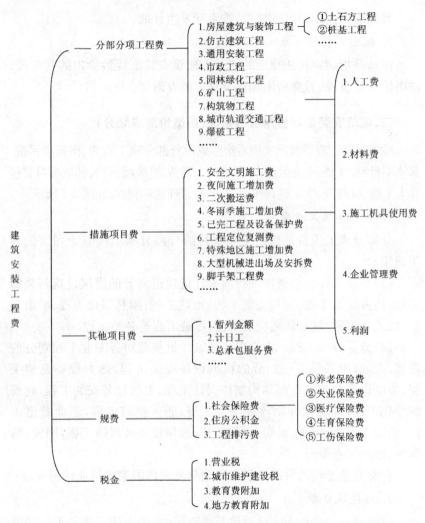

图 3-2　建筑安装工程费按照工程造价形成

3)安全施工费。是指施工现场安全施工所需要的各项费用。

4)临时设施费。是指施工企业为进行建设工程施工所必须搭设的生活和生产用的临时建筑物、构筑物和其他临时设施费用。包括临时设施的搭设、维修、拆除、清理费或摊销费等。

(2)夜间施工增加费。是指因夜间施工所发生的夜班补助费、夜间施工降效、夜间施工照明设备摊销及照明用电等费用。

(3)二次搬运费。是指因施工场地条件限制而发生的材料、构配件、半成品等一次运输不能到达堆放地点,必须进行二次或多次搬运所发生的费用。

(4)冬雨季施工增加费。是指在冬季或雨季施工需增加的临时设施、防滑、排除雨雪,人工及施工机械效率降低等费用。

(5)已完工程及设备保护费。是指竣工验收前,对已完工程及设备采取的必要保护措施所发生的费用。

(6)工程定位复测费。是指工程施工过程中进行全部施工测量放线和复测工作的费用。

(7)特殊地区施工增加费。是指工程在沙漠或其边缘地区、高海拔、高寒、原始森林等特殊地区施工增加的费用。

(8)大型机械设备进出场及安拆费。是指机械整体或分体自停放场地运至施工现场或由一个施工地点运至另一个施工地点,所发生的机械进出场运输及转移费用及机械在施工现场进行安装、拆卸所需的人工费、材料费、机械费、试运转费和安装所需的辅助设施的费用。

(9)脚手架工程费。是指施工需要的各种脚手架搭、拆、运输费用以及脚手架购置费的摊销(或租赁)费用。

措施项目及其包含的内容详见各类专业工程的现行国家或行业计量规范。

3. 其他项目费

(1)暂列金额。是指建设单位在工程量清单中暂定并包括在工程合同价款中的一笔款项。用于施工合同签订时尚未确定或者不可预见的所需材料、工程设备、服务的采购,施工中可能发生的工程变更、合同约定调整因素出现时的工程价款调整以及发生的索赔、现场签证确认等的费用。

(2)计日工。是指在施工过程中,施工企业完成建设单位提出的施工图纸以外的零星项目或工作所需的费用。

(3)总承包服务费。是指总承包人为配合、协调建设单位进行的专业工程发包,对建设单位自行采购的材料、工程设备等进行保管以及施工现场管理、竣工资料汇总整理等服务所需的费用。

4. 规费

定义同本节"一、"。

5. 税金

定义同本节"一、"。

第二节 建筑安装工程费用计算方法

一、各费用构成计算方法

1. 人工费

$$人工费 = \sum (工日消耗量 \times 日工资单价) \quad (3-1)$$

$$日工资单价 = \frac{生产工人平均月工资(计时计件) + 平均月\left(奖金+津贴补贴+特殊情况下支付的工资\right)}{年平均每月法定工作日} \quad (3-2)$$

注:式(3-1)主要适用于施工企业投标报价时自主确定人工费,也是工程造价管理机构编制计价定额确定定额人工单价或发布人工成本信息的参考依据。

$$人工费 = \sum (工程工日消耗量 \times 日工资单价) \quad (3-3)$$

注:式(3-3)适用于工程造价管理机构编制计价定额时确定定额人工费,是施工企业投标报价的参考依据。

日工资单价是指施工企业平均技术熟练程度的生产工人在每工作日(国家法定工作时间内)按规定从事施工作业应得的日工资总额。

工程造价管理机构确定日工资单价应通过市场调查,根据工程项目的技术要求,参考实物工程量人工单价综合分析确定,最低日工资单价不得低于工程所在地人力资源和社会保障部门所发布的最低工资标准的:普工1.3倍、一般技工2倍、高级技工3倍。

工程计价定额不可只列一个综合工日单价,应根据工程项目技术要求和工种差别适当划分多种日人工单价,确保各分部工程人工费的合理构成。

2. 材料费

(1)材料费。

$$材料费 = \sum(材料消耗量 \times 材料单价) \quad (3-4)$$

$$材料单价 = [(材料原价 + 运杂费) \times [1 + 运输损耗率(\%)]] \times [1 + 采购保管费率(\%)] \quad (3-5)$$

(2)工程设备费。

$$工程设备费 = \sum(工程设备量 \times 工程设备单价) \quad (3-6)$$

$$工程设备单价 = (设备原价 + 运杂费) \times [1 + 采购保管费率(\%)] \quad (3-7)$$

3. 施工机具使用费

(1)施工机械使用费。

$$施工机械使用费 = \sum(施工机械台班消耗量 \times 机械台班单价) \quad (3-8)$$

$$\begin{aligned}机械台班单价 = &\ 台班折旧费 + 台班大修费 + 台班经常修理费 + \\ &\ 台班安拆费及场外运费 + 台班人工费 + \\ &\ 台班燃料动力费 + 台班车船税费\end{aligned} \quad (3-9)$$

注:工程造价管理机构在确定计价定额中的施工机械使用费时,应根据《建筑施工机械台班费用计算规则》结合市场调查编制施工机械台班单价。施工企业可以参考工程造价管理机构发布的台班单价,自主确定施工机械使用费的报价,如租赁施工机械,公式为:施工机械使用费 = $\sum$(施工机械台班消耗量 × 机械台班租赁单价)。

(2)仪器仪表使用费。

$$仪器仪表使用费 = 工程使用的仪器仪表摊销费 + 维修费 \quad (3-10)$$

4. 企业管理费费率

(1)以分部分项工程费为计算基础。

$$企业管理费费率(\%) = \frac{生产工人年平均管理费}{年有效施工天数 \times 人工单价} \times$$

$$\text{人工费占分部分项工程费比例}(\%) \tag{3-11}$$

（2）以人工费和机械费合计为计算基础。

$$\text{企业管理费费率}(\%) = \frac{\text{生产工人年平均管理费}}{\text{年有效施工天数} \times (\text{人工单价} + \text{每一工日机械使用费})} \times 100\% \tag{3-12}$$

（3）以人工费为计算基础。

$$\text{企业管理费费率}(\%) = \frac{\text{生产工人年平均管理费}}{\text{年有效施工天数} \times \text{人工单价}} \times 100\% \tag{3-13}$$

注：上述公式适用于施工企业投标报价时自主确定管理费，是工程造价管理机构编制计价定额确定企业管理费的参考依据。

工程造价管理机构在确定计价定额中企业管理费时，应以定额人工费或（定额人工费＋定额机械费）作为计算基数，其费率根据历年工程造价积累的资料，辅以调查数据确定，列入分部分项工程和措施项目中。

5. 利润

（1）施工企业根据企业自身需求并结合建筑市场实际自主确定，列入报价中。

（2）工程造价管理机构在确定计价定额中利润时，应以定额人工费或（定额人工费＋定额机械费）作为计算基数，其费率根据历年工程造价积累的资料，并结合建筑市场实际确定，以单位（单项）工程测算，利润在税前建筑安装工程费的比重可按不低于5%且不高于7%的费率计算。利润应列入分部分项工程和措施项目中。

6. 规费

（1）社会保险费和住房公积金。社会保险费和住房公积金应以定额人工费为计算基础，根据工程所在地省、自治区、直辖市或行业建设主管部门规定费率计算。

$$\text{社会保险费和住房公积金} = \sum(\text{工程定额人工费} \times \text{社会保险费和住房公积金费率}) \tag{3-14}$$

式（3-14）中，社会保险费和住房公积金费率可以每万元发承包价的生产工人人工费和管理人员工资含量与工程所在地规定的缴纳标准综合分析取定。

(2)工程排污费。工程排污费等其他应列而未列入的规费应按工程所在地环境保护等部门规定的标准缴纳,按实计取列入。

7. 税金

$$税金 = 税前造价 \times 综合税率(\%) \tag{3-15}$$

其中,综合税率的计算方法如下:

(1)纳税地点在市区的企业:

$$综合税率(\%) = \frac{1}{1-3\%-3\%\times7\%-3\%\times3\%-3\%\times2\%} - 1 \tag{3-16}$$

(2)纳税地点在县城、镇的企业:

$$综合税率(\%) = \frac{1}{1-3\%-3\%\times5\%-3\%\times3\%-3\%\times2\%} - 1 \tag{3-17}$$

(3)纳税地点不在市区、县城、镇的企业:

$$综合税率(\%) = \frac{1}{1-3\%-3\%\times1\%-3\%\times3\%-3\%\times2\%} - 1 \tag{3-18}$$

(4)实行营业税改增值税的,按纳税地点现行税率计算。

二、建筑安装工程计价参考公式

1. 分部分项工程费

$$分部分项工程费 = \sum(分部分项工程量 \times 综合单价) \tag{3-19}$$

式(3-19)中综合单价包括人工费、材料费、施工机具使用费、企业管理费和利润以及一定范围的风险费用(下同)。

2. 措施项目费

(1)国家计量规范规定应予计量的措施项目,其计算公式为:

$$措施项目费 = \sum(措施项目工程量 \times 综合单价) \tag{3-20}$$

(2)国家计量规范规定不宜计量的措施项目计算方法如下:

1)安全文明施工费。

　　安全文明施工费＝计算基数×安全文明施工费费率(%)(3-21)

　　计算基数应为定额基价(定额分部分项工程费＋定额中可以计量的措施项目费)、定额人工费或(定额人工费＋定额机械费),其费率由工程造价管理机构根据各专业工程的特点综合确定。

2)夜间施工增加费。

　　夜间施工增加费＝计算基数×夜间施工增加费费率(%)(3-22)

3)二次搬运费。

　　　二次搬运费＝计算基数×二次搬运费费率(%)　　(3-23)

4)冬雨季施工增加费。

　冬雨季施工增加费＝计算基数×冬雨季施工增加费费率(%)

(3-24)

5)已完工程及设备保护费。

已完工程及设备保护费＝计算基数×已完工程及设备保护费费率(%)

(3-25)

　　上述2)～5)项措施项目的计费基数应为定额人工费或(定额人工费＋定额机械费),其费率由工程造价管理机构根据各专业工程特点和调查资料综合分析后确定。

3. 其他项目费

(1)暂列金额由建设单位根据工程特点,按有关计价规定估算,施工过程中由建设单位掌握使用、扣除合同价款调整后如有余额,归建设单位。

(2)计日工由建设单位和施工企业按施工过程中的签证计价。

(3)总承包服务费由建设单位在招标控制价中根据总包服务范围和有关计价规定编制,施工企业投标时自主报价,施工过程中按签约合同价执行。

4. 规费和税金

建设单位和施工企业均应按照省、自治区、直辖市或行业建设主管部门发布标准计算规费和税金,不得作为竞争性费用。

第三节　工程计价程序

一、建设单位工程招标控制价计价程序

建设单位工程招标控制价计价程序见表 3-1。

表 3-1　　　　　建设单位工程招标控制价计价程序

工程名称：　　　　　　　　　标段：

序号	内容	计算方法	金额/元
1	分部分项工程费	按计价规定计算	
1.1			
1.2			
1.3			
1.4			
1.5			
2	措施项目费	按计价规定计算	
2.1	其中:安全文明施工费	按规定标准计算	
3	其他项目费		
3.1	其中:暂列金额	按计价规定估算	
3.2	其中:专业工程暂估价	按计价规定估算	
3.3	其中:计日工	按计价规定估算	
3.4	其中:总承包服务费	按计价规定估算	
4	规费	按规定标准计算	
5	税金(扣除不列入计税范围的工程设备金额)	(1+2+3+4)×规定税率	
招标控制价合计=1+2+3+4+5			

二、施工企业工程投标报价计价程序

施工企业工程投标报价计价程序见表3-2。

表3-2　　　　　　施工企业工程投标报价计价程序

工程名称：　　　　　　　　标段：

序号	内容	计算方法	金额/元
1	分部分项工程费	自主报价	
1.1			
1.2			
1.3			
1.4			
1.5			
2	措施项目费	自主报价	
2.1	其中:安全文明施工费	按规定标准计算	
3	其他项目费		
3.1	其中:暂列金额	按招标文件提供金额计列	
3.2	其中:专业工程暂估价	按招标文件提供金额计列	
3.3	其中:计日工	自主报价	
3.4	其中:总承包服务费	自主报价	
4	规费	按规定标准计算	
5	税金(扣除不列入计税范围的工程设备金额)	(1+2+3+4)×规定税率	
投标报价合计=1+2+3+4+5			

三、竣工结算计价程序

竣工结算计价程序见表3-3。

表 3-3　　　　　　　　　　竣工结算计价程序

工程名称：　　　　　　　　　　标段：

序号	内容	计算方法	金额/元
1	分部分项工程费	按合同约定计算	
1.1			
1.2			
1.3			
1.4			
1.5			
2	措施项目	按合同约定计算	
2.1	其中:安全文明施工费	按规定标准计算	
3	其他项目		
3.1	其中:专业工程结算价	按合同约定计算	
3.2	其中:计日工	按计日工签证计算	
3.3	其中:总承包服务费	按合同约定计算	
3.4	索赔与现场签证	按发承包双方确认数额计算	
4	规费	按规定标准计算	
5	税金(扣除不列入计税范围的工程设备金额)	(1+2+3+4)×规定税率	
竣工结算总价合计=1+2+3+4+5			

第四章 电气工程工程量清单计价

第一节 工程量清单计价规定

一、计价方式

(1)使用国有资金投资的建设工程发承包,必须采用工程量清单计价。国有投资的资金包括国家融资资金、国有资金为主的投资资金。

1)国有资金投资的工程建设项目包括:

①使用各级财政预算资金的项目;

②使用纳入财政管理的各种政府性专项建设资金的项目;

③使用国有企事业单位自有资金,并且国有资产投资者实际拥有控制权的项目。

2)国家融资资金投资的工程建设项目包括:

①使用国家发行债券所筹资金的项目;

②使用国家对外借款或者担保所筹资金的项目;

③使用国家政策性贷款的项目;

④国家授权投资主体融资的项目;

⑤国家特许的融资项目。

3)国有资金为主的工程建设项目是指国有资金占投资总额50%以上,或虽不足50%但国有投资者实质上拥有控股权的工程建设项目。

(2)非国有资金投资的建设工程,"13计价规范"鼓励采用工程量清单计价方式,但是否采用,由项目业主自主确定。

(3)不采用工程量清单计价的建设工程,应执行"13计价规范"中除工程量清单等专门性规定外的其他规定。

(4)实行工程量清单计价应采用综合单价法,不论分部分项工程项目、措施项目、其他项目,还是以单价形式或以总价形式表现的项目,其综合单价的组成内容均包括完成该项目所需的、除规费和税金以外的所有费用。

(5)根据《中华人民共和国安全生产法》、《中华人民共和国建筑法》、《建设工程安全生产管理条例》、《安全生产许可证条例》等法律、法规的规定,建设部办公厅印发了《建筑工程安全防护、文明施工措施费及使用管理规定》(建办[2005]89号),将安全文明施工费纳入国家强制性标准管理范围,其费用标准不予竞争,并规定"投标方安全防护、文明施工措施的报价,不得低于依据工程所在地工程造价管理机构测定费率计算所需费用总额的90%"。2012年2月14日,财政部、国家安全生产监督管理总局印发《企业安全生产费用提取和使用管理办法》(财企[2012]16号)规定:"建设工程施工企业提取的安全费用列入工程造价,在竞标时,不得删减,列入标外管理"。

"13计价规范"规定措施项目清单中的安全文明施工费必须按国家或省级、行业建设主管部门的规定费用标准计算,招标人不得要求投标人对该项费用进行优惠,投标人也不得将该项费用参与市场竞争。此处的安全文明施工费包括《建筑安装工程费用项目组成》(建标[2013]44号)中措施费的文明施工费、环境保护费、临时设施费、安全施工费。

(6)根据住房和城乡建设部、财政部印发的《建筑安装工程费用项目组成》(建标[2013]44号)的规定,规费是政府和有关权力部门规定必须缴纳的费用。税金是国家按照税法预先规定的标准,强制地、无偿地要求纳税人缴纳的费用。它们都是工程造价的组成部分,但是其费用内容和计取标准都不是发、承包人能自主确定的,更不是由市场竞争决定的。因而"13计价规范"规定:"规费和税金必须按国家或省级、行业建设主管部门的规定计算,不得作为竞争性费用"。

二、发包人提供材料和机械设备

《建设工程质量管理条例》第 14 条规定:"按照合同约定,由建设单位采购建筑材料、建筑构配件和设备的,建设单位应当保证建筑材料、建筑构配件和设备符合设计文件和合同要求";《中华人民共和国合同法》第 283 条规定:"发包人未按照约定的时间和要求提供原材料、设备、场地、资金、技术资料的,承包人可以顺延工程日期,并有权要求赔偿停工、窝工等损失"。"13 计价规范"根据上述法律条文对发包人提供材料和机械设备的情况进行了如下约定:

(1)发包人提供的材料和工程设备(以下简称甲供材料)应在招标文件中按照规定填写《发包人提供材料和工程设备一览表》,写明甲供材料的名称、规格、数量、单价、交货方式、交货地点等。承包人投标时,甲供材料价格应计入相应项目的综合单价中,签约后,发包人应按合同约定扣除甲供材料款,不予支付。

(2)承包人应根据合同工程进度计划的安排,向发包人提交甲供材料交货的日期计划。发包人应按计划提供。

(3)发包人提供的甲供材料如规格、数量或质量不符合合同要求,或由于发包人原因发生交货日期延误、交货地点及交货方式变更等情况的,发包人应承担由此增加的费用和(或)工期延误,并应向承包人支付合理利润。

(4)发承包双方对甲供材料的数量发生争议不能达成一致的,应按照相关工程的计价定额同类项目规定的材料消耗量计算。

(5)若发包人要求承包人采购已在招标文件中确定为甲供材料的,材料价格应由发承包双方根据市场调查确定,并应另行签订补充协议。

三、承包人提供材料和工程设备

《建设工程质量管理条例》第 29 条规定:"施工单位必须按照工程设计要求、施工技术标准和合同约定,对建筑材料、建筑构配件、设备和商品混凝土进行检验,检验应当有书面记录和专人签字;未经检验

或者检验不合格的,不得使用"。"13 计价规范"根据此法律条文对承包人提供材料和机械设备的情况进行了如下约定:

(1)除合同约定的发包人提供的甲供材料外,合同工程所需的材料和工程设备应由承包人提供,承包人提供的材料和工程设备均应由承包人负责采购、运输和保管。

(2)承包人应按合同约定将采购材料和工程设备的供货人及品种、规格、数量和供货时间等提交发包人确认,并负责提供材料和工程设备的质量证明文件,满足合同约定的质量标准。

(3)对承包人提供的材料和工程设备经检测不符合合同约定的质量标准,发包人应立即要求承包人更换,由此增加的费用和(或)工期延误应由承包人承担。对发包人要求检测承包人已具有合格证明的材料、工程设备,但经检测证明该项材料、工程设备符合合同约定的质量标准,发包人应承担由此增加的费用和(或)工期延误,并向承包人支付合理利润。

四、计价风险

(1)建设工程发承包,必须在招标文件、合同中明确计价中的风险内容及其范围,不得采用无限风险、所有风险或类似语句规定计价中的风险内容及范围。

风险是一种客观存在的、会带来损失的、不确定的状态。它具有客观性、损失性、不确定性的特点,并且风险始终是与损失相联系的。工程施工发包是一种期货交易行为,工程建设本身又具有单件性和建设周期长的特点。在工程施工过程中影响工程施工及工程造价的风险因素很多,但并非所有的风险都是承包人能预测、能控制和应承担其造成损失的。

工程施工招标发包是工程建设交易方式之一,一个成熟的建设市场应是一个体现交易公平性的市场。在工程建设施工发包中实行风险共担和合理分摊原则是实现建设市场交易公平性的具体体现,是维护建设市场正常秩序的措施之一。其具体体现则是应在招标文件或合同中对发承包双方各自应承担的风险内容及其风险范围或幅度进行界定和明确,而不能要求承包人承担所有风险或无限度风险。

根据我国工程建设特点,投标人应完全承担的风险是技术风险和管理风险,如管理费和利润;应有限度承担的是市场风险,如材料价格、施工机械使用费等的风险;应完全不承担的是法律、法规、规章和政策变化的风险。

(2)由于下列因素出现,影响合同价款调整的,应由发包人承担:

1)由于国家法律、法规、规章或有关政策出台导致工程税金、规费等发生变化的;

2)对于根据我国目前工程建设的实际情况,各省、自治区、直辖市建设行政主管部门均根据当地人力资源和社会保障行政主管部门的有关规定发布人工成本信息或人工费调整,对此关系职工切身利益的人工费进行调整的,但承包人对人工费或人工单价的报价高于发布的除外;

3)按照《中华人民共和国合同法》第63条规定:"执行政府定价或者政府指导价的,在合同约定的交付期限内价格调整时,按照交付的价格计价。逾期交付标的物的,遇价格上涨时,按照原价格执行;价格下降时,按照新价格执行。逾期提取标的物或者逾期付款的,遇价格上涨时,按照新价格执行;价格下降时,按照原价格执行"。因此,对政府定价或政府指导价管理的原材料价格按照相关文件规定进行合同价款调整的,因承包人原因导致工期延误的,应按本章第五节中"2.法律法规变化"和"8.物价变化"中的有关规定进行处理。

(3)对于主要由市场价格波动导致的价格风险,如工程造价中的建筑材料、燃料等价格风险,应由发承包双方合理分摊,并按规定填写《承包人提供主要材料和工程设备一览表》作为合同附件;当合同中没有约定,发承包双方发生争议时,应按"13计价规范"的相关规定调整合同价款。

"13计价规范"中提出承包人所承担的材料价格的风险宜控制在5%以内,施工机械使用费的风险可控制在10%以内,超过者予以调整。

(4)由于承包人使用机械设备、施工技术以及组织管理水平等自身原因造成施工费用增加的,应由承包人全部承担。

(5)当不可抗力发生,影响合同价款时,应按本章第五节中"10.不可抗力"的相关规定处理。

第二节　工程计量

一、一般规定

(1)正确的计量是发包人向承包人支付合同价款的前提和依据,因此"13计价规范"中规定:"工程量必须按照相关工程现行国家计量规范规定的工程量计算规则计算"。这就明确了不论采用何种计价方式,其工程量必须按照相关工程的现行国家计量规范规定的工程量计算规则计算。采用统一的工程量计算规则,对于规范工程建设各方的计量计价行为,有效减少计量争议具有十分重要的意义。

(2)选择恰当的工程计量方式对于正确计量是十分必要的。由于工程建设具有投资大、周期长等特点,因而"13计价规范"中规定:"工程计量可选择按月或按工程形象进度分段计量,当采用分段结算方式时,应在合同中约定具体的工程分段划分界限"。按工程形象进度分段计量与按月计量相比,其计量结果更具稳定性,可以简化竣工结算。但应注意工程形象进度分段的时间应与按月计量保持一定关系,不应过长。

(3)因承包人原因造成的超出合同工程范围施工或返工的工程量,发包人不予计量。

(4)成本加酬金合同应按单价合同的规定计量。

二、单价合同的计量

(1)招标工程量清单标明的工程量是招标人根据拟建工程设计文件预计的工程量,不能作为承包人在实际工作中应予完成的实际和准确的工程量。招标工程量清单所列的工程量,一方面是各投标人进行投标报价的共同基础;另一方面是对各投标人的投标报价进行评审的共同平台,是招投标活动应当遵循公开、公平、公正和诚实、信用原则的具体体现。

发承包双方竣工结算的工程量应以承包人按照现行国家计量规范规定的工程量计算规则计算的实际完成应予计量的工程量确定,而非招标工程量清单所列的工程量。

(2)施工中进行工程计量,当发现招标工程量清单中出现缺项、工程量偏差,或因工程变更引起工程量增减时,应按承包人在履行合同义务中完成的工程量计算。

(3)承包人应当按照合同约定的计量周期和时间向发包人提交当期已完工程量报告。发包人应在收到报告后7天内核实,并将核实计量结果通知承包人。发包人未在约定时间内进行核实的,承包人提交的计量报告中所列的工程量应视为承包人实际完成的工程量。

(4)发包人认为需要进行现场计量核实时,应在计量前24小时通知承包人,承包人应为计量提供便利条件并派人参加。当双方均同意核实结果时,双方应在上述记录上签字确认。承包人收到通知后不派人参加计量,视为认可发包人的计量核实结果。发包人不按照约定时间通知承包人,致使承包人未能派人参加计量,计量核实结果无效。

(5)当承包人认为发包人核实后的计量结果有误时,应在收到计量结果通知后的7天内向发包人提出书面意见,并应附上其认为正确的计量结果和详细的计算资料。发包人收到书面意见后,应在7天内对承包人的计量结果进行复核后通知承包人。承包人对复核计量结果仍有异议的,按照合同约定的争议解决办法处理。

(6)承包人完成已标价工程量清单中每个项目的工程量并经发包人核实无误后,发承包双方应对每个项目的历次计量报表进行汇总,以核实最终结算工程量,并应在汇总表上签字确认。

三、总价合同的计量

(1)由于工程量是招标人提供的,招标人必须对其准确性和完整性负责,且工程量必须按照相关工程现行国家计量规范规定的工程量计算规则计算,因而,对于采用工程量清单方式形成的总价合同,若招标工程量清单中工程量与合同实施过程中的工程量存在差异时,都应按上述"二、单价合同的计量"中的相关规定进行调整。

(2)采用经审定批准的施工图纸及其预算方式发包形成的总价合同,由于承包人自行对施工图纸进行计量,因此除按照工程变更规定引起的工程量增减外,总价合同各项目的工程量是承包人用于结算的最终工程量。

(3)总价合同约定的项目计量应以合同工程经审定批准的施工图纸为依据,发承包双方应在合同中约定工程计量的形象目标或时间节点进行计量。

(4)承包人应在合同约定的每个计量周期内对已完成的工程进行计量,并向发包人提交达到工程形象目标完成的工程量和有关计量资料的报告。

(5)发包人应在收到报告后7天内对承包人提交的上述资料进行复核,以确定实际完成的工程量和工程形象目标。对其有异议的,应通知承包人进行共同复核。

第三节 招标控制价编制

一、一般规定

招标控制价是招标人根据国家或省级、行业建设主管部门颁发的有关计价依据和办法,按设计施工图纸计算的,对招标工程限定的最高工程造价。国有资金投资的工程建设项目必须实行工程量清单招标,并必须编制招标控制价。

1. 招标控制价的作用

(1)我国对国有资金投资项目的投资控制实行的是投资概算审批制度,国有资金投资的工程原则上不能超过批准的投资概算。因此,在工程招标发包时,当编制的招标控制价超过批准的概算,招标人应当将其报原概算审批部门重新审核。

(2)国有资金投资的工程进行招标,根据《中华人民共和国招标投标法》的规定,招标人可以设标底。当招标人不设标底时,为有利于客观、合理的评审投标报价和避免哄抬标价,造成国有资产流失,招标人必须编制招标控制价。

(3)国有资金投资的工程,招标人编制并公布的招标控制价相当于招标人的采购预算,同时要求其不能超过批准的概算,因此,招标控制价是招标人在工程招标时能接受投标人报价的最高限价。

2. 招标控制价的编制人员

招标控制价应由具有编制能力的招标人编制,当招标人不具有编制招标控制价的能力时,可委托具有相应资质的工程造价咨询人编制。工程造价咨询人接受招标人委托编制招标控制价,不得再就同一工程接受投标人委托编制投标报价。

所谓具有相应工程造价咨询资质的工程造价咨询人是指根据《工程造价咨询企业管理办法》(建设部令第 149 号)的规定,依法取得工程造价咨询企业资质,并在其资质许可的范围内接受招标人的委托,编制招标控制价的工程造价咨询企业。即取得甲级工程造价咨询资质的咨询人可承担各类建设项目的招标控制价编制,取得乙级(包括乙级暂定)工程造价咨询资质的咨询人,则只能承担 5000 万元以下的招标控制价的编制。

3. 其他规定

(1)招标控制价的作用决定了招标控制价不同于标底,无须保密。为体现招标的公平、公正,防止招标人有意抬高或压低工程造价,招标人应在招标文件中如实公布招标控制价,不得对所编制的招标控制价进行上浮或下调。招标人在招标文件中公布招标控制价时,应公布招标控制价各组成部分的详细内容,不得只公布招标控制价总价。

(2)招标人应将招标控制价及有关资料报送工程所在地或有该工程管辖权的行业管理部门工程造价管理机构备查。

二、招标控制价编制与复核

1. 招标控制价编制依据

招标控制价的编制应根据下列依据进行:

(1)"13计价规范"。

(2)国家或省级、行业建设主管部门颁发的计价定额和计价办法。

(3)建设工程设计文件及相关资料。

(4)拟定的招标文件及招标工程量清单。

(5)与建设项目相关的标准、规范、技术资料。

(6)施工现场情况、工程特点及常规施工方案。

(7)工程造价管理机构发布的工程造价信息,当工程造价信息没有发布时,参照市场价。

(8)其他相关资料。

按上述依据进行招标控制价编制,应注意以下事项:

(1)使用的计价标准、计价政策应是国家或省、自治区、直辖市建设行政主管部门或行业建设主管部门颁布的计价定额和计价方法。

(2)采用的材料价格应是工程造价管理机构通过工程造价信息发布的材料单价,工程造价信息未发布材料单价的材料,其材料价格应通过市场调查确定。

(3)国家或省、自治区、直辖市建设行政主管部门或行业建设主管部门对工程造价计价中费用或费用标准有规定的,应按规定执行。

2. 招标控制价的编制

(1)综合单价中应包括招标文件中划分的应由投标人承担的风险范围及其费用。招标文件中没有明确的,如是工程造价咨询人编制,应提请招标人明确;如是招标人编制,应予明确。

(2)分部分项工程和措施项目中的单价项目,应根据拟定的招标文件和招标工程量清单项目中的特征描述及有关要求确定综合单价计算。招标文件中提供了暂估单价的材料,按暂估的单价计入综合单价。

(3)措施项目中的总价项目应根据拟定的招标文件和常规施工方案采用综合单价计价。措施项目中的安全文明施工费必须按国家或省级、行业建设主管部门的规定计算,不得作为竞争性费用。

(4)其他项目费应按下列规定计价:

1)暂列金额。暂列金额应按招标工程量清单中列出的金额填写。

2)暂估价。暂估价包括材料暂估单价、工程设备暂估单价和专业工程暂估价。暂估价中的材料、工程设备单价应根据招标工程量清单列出的单价计入综合单价。

3)计日工。计日工包括计日工人工、材料和施工机械。在编制招标控制价时,对计日工中的人工单价和施工机械台班单价应按省级、行业建设主管部门或其授权的工程造价管理机构公布的单价计算;材料应按工程造价管理机构发布的工程造价信息中的材料单价计算,工程造价信息未发布材料单价的材料,其价格应按市场调查确定的单价计算。

4)总承包服务费。招标人编制招标控制价时,总承包服务费应根据招标文件中列出的内容和向总承包人提出的要求,按照省级或行业建设主管部门的规定或参照下列标准计算:

①招标人仅要求对分包的专业工程进行总承包管理和协调时,按分包的专业工程估算造价的1.5%计算;

②招标人要求对分包的专业工程进行总承包管理和协调,并同时要求提供配合服务时,根据招标文件中列出的配合服务内容和提出的要求,按分包的专业工程估算造价的3%~5%计算;

③招标人自行供应材料的,按招标人供应材料价值的1%计算。

(5)招标控制价的规费和税金必须按国家或省级、行业建设主管部门的规定计算。

三、投诉与投诉处理

(1)投标人经复核认为招标人公布的招标控制价未按照"13计价规范"的规定进行编制的,应在招标控制价公布后5天内向招投标监督机构和工程造价管理机构投诉。

(2)投诉人投诉时,应当提交由单位盖章和法定代表人或其委托人签名或盖章的书面投诉书。投诉书应包括下列内容:

1)投诉人与被投诉人的名称、地址及有效联系方式;

2)投诉的招标工程名称、具体事项及理由;

3)投诉依据及有关证明材料;

4)相关的请求及主张。

(3)投诉人不得进行虚假、恶意投诉,阻碍招投标活动的正常进行。

(4)工程造价管理机构在接到投诉书后应在2个工作日内进行审查,对有下列情况之一的,不予受理:

1)投诉人不是所投诉招标工程招标文件的收受人;

2)投诉书提交的时间不符合上述第(1)条规定的;

3)投诉书不符合上述第(2)条规定的;

4)投诉事项已进入行政复议或行政诉讼程序的。

(5)工程造价管理机构应在不迟于结束审查的次日将是否受理投诉的决定书面通知投诉人、被投诉人以及负责该工程招投标监督的招投标管理机构。

(6)工程造价管理机构受理投诉后,应立即对招标控制价进行复查,组织投诉人、被投诉人或其委托的招标控制价编制人等单位人员对投诉问题逐一核对。有关当事人应当予以配合,并应保证所提供资料的真实性。

(7)工程造价管理机构应当在受理投诉的10天内完成复查,特殊情况下可适当延长,并做出书面结论通知投诉人、被投诉人及负责该工程招投标监督的招投标管理机构。

(8)当招标控制价复查结论与原公布的招标控制价误差大于±3%时,应当责成招标人改正。

(9)招标人根据招标控制价复查结论需要重新公布招标控制价的,其最终公布的时间至招标文件要求提交投标文件截止时间不足15天的,应相应延长投标文件的截止时间。

第四节 投标报价编制与合同价款约定

一、投标报价概述

1. 投标报价的形成

(1)准确合理编制工程量清单。投标报价的第一步是编制工程量清单。但在招投标期间大多是初设图纸,仅据此要准确编制工程量清单,有一定难度,这也给所有投标单位提出了更高的管理要求,不仅要按图报价,平时就要注意收集、整理、归纳一些相关资料,以便随时调用。有图纸的,一定要按工程量计算规则准确计量;没有图纸的,应根据平时积累的相关资料推测,力求编出准确合理的工程量清单,为报价打下良好坚实的基础。

(2)准确合理运用现有定额计价。投标报价的第二步是根据现有定额作概(预)算,根据编好的工程量清单计价。工程定额是被大家公认的编制依据,且具有法令性、普遍性,所以,在编制过程中就应遵循其编制原则,尽量做到一致性、准确性。

对于安装项目来说,设备费和未计价材料占有工程造价的绝大部分,投资方一般都要自己控制这部分大宗物资的采购,而那些品种繁杂、价值不大的物资才由施工单位承包。

(3)认真分析主要材料价差。价差分析是将预算价与市场价详细统计比较,结合工程总量计算正负价差,然后计入总价,真实反映实际造价。为了适应当前招投标市场的有序发展,建立一个快捷方便、品种齐全的装材信息网势在必行,这要靠全社会各行业的共同努力,需要政府的大力支持。

(4)寻找工程的特殊点。建筑产品的特点之一就是具有单一性,任何一个建筑产品都找不到跟它一模一样的工程,即便是规模大小及程度完全一样,也因建设地点各异、时间不同而导致价格差异。这就要求人们在投标报价期间,充分考虑本工程的一些特殊点,找出其个性,使报价有的放矢。

(5)信息的作用。合理确定投标报价,还要依赖于信息的畅通,这是一个企业全方位综合能力的体现,只有"知己知彼,才能百战百胜"。具体地说,就是要弄清投资主体及建设单位的真实意图,报价能"投其所好、恰如其分"。

(6)综合平衡,合理取费。投标报价应围绕投标策略定价,有时微利报价,有时保本报价,也有时为了占领市场而亏本报价,虽然方式不同,但目的都是为了适应市场变化的需要,保存企业实力,使之能安全顺利通过由计划经济向市场经济的转轨过渡时期,以求企业的长足发展。

2. 投标报价的技巧

投标单位有了投标取胜的实力还不够,还需有将这种实力变为投标的技巧。投标报价技巧的作用体现在可以使实力较强的投标单位取得满意的投标成果;使实力一般的投标单位争得投标报价的主动地位;当报价出现某些失误时,可以得到某些弥补。因此,投标单位必须十分重视投标报价技巧的研究和使用。

(1)不平衡报价法。不平衡报价指的是一个项目的投标报价,在总价基本确定后,如何调整项目内部各个部分的报价,以期望在不提高总价的条件下,既不影响中标,又能在结算时得到更理想的经济效益。这种方法在工程项目中运用得比较普遍,对于工程项目,一般可根据具体情况考虑采用不平衡报价法,见表4-1。

表4-1　　　　　　　　　　不平衡报价法

序号	信息类型	变动趋势		不平衡结果
1	资金收入的时间	结算早(如前期措施费、基础工程、土石方等)		单价高
		结算晚(如设备安装,装饰工程等)		单价低
2	清单工程量不准确	可能需要增加工程量		单价高
		可能需要减少工程量		单价低
3	图纸不明确	可能增加工程量		单价高
		可能减少工程量或工作内容说明不清楚		单价低
4	暂定项目	自己承包可能性高	肯定要施工的	单价高
			不一定要施工的	单价低
		自己承包的可能性低		
5	单价和包干混合制项目	固定包干报价项目		单价高
		单价项目		单价低
6	综合单价分析表	人工费和机械费		单价高
		材料费		单价低

(2) 多方案报价法。对一些招标文件，如果发现工程范围不是很明确，条款不清楚或很不公正，或技术规范要求过于苛刻时，要在充分估计投标风险的基础上，按多方案报价法处理。即按原招标文件报一个价，然后提出："如某条款（如某规范规定）作某些变动，报价可降低多少……"，报一个较低的价。这样可以降低总价，吸引采购方。或是对某部分工程提出按"成本补偿合同"方式处理，其余部分报一个总价。这种方法适用于工程范围不很明确，条款不清楚或很不公正，或技术规范要求过于苛刻。

(3) 增加建议方案。有时招标文件中规定，可以提出建议方案，即可以修改原设计方案，提出投标者的方案。这时投标者应组织一批有经验的设计和施工工程师，对原招标文件的设计和施工方案进行仔细研究，提出更合理的方案以吸引采购方，促成自己的方案中标。这种新的建议方案要可以降低总造价或提前竣工或使工程运用更合理。但要注意的是，对原招标方案一定要标价，以供采购方比较。增加建议方案时，不要将方案写得太具体，保留方案的技术关键。防止采购方将此方案交给其他承包商。同时要强调的是，建议方案一定要比较成熟，或过去有这方面的实践经验。因为投标时间不长，如果仅为中标而匆忙提出一些没有把握的建议方案，可能会引起很多的后患。

(4) 突然降价法。报价是一件保密性很强的工作，但是对手往往通过各种渠道、手段来刺探情况。因此，在报价时可以采取迷惑对方的手法。即按一般情况报价或表现出自己对该项目兴趣不大，到投标工作即将截止时，再突然降价。采用这种方法时，一定要在准备投标报价的过程中考虑好降价的幅度，在临近投标截止日期，根据情报信息与分析判断，再做最后决策。中标后，为了取得更好的效益，可采用不平衡报价的方法调整项目内部各项单价或价格。

(5) 先亏后盈法。有时，投标方为了打进某一地区，依靠某国家、某财团和自身的雄厚资本实力，采取一种不惜代价，只求中标的低价报价方案。采用这种方法必须有较好的资信条件，并且提出的实施方案也要先进可行，同时，要加强对公司情况的宣传，否则即使标价低，也不一定中标。

(6)根据招标项目的不同特点采用不同报价。投标报价时,既要考虑自身的优势和劣势,也要分析招标项目的特点。按照工程项目的不同特点、类别、施工条件等来选择报价策略。具体内容见表 4-2。

表 4-2　　　　　　根据招标项目的不同特点采用不同报价

投标策略	项目情况或投标人情况
报价可高一些	(1)施工条件差的工程,专业要求高的技术密集型工程(有专长,声望高)。 (2)总价低的小工程(自己不愿做,又不方便不投标)。 (3)特殊的工程,如港口码头、地下开挖工程等。 (4)工期要求急的工程。 (5)投标对手少的工程。 (6)支付条件不理想的工程
报价可低一些	(1)施工条件好的工程。 (2)工作简单,工程量大而其他投标人都可以做的工程。 (3)投标人急于打入某市场,或在该地区工程将结束,机械设备无处转移。 (4)投标人在附近有工程,可实现资源共享,或有条件短期突击完成。 (5)投标对手多,竞争激烈。 (6)非急需的工程。 (7)支付条件好的工程

(7)计日工单价的报价。如果是单纯报计日工单价,而且不计入总价中,可以报高些;如果计日工单价要计入总报价时,则需具体分析是否报高价,以免抬高总报价。先分析招标人在开工后可能使用的计日工数量,再来确定报价方针。

(8)可供选择项目的报价。所谓"可供选择项目"并非由投标人任意选择,而是招标人才有权进行选择。对于将来有可能被选择使用的规格应适当提高其报价;对于技术难度大或其他原因导致的难以实现的规格,可将价格有意抬高得更多一些,以阻挠招标人选用。

(9)暂定金额的报价。暂定金额的报价有三种情况,见表 4-3。

表 4-3　　　　　　　　　暂定金额的报价分类

清单列出内容	要求	特点	价款支付	报价策略
分项内容暂定总价款	所有投标人都必须在总报价中加入这笔固定金额	分项工程量不很准确	按投标人所报单价和实际完成的工程量付款	单价适当提高
项目数量	投标人既应列出单价,也应按暂定项目的数量计算总价	设有限制这些工程量的估价总价款	按实际完成的工程量和所报单价支付	采用正常价格,若投标人估计今后实际工程量肯定会增大,可适当提高单价
固定总金额		金额的作用由招标人定		列入总报价即可

(10)许诺优惠条件。在投标时主动提出提前竣工、低息贷款、赠给施工设备、免费转让新技术或某种技术专利、免费技术协作、代为培训人员等,均是吸引招标人、利于中标的辅助手段。

二、投标报价编制

(一)一般规定

(1)投标价应由投标人或受其委托具有相应资质的工程造价咨询人编制。

(2)投标价中,除"13 计价规范"中规定的规费、税金及措施项目清单中的安全文明施工费应按国家或省级、行业建设主管部门的规定计价,不得作为竞争性费用外,其他项目的投标报价由投标人自主决定。

(3)投标人的投标报价不得低于工程成本。《中华人民共和国反不正当竞争法》第 11 条规定:"经营者不得以排挤竞争对手为目的,以低于成本的价格销售商品"。《中华人民共和国招标投标法》第41规定:"中标人的投标应当符合下列条件……(二)能够满足招标文件的实质性要求,并且经评审的投标价格最低;但是投标价格低于成本的除外"。《评标委员会和评标方法暂行规定》(国家计委等七部委第12号令)第21条规定:"在评标过程中,评标委员会发现投标人的报价明显低于其他投标报价或者在设有标底时明显低于标底的,使得其投标报价可能低于其个别成本的,应当要求该投标人做出书面说明并提供相关证明材料。投标人不能合理说明或者不能提供相关证明材料的,由评标委员会认定该投标人以低于成本报价竞标,其投标应作废标处理"。

(4)实行工程量清单招标,招标人在招标文件中提供工程量清单,其目的是使各投标人在投标报价中具有共同的竞争平台。因此,要求投标人必须按招标工程量清单填报价格,工程量清单的项目编码、项目名称、项目特征、计量单位、工程数量必须与招标人招标文件中提供的招标工程量清单一致。

(5)根据《中华人民共和国政府采购法》第36条规定:"在招标采购中,出现下列情形之一的,应予废标……(三)投标人的报价均超过了采购预算,采购人不能支付的"。《中华人民共和国招标投标法实施条例》第51条规定:"有下列情形之一者,评标委员会应当否决其投标:……(五)投标报价低于成本或者高于招标文件设定的最高投标限价"。对于国有资金投资的工程,其招标控制价相当于政府采购中的采购预算,且其定义就是最高投标限价,因此,投标人的投标报价不能高于招标控制价,否则,应予以废标。

(二)投标报价编制与复核

(1)投标报价应根据下列依据编制和复核:

1)"13 计价规范";

2)国家或省级、行业建设主管部门颁发的计价办法;

3)企业定额,国家或省级、行业建设主管部门颁发的计价定额和计价办法;

4)招标文件、招标工程量清单及其补充通知、答疑纪要;

5)建设工程设计文件及相关资料;

6)施工现场情况、工程特点及投标时拟定的施工组织设计或施工方案;

7)与建设项目相关的标准、规范等技术资料;

8)市场价格信息或工程造价管理机构发布的工程造价信息;

9)其他的相关资料。

(2)综合单价中应考虑招标文件中要求投标人承担的风险内容及其范围(幅度)产生的风险费用,招标文件中没有明确的,应提请招标人明确。在施工过程中,当出现的风险内容及其范围(幅度)在合同约定的范围内时,合同价款不作调整。

(3)分部分项工程和措施项目中的单价项目,应根据招标文件和招标工程量清单项目中的特征描述确定综合单价。招标工程量清单的项目特征描述是确定分部分项工程和措施项目中的单价的重要依据之一,投标人投标报价时应依据招标工程量清单项目的特征描述确定清单项目的综合单价。招投标过程中,当出现招标工程量清单项目特征描述与设计图纸不符时,投标人应以招标工程量清单的项目特征描述为准,确定投标报价的综合单价。当施工中施工图纸或设计变更与招标工程量清单的项目特征描述不一致时,发、承包双方应按实际施工的项目特征,依据合同约定重新确定综合单价。

招标文件中提供了暂估单价的材料,应按暂估的单价计入综合单价;综合单价中应考虑招标文件中要求投标人承担的风险内容及其范围(幅度)产生的风险费用。在施工过程中,当出现的风险内容及其范围(幅度)在合同约定的范围内时,工程价款不做调整。

(4)投标人可根据工程实际情况并结合施工组织设计,对招标人所列的措施项目进行增补。由于各投标人拥有的施工装备、技术水平和采用的施工方法有所差异,招标人提出的措施项目清单是根据一般情况确定的,没有考虑不同投标人的"个性",投标人投标时应根据自身编制的投标施工组织设计或施工方案确定措施项目,对招标人提供的措施项目进行调整。投标人根据投标施工组织设计或施工方案调整和确定的措施项目应通过评标委员会的评审。

措施项目中的总价项目应采用综合单价计价。其中,安全文明施工费应按国家或省级、行业建设主管部门的规定确定,且不得作为竞争性费用。

(5)其他项目应按下列规定报价:

1)暂列金额应按招标工程量清单中列出的金额填写,不得变动;

2)材料、工程设备暂估价应按招标工程量清单中列出的单价计入综合单价,不得变动和更改;

3)专业工程暂估价应按招标工程量清单中列出的金额填写,不得变动和更改;

4)计日工应按招标工程量清单中列出的项目和数量,自主确定综合单价并计算计日工金额;

5)总承包服务费应依据招标工程量清单中列出的专业工程暂估价内容和供应材料、设备情况,按照招标人提出协调、配合与服务要求和施工现场管理需要自主确定。

(6)规费和税金应按国家或省级、行业建设主管部门的规定计算,不得作为竞争性费用。规费和税金的计取标准是依据有关法律、法规和政策规定制定的,具有强制性。投标人是法律、法规和政策的执行者,不能改变,更不能制定,而必须按照法律、法规、政策的有关规定执行。

(7)招标工程量清单与计价表中列明的所有需要填写单价和合价的项目,投标人均应填写且只允许有一个报价。未填写单价和合价的项目,可视为此项费用已包含在已标价工程量清单中其他项目的单价和合价之中。当竣工结算时,此项目不得重新组价予以调整。

(8)实行工程量清单招标,投标人的投标总价应当与组成已标价工程量清单的分部分项工程费、措施项目费、其他项目费和规费、税金的合计金额相一致,即投标人在投标报价时,不能进行投标总价优惠(或降价、让利),投标人对招标人的任何优惠(或降价、让利)均应反映在相应清单项目的综合单价中。

三、合同价款约定

1. 一般规定

(1)工程合同价款的约定是建设工程合同的主要内容。根据有关法律条款的规定,实行招标的工程合同价款应在中标通知书发出之日起 30 天内,由发承包双方依据招标文件和中标人的投标文件在书面合同中约定。

工程合同价款的约定应满足以下几个方面的要求。

1)约定的依据要求:招标人向中标的投标人发出的中标通知书;
2)约定的时间要求:自招标人发出中标通知书之日起 30 天内;
3)约定的内容要求:招标文件和中标人的投标文件;
4)合同的形式要求:书面合同。

在工程招投标及建设工程合同签订过程中,招标文件应视为要约邀请,投标文件为要约,中标通知书为承诺。因此,在签订建设工程合同时,若招标文件与中标人的投标文件有不一致的地方,应以投标文件为准。

(2)实行招标的工程,合同约定不得违背招标文件中关于工期、造价、资质等方面的实质性内容。所谓合同实质性内容,按照《中华人民共和国合同法》第 30 条规定:"有关合同标的、数量、质量、价款或者报酬、履行期限、履行地点和方式、违约责任和解决争议方法等的变更,是对要约内容的实质性变更"。

(3)不实行招标的工程合同价款,应在发承包双方认可的工程价款基础上,由发承包双方在合同中约定。

(4)工程建设合同的形式对工程量清单计价的适用性不构成影响,无论是单价合同、总价合同,还是成本加酬金合同均可以采用工程量清单计价。采用单价合同形式时,经标价的工程量清单是合同文件必不可少的组成内容,其中的工程量一般具备合同约束力(量可调),工程款结算时按照合同中约定应予计量并实际完成的工程量计算进行调整,由招标人提供统一的工程量清单则彰显了工程量清单计价的主要优点。总价合同是指总价包干或总价不变合同,采用总价合同形式,工程量清单中的工程量不具备合同的约束力(量不可调),工程量以合同图纸的标示内容为准,工程量以外的其他内容一般均赋予合同约束力,以方便合同变更的计量和计价。成本加酬金合同是承包人不承担任何价格变化风险的合同。

"13计价规范"中规定:"实行工程量清单计价的工程,应采用单价合同;建设规模较小,技术难度较低,工期较短,且施工图设计已审查批准的建设工程可采用总价合同;紧急抢险、救灾以及施工技术特别复杂的建设工程可采用成本加酬金合同"。单价合同约定的工程价款中所包含的工程量清单项目综合单价在约定条件内是固定的,不予调整,工程量允许调整。工程量清单项目综合单价在约定的条件外,允许调整。但调整方式、方法应在合同中约定。

2. 合同价款约定内容

(1)发承包双方应在合同条款中对下列事项进行约定:

1)预付工程款的数额、支付时间及抵扣方式。预付款是发包人为解决承包人在施工准备阶段资金周转问题提供的协助。如使用大宗材料,可根据工程具体情况设置工程材料预付款。

2)安全文明施工措施的支付计划、使用要求等;

3)工程计量与支付工程进度款的方式、数额及时间;

4)工程价款的调整因素、方法、程序、支付及时间;

5)施工索赔与现场签证的程序、金额确认与支付时间;

6)承担计价风险的内容、范围以及超出约定内容、范围的调整办法;

7)工程竣工价款结算编制与核对、支付及时间;

8)工程质量保证金的数额、预留方式及时间;

9)违约责任以及发生合同价款争议的解决方法及时间;

10)与履行合同、支付价款有关的其他事项等。

由于合同中涉及工程价款的事项较多,能够详细约定的事项应尽可能具体的约定,约定的用词应尽可能唯一,如有几种解释,最好对用词进行定义,尽量避免因理解上的歧义造成合同纠纷。

(2)合同中没有按照上述第(1)条的要求约定或约定不明确的,若发承包双方在合同履行中发生争议由双方协商确定；当协商不能达成一致时，应按"13 计价规范"的规定执行。

第五节　合同价款调整与支付

一、合同价款调整

1. 一般规定

(1) 下列事项（但不限于）发生，发承包双方应当按照合同约定调整合同价款：

1) 法律法规变化；
2) 工程变更；
3) 项目特征不符；
4) 工程量清单缺项；
5) 工程量偏差；
6) 计日工；
7) 物价变化；
8) 暂估价；
9) 不可抗力；
10) 提前竣工（赶工补偿）；
11) 误期赔偿；
12) 索赔；
13) 现场签证；
14) 暂列金额；
15) 发承包双方约定的其他调整事项。

(2) 出现合同价款调增事项（不含工程量偏差、计日工、现场签证、索赔）后的 14 天内，承包人应向发包人提交合同价款调增报告并附上相关资料；承包人在 14 天内未提交合同价款调增报告的，应视为承包人对该事项不存在调整价款请求。

此处所指合同价款调增事项不包括工程量偏差，是因为工程量偏差的调整在竣工结算完成之前均可提出；不包括计日工、现场签证和索赔，是因为这三项的合同价款调增时限在"13 计价规范"中另有规定。

（3）出现合同价款调减事项（不含工程量偏差、索赔）后的 14 天内，发包人应向承包人提交合同价款调减报告并附相关资料；发包人在 14 天内未提交合同价款调减报告的，应视为发包人对该事项不存在调整价款请求。

基于上述第（2）条同样的原因，此处合同价款调减事项中不包括工程量偏差和索赔两项。

（4）发（承）包人应在收到承（发）包人合同价款调增（减）报告及相关资料之日起 14 天内对其核实，予以确认的应书面通知承（发）包人。当有疑问时，应向承（发）包人提出协商意见。发（承）包人在收到合同价款调增（减）报告之日起 14 天内未确认也未提出协商意见的，应视为承（发）包人提交的合同价款调增（减）报告已被发（承）包人认可。发（承）包人提出协商意见的，承（发）包人应在收到协商意见后的 14 天内对其核实，予以确认的应书面通知发（承）包人。承（发）包人在收到发（承）包人的协商意见后 14 天内既不确认也未提出不同意见的，应视为发（承）包人提出的意见已被承（发）包人认可。

（5）发包人与承包人对合同价款调整的不同意见不能达成一致的，只要对发承包双方履约不产生实质影响，双方应继续履行合同义务，直到其按照合同约定的争议解决方式得到处理。

（6）根据财政部、原建设部印发的《建设工程价款结算暂行办法》（财建[2004]369 号）第 15 条："发包人和承包人要加强施工现场的造价控制，及时对工程合同外的事项如实纪录并履行书面手续。凡由发、承包双方授权的现场代表签字的现场签证以及发、承包双方协商确定的索赔等费用，应在工程竣工结算中如实办理，不得因发、承包双方现场代表的中途变更改变其有效性。""13 计价规范"对发承包双方确定调整的合同价款的支付方法进行了约定，即："经发承包双方确认调整的合同价款，作为追加（减）合同价款，应与工程进度款或结算款同期支付"。

2. 法律法规变化

(1)工程建设过程中,发承包双方都是国家法律、法规、规章及政策的执行者。因此,在发承包双方履行合同的过程中,当国家的法律、法规、规章及政策发生变化,国家或省级、行业建设主管部门或其授权的工程造价管理机构据此发布工程造价调整文件,工程价款应当进行调整。"13 计价规范"中规定:"招标工程以投标截止日前 28 天、非招标工程以合同签订前 28 天为基准日,其后因国家的法律、法规、规章和政策发生变化引起工程造价增减变化的,发承包双方应按照省级或行业建设主管部门或其授权的工程造价管理机构据此发布的规定调整合同价款"。

(2)因承包人原因导致工期延误的,按上述第(1)条规定的调整时间,在合同工程原定竣工时间之后,合同价款调增的不予调整,合同价款调减的予以调整。这就说明由于承包人原因导致工期延误,将按不利于承包人的原则调整合同价款。

3. 工程变更

建设工程施工合同实施过程中,如果合同签订时所依赖的承包范围、设计标准、施工条件等发生变化,则必须在新的承包范围、新的设计标准或新的施工条件等前提下对发承包双方的权利和义务进行重新分配,从而建立新的平衡,追求新的公平和合理。由于施工条件变化和发包人要求变化等原因,往往会发生合同约定的工程材料性质和品种、建筑物结构形式、施工工艺和方法等的变动,此时必须变更才能维护合同的公平。因此,"13 计价规范"中对因分部分项工程量清单的漏项或非承包人原因引起的工程变更,造成增加新的工程量清单项目时,新增项目综合单价的确定原则进行了约定,具体如下:

(1)因工程变更引起已标价工程量清单项目或其工程数量发生变化时,应按照下列规定调整:

1)已标价工程量清单中有适用于变更工程项目的,应采用该项目的单价;但当工程变更导致该清单项目的工程数量发生变化,且工程量偏差超过 15% 时,该项目单价应按照规定进行调整,即当工程量增加 15% 以上时,增加部分的工程量的综合单价应予调低;当工程量减少15%以上时,减少后剩余部分的工程量的综合单价应予调高。采用此条进行调整的前提条件是其采用的材料、施工工艺和方法相同,亦不因此增加关键线路上工程的施工时间。

2)已标价工程量清单中没有适用但有类似于变更工程项目的,可在合理范围内参照类似项目的单价。采用此条进行调整的前提条件是其采用的材料、施工工艺和方法基本相似,不增加关键线路上工程的施工时间,则可仅就其变更后的差异部分,参考类似的项目单价由发、承包双方协商新的项目单价。

3)已标价工程量清单中没有适用也没有类似于变更工程项目的,应由承包人根据变更工程资料、计量规则和计价办法、工程造价管理机构发布的信息价格和承包人报价浮动率提出变更工程项目的单价,并应报发包人确认后调整。承包人报价浮动率可按下列公式计算:

招标工程:

承包人报价浮动率$L=(1-中标价/招标控制价)\times 100\%$

非招标工程:

承包人报价浮动率$L=(1-报价/施工图预算)\times 100\%$

4)已标价工程量清单中没有适用也没有类似于变更工程项目,且工程造价管理机构发布的信息价格缺价的,应由承包人根据变更工程资料、计量规则、计价办法和通过市场调查等取得有合法依据的市场价格提出变更工程项目的单价,并应报发包人确认后调整。

(2)工程变更引起施工方案改变并使措施项目发生变化时,承包人提出调整措施项目费的,应事先将拟实施的方案提交发包人确认,并应详细说明与原方案措施项目相比的变化情况。拟实施的方案经发承包双方确认后执行,并应按照下列规定调整措施项目费:

1)安全文明施工费应按照实际发生变化的措施项目依据国家或省级、行业建设主管部门的规定计算。

2)采用单价计算的措施项目费,应按照实际发生变化的措施项目,按上述第(1)条的规定确定单价。

3)按总价(或系数)计算的措施项目费,按照实际发生变化的措施项目调整,但应考虑承包人报价浮动因素,即调整金额按照实际调整金额乘以上述第(1)条规定的承包人报价浮动率计算。

如果承包人未事先将拟实施的方案提交给发包人确认,则应视为工程变更不引起措施项目费的调整或承包人放弃调整措施项目费的权利。

(3)当发包人提出的工程变更因非承包人原因删减了合同中的某项原定工作或工程,致使承包人发生的费用或(和)得到的收益不能被包括在其他已支付或应支付的项目中,也未被包含在任何替代的工作或工程中时,承包人有权提出并应得到合理的费用及利润补偿。这主要是为了维护合同的公平,防止发包人在签约后擅自取消合同中的工作,转而由发包人自己或其他承包人实施而使本合同工程承包人蒙受损失。

4. 项目特征不符

工程量清单的项目特征是确定一个清单项目综合单价不可缺少的主要依据。对工程量清单项目的特征描述具有十分重要的意义,其主要体现包括三个方面:①项目特征是区分清单项目的依据。工程量清单项目特征是用来表述分部分项清单项目的实质内容,用于区分计价规范中同一清单条目下各个具体的清单项目。没有项目特征的准确描述,对于相同或相似的清单项目名称,就无从区分。②项目特征是确定综合单价的前提。由于工程量清单项目的特征决定了工程实体的实质内容,必然直接决定了工程实体的自身价值。因此,工程量清单项目特征描述得准确与否,直接关系到工程量清单项目综合单价的准确确定。③项目特征是履行合同义务的基础。实行工程量清单计价,工程量清单及其综合单价是施工合同的组成部分,因此,如果工程量清单项目特征的描述不清甚至漏项、错误,从而引起在施工过程中的更改,都会引起分歧,导致纠纷。

在按"13 工程计量规范"对工程量清单项目的特征进行描述时,应注意"项目特征"与"工作内容"的区别。"项目特征"是工程项目的实质,决定着工程量清单项目的价值大小,而"工作内容"主要讲的是操作程序,是承包人完成能通过验收的工程项目所必须要操作的工序。在"13 工程计量规范"中,工程量清单项目与工程量计算规则、工作内容具有一一对应的关系,当采用"13计价规范"进行计价时,工作内容即有规定,无须再对其进行描述。而"项目特征"栏中的任何一项都影响着清单项目的综合单价的确定,招标人应高度重视分部分项工程项目清单项目特征的描述,任何不描述或描述不清,均会在施工合同履约过程中产生分歧,导致纠纷、索赔。

"13计价规范"中对清单项目特征描述及项目特征发生变化后重新确定综合单价的有关要求进行了如下约定:

(1)发包人在招标工程量清单中对项目特征的描述,应被认为是准确的和全面的,并且与实际施工要求相符合。承包人应按照发包人提供的招标工程量清单,根据项目特征描述的内容及有关要求实施合同工程,直到项目被改变为止。

(2)承包人应按照发包人提供的设计图纸实施合同工程,若在合同履行期间出现设计图纸(含设计变更)与招标工程量清单任一项目的特征描述不符,且该变化引起该项目工程造价增减变化的,应按照实际施工的项目特征,按前述"工程计量"中的有关规定重新确定相应工程量清单项目的综合单价,并调整合同价款。

5. 工程量清单缺项

导致工程量清单缺项的原因主要包括:①设计变更;②施工条件改变;③工程量清单编制错误。由于工程量清单的增减变化必然使合同价款发生增减变化。

(1)合同履行期间,由于招标工程量清单中缺项,新增分部分项工程清单项目的,应按照前述"3.工程变更"中的第(1)条的有关规定确定单价,并调整合同价款。

(2)新增分部分项工程清单项目后,引起措施项目发生变化的,应按照前述"3.工程变更"中的第(2)条的有关规定,在承包人提交的实施方案被发包人批准后调整合同价款。

(3)由于招标工程量清单中措施项目缺项,承包人应将新增措施项目实施方案提交发包人批准后,按照前述"3.工程变更"中的第(1)、(2)条的有关规定调整合同价款。

6. 工程量偏差

(1) 合同履行期间,当应予计算的实际工程量与招标工程量清单出现偏差,且符合下述第(2)、(3)条规定时,发承包双方应调整合同价款。

(2) 对于任一招标工程量清单项目,当因工程量偏差和前述"3. 工程变更"中规定的工程变更等原因导致工程量偏差超过 15% 时,可进行调整。当工程量增加 15% 以上时,增加部分的工程量的综合单价应予调低;当工程量减少 15% 以上时,减少后剩余部分的工程量的综合单价应予调高。

(3) 如果工程量出现变化引起相关措施项目相应发生变化时,按系数或单一总价方式计价的,工程量增加的措施项目费调增,工程量减少的措施项目费调减。反之,如未引起相关措施项目发生变化,则不予调整。

7. 计日工

(1) 发包人通知承包人以计日工方式实施的零星工作,承包人应予执行。

(2) 采用计日工计价的任何一项变更工作,在该项变更的实施过程中,承包人应按合同约定提交下列报表和有关凭证送发包人复核:

1) 工作名称、内容和数量;

2) 投入该工作所有人员的姓名、工种、级别和耗用工时;

3) 投入该工作的材料名称、类别和数量;

4) 投入该工作的施工设备型号、台数和耗用台时;

5) 发包人要求提交的其他资料和凭证。

(3) 任一计日工项目持续进行时,承包人应在该项工作实施结束后的 24 小时内向发包人提交有计日工记录汇总的现场签证报告一式三份。发包人在收到承包人提交现场签证报告后的 2 天内予以确认并将其中一份返还给承包人,作为计日工计价和支付的依据。发包人逾期未确认也未提出修改意见的,应视为承包人提交的现场签证报告已被发包人认可。

(4) 任一计日工项目实施结束后,承包人应按照确认的计日工现场签证报告核实该类项目的工程数量,并应根据核实的工程数量和承包人已标价工程量清单中的计日工单价计算,提出应付价款;已标价工程量清单中没有该类计日工单价的,由发承包双方按前述"3. 工程变更"中的相关规定商定计日工单价计算。

(5)每个支付期末,承包人应按规定向发包人提交本期间所有计日工记录的签证汇总表,并应说明本期间自己认为有权得到的计日工金额,调整合同价款,列入进度款支付。

8. 物价变化

(1)合同履行期间,因人工、材料、工程设备、机械台班价格波动影响合同价款时,应根据合同约定,按上述"1. 一般规定"中介绍的方法之一调整合同价款。

(2)承包人采购材料和工程设备的,应在合同中约定主要材料、工程设备价格变化的范围或幅度;当没有约定,且材料、工程设备单价变化超过5%时,超过部分的价格应按照上述"1. 一般规定"中介绍的方法计算调整材料、工程设备费。

(3)发生合同工程工期延误的,应按照下列规定确定合同履行期的价格调整:

1)因非承包人原因导致工期延误的,计划进度日期后续工程的价格,应采用计划进度日期与实际进度日期两者的较高者。

2)因承包人原因导致工期延误的,计划进度日期后续工程的价格,应采用计划进度日期与实际进度日期两者的较低者。

(4)发包人供应材料和工程设备的,不适用上述第(1)和第(2)条规定,应由发包人按照实际变化调整,列入合同工程的工程造价内。

9. 暂估价

(1)发包人在招标工程量清单中给定暂估价的材料、工程设备不属于依法必须招标的,应由承包人按照合同约定采购,经发包人确认单价后取代暂估价,调整合同价款。暂估材料或工程设备的单价确定后,在综合单价中只应取代暂估单价,不应再在综合单价中涉及企业管理费或利润等其他费用的变动。

(2)发包人在工程量清单中给定暂估价的专业工程不属于依法必

须招标的,应按照前述"3. 工程变更"中的相关规定确定专业工程价款,并应以此为依据取代专业工程暂估价,调整合同价款。

(3)发包人在招标工程量清单中给定暂估价的专业工程,依法必须招标的,应当由发承包双方依法组织招标选择专业分包人,并接受有管辖权的建设工程招标投标管理机构的监督,还应符合下列要求:

1)除合同另有约定外,承包人不参加投标的专业工程发包招标,应由承包人作为招标人,但拟定的招标文件、评标工作、评标结果应报送发包人批准。与组织招标工作有关的费用应当被认为已经包括在承包人的签约合同价(投标总报价)中。

2)承包人参加投标的专业工程发包招标,应由发包人作为招标人,与组织招标工作有关的费用由发包人承担。同等条件下,应优先选择承包人中标。

3)应以专业工程发包中标价为依据取代专业工程暂估价,调整合同价款。

10. 不可抗力

(1)因不可抗力事件导致的人员伤亡、财产损失及其费用增加,发承包双方应按下列原则分别承担并调整合同价款和工期:

1)合同工程本身的损害、因工程损害导致第三方人员伤亡和财产损失以及运至施工场地用于施工的材料和待安装的设备的损害,应由发包人承担;

2)发包人、承包人人员伤亡应由其所在单位负责,并应承担相应费用;

3)承包人的施工机械设备损坏及停工损失,应由承包人承担;

4)停工期间,承包人应发包人要求留在施工场地的必要的管理人员及保卫人员的费用应由发包人承担;

5)工程所需清理、修复费用,应由发包人承担。

(2)不可抗力解除后复工的,若不能按期竣工,应合理延长工期。发包人要求赶工的,赶工费用应由发包人承担。

11. 提前竣工(赶工补偿)

《建设工程质量管理条例》第 10 规定:"建设工程发包单位不得迫

使承包方以低于成本的价格竞标,不得任意压缩合理工期"。因此,为了保证工程质量,承包人除了根据标准规范、施工图纸进行施工外,还应当按照科学合理的施工组织设计,按部就班地进行施工作业。

(1)招标人应依据相关工程的工期定额合理计算工期,压缩的工期天数不得超过定额工期的20%,超过者,应在招标文件中明示增加赶工费用。赶工费用主要包括:①人工费的增加,如新增加投入人工的报酬,不经济使用人工的补贴等;②材料费的增加,如可能造成不经济使用材料而损耗过大,材料运输费的增加等;③机械费的增加,例如可能增加机械设备投入,不经济的使用机械等。

(2)发包人要求合同工程提前竣工的,应征得承包人同意后与承包人商定采取加快工程进度的措施,并应修订合同工程进度计划。发包人应承担承包人由此增加的提前竣工(赶工补偿)费用,除合同另有约定外,提前竣工补偿的金额可为合同价款的5%。

(3)发承包双方应在合同中约定提前竣工每日历天应补偿额度,此项费用应作为增加合同价款列入竣工结算文件中,应与结算款一并支付。

12. 误期赔偿

(1)如果承包人未按照合同约定施工,导致实际进度迟于计划进度的,承包人应加快进度,实现合同工期。即使承包人采取了赶工措施,赶工费用仍应由承包人承担。如合同工程仍然误期,承包人应赔偿发包人由此造成的损失,并按照合同约定向发包人支付误期赔偿费,除合同另有约定外,误期赔偿可为合同价款的5%。即使承包人支付误期赔偿费,也不能免除承包人按照合同约定应承担的任何责任和应履行的任何义务。

(2)发承包双方应在合同中约定误期赔偿费,并应明确每日历天应赔额度。误期赔偿费应列入竣工结算文件中,并应在结算款中扣除。

(3)在工程竣工之前,合同工程内的某单项(位)工程已通过了竣工验收,且该单项(位)工程接收证书中表明的竣工日期并未延误,而是合同工程的其他部分产生了工期延误时,误期赔偿费应按照已颁发工程接收证书的单项(位)工程造价占合同价款的比例幅度予以扣减。

13. 索赔

索赔是合同双方依据合同约定维护自身合法利益的行为,它的性质属于经济补偿行为,而非惩罚。

(1)索赔的条件。当合同一方向另一方提出索赔时,应有正当的索赔理由和有效证据,并应符合合同的相关约定。建设工程施工中的索赔是发、承包双方行使正当权利的行为,承包人可向发包人索赔,发包人也可向承包人索赔。任何索赔事件的确立,其前提条件是必须有正当的索赔理由。对正当索赔理由的说明必须具有证据,因为进行索赔主要是靠证据说话。没有证据或证据不足,索赔是难以成功的。

(2)索赔的证据。

1)索赔证据的要求。一般有效的索赔证据都具有以下几个特征:

①及时性:既然干扰事件已发生,又意识到需要索赔,就应在有效时间内提出索赔意向。在规定的时间内报告事件的发展影响情况,在规定时间内提交索赔的详细额外费用计算账单,对发包人或工程师提出的疑问及时补充有关材料。如果拖延太久,将增加索赔工作的难度。

②真实性:索赔证据必须是在实际过程中产生,完全反映实际情况,能经得住对方的推敲。由于在工程过程中合同双方都在进行合同管理,收集工程资料,所以双方应有相同的证据。使用不实的、虚假证据是违反商业道德甚至法律的。

③全面性:所提供的证据应能说明事件的全过程。索赔报告中所涉及的干扰事件、索赔理由、索赔值等都应有相应的证据,不能凌乱和支离破碎,否则发包人将退回索赔报告,要求重新补充证据。这会拖延索赔的解决,损害承包商在索赔中的有利地位。

④关联性:索赔的证据应当能互相说明,相互具有关联性,不能互相矛盾。

⑤法律证明效力:索赔证据必须有法律证明效力,特别对准备递交仲裁的索赔报告更要注意这一点。

a. 证据必须是当时的书面文件,一切口头承诺、口头协议不算。

b. 合同变更协议必须由双方签署,或以会谈纪要的形式确定,且为决定性决议。一切商讨性、意向性的意见或建议都不算。

c. 工程中的重大事件、特殊情况的记录、统计应由工程师签署认可。

2)索赔证据的种类。

①招标文件、工程合同、发包人认可的施工组织设计、工程图纸、技术规范等。

②工程各项有关的设计交底记录、变更图纸、变更施工指令等。

③工程各项经发包人或合同中约定的发包人现场代表或监理工程师签认的签证。

④工程各项往来信件、指令、信函、通知、答复等。

⑤工程各项会议纪要。

⑥施工计划及现场实施情况记录。

⑦施工日报及工长工作日志、备忘录。

⑧工程送电、送水、道路开通、封闭的日期及数量记录。

⑨工程停电、停水和干扰事件影响的日期及恢复施工的日期记录。

⑩工程预付款、进度款拨付的数额及日期记录。

⑪工程图纸、图纸变更、交底记录的送达份数及日期记录。

⑫工程有关施工部位的照片及录像等。

⑬工程现场气候记录,如有关天气的温度、风力、雨雪等。

⑭工程验收报告及各项技术鉴定报告等。

⑮工程材料采购、订货、运输、进场、验收、使用等方面的凭据。

⑯国家和省级或行业建设主管部门有关影响工程造价、工期的文件、规定等。

3)索赔时效的功能。索赔时效是指合同履行过程中,索赔方在索赔事件发生后的约定期限内不行使索赔权即视为放弃索赔权利,其索赔权归于消灭的制度。一方面,索赔时效届满,即视为承包人放弃索赔权利,发包人可以此作为证据的代用,避免举证的困难;另一方面,只有促使承包人及时提出索赔要求,才能警示发包人充分履行合同义务,避免类似索赔事件的再次发生。

(3)承包人的索赔。

1)若承包人认为非承包人原因发生的事件造成了承包人的损失,承包人应在确认该事件发生后,持证明索赔事件发生的有效证据和依据正当的索赔理由,按合同约定的时间向发包人发出索赔通知。发包人应按合同约定的时间对承包人提出的索赔进行答复和确认。发包人在收到最终索赔报告后并在合同约定时间内,未向承包人做出答复,视为该项索赔已经认可。

这种索赔方式称之为单项索赔,即在每一件索赔事项发生后,递交索赔通知书,编报索赔报告书,要求单项解决支付,不与其他的索赔事项混在一起。单项索赔是施工索赔通常采用的方式。它避免了多项索赔的相互影响制约,所以解决起来比较容易。

当施工过程中受到非常严重的干扰,以致承包人的全部施工活动与原来的计划不大相同,原合同规定的工作与变更后的工作相互混淆,承包人无法为索赔保持准确而详细的成本记录资料,无法采用单项索赔的方式,而只能采用综合索赔。综合索赔俗称一揽子索赔。即对整个工程(或某项工程)中所发生的数起索赔事项,综合在一起进行索赔。采取这种方式进行索赔,是在特定的情况下被迫采用的一种索赔方法。

采取综合索赔时,承包人必须提出以下证明:①承包商的投标报价是合理的;②实际发生的总成本是合理的;③承包商对成本增加没有任何责任;④不可能采用其他方法准确地计算出实际发生的损失数额。

根据合同约定,承包人应按下列程序向发包人提出索赔:

①承包人应在知道或应当知道索赔事件发生后 28 天内,向发包人提交索赔意向通知书,说明发生索赔事件的事由。承包人逾期未发出索赔意向通知书的,丧失索赔的权利。

②承包人应在发出索赔意向通知书后 28 天内,向发包人正式提交索赔通知书。索赔通知书应详细说明索赔理由和要求,并应附必要

的记录和证明材料。

③索赔事件具有连续影响的,承包人应继续提交延续索赔通知,说明连续影响的实际情况和记录。

④在索赔事件影响结束后的 28 天内,承包人应向发包人提交最终索赔通知书,说明最终索赔要求,并应附必要的记录和证明材料。

2)承包人索赔应按下列程序处理:

①发包人收到承包人的索赔通知书后,应及时查验承包人的记录和证明材料。

②发包人应在收到索赔通知书或有关索赔的进一步证明材料后的 28 天内,将索赔处理结果答复承包人,如果发包人逾期未做出答复,视为承包人索赔要求已被发包人认可。

③承包人接受索赔处理结果的,索赔款项应作为增加合同价款,在当期进度款中进行支付;承包人不接受索赔处理结果的,应按合同约定的争议解决方式办理。

3)承包人要求赔偿时,可以选择下列一项或几项方式获得赔偿:

①延长工期;

②要求发包人支付实际发生的额外费用;

③要求发包人支付合理的预期利润;

④要求发包人按合同的约定支付违约金。

4)索赔事件发生后,在造成费用损失时,往往会造成工期的变动。当索赔事件造成的费用损失与工期相关联时,承包人应根据发生的索赔事件向发包人提出费用索赔要求的同时,提出工期延长的要求。发包人在批准承包人的索赔报告时,应将索赔事件造成的费用损失和工期延长联系起来,综合做出批准费用索赔和工期延长的决定。

5)发承包双方在按合同约定办理了竣工结算后,应被认为承包人已无权再提出竣工结算前所发生的任何索赔。承包人在提交的最终结清申请中,只限于提出竣工结算后的索赔,提出索赔的期限应自发承包双方最终结清时终止。

(4)发包人的索赔。

1)根据合同约定,发包人认为由于承包人的原因造成发包人的损

失,宜按承包人索赔的程序进行索赔。当合同中未就发包人的索赔事项作具体约定,按以下规定处理:

①发包人应在确认引起索赔的事件发生后 28 天内向承包人发出索赔通知,否则,承包人免除该索赔的全部责任。

②承包人在收到发包人索赔报告后的 28 天内,应做出回应,表示同意或不同意并附具体意见,如在收到索赔报告后的 28 天内,未向发包人做出答复,视为该项索赔报告已经认可。

2)发包人要求赔偿时,可以选择下列一项或几项方式获得赔偿:

①延长质量缺陷修复期限;

②要求承包人支付实际发生的额外费用;

③要求承包人按合同的约定支付违约金。

3)承包人应付给发包人的索赔金额可从拟支付给承包人的合同价款中扣除,或由承包人以其他方式支付给发包人。

14. 现场签证

由于施工生产的特殊性,施工过程中往往会出现一些与合同工程或合同约定不一致或未约定的事项,这时就需要发承包双方用书面形式记录下来,这就是现场签证。签证有多种情形,一是发包人的口头指令,需要承包人将其提出,由发包人转换成书面签证;二是发包人的书面通知如涉及工程实施,需要承包人就完成此通知需要的人工、材料、机械设备等内容向发包人提出,取得发包人的签证确认;三是合同工程招标工程量清单中已有,但施工中发现与其不符,需承包人及时向发包人提出签证确认,以便调整合同价款;四是由于发包人原因未按合同约定提供场地、材料、设备或停水、停电等造成承包人停工,需承包人及时向发包人提出签证确认,以便计算索赔费用;五是合同中约定材料、设备等价格,由于市场发生变化,需承包人向发包人提出采纳数量及其单价,以便发包人核对后取得发包人的签证确认;六是其他由于施工条件、合同条件变化需现场签证的事项等。

(1)承包人应发包人要求完成合同以外的零星项目、非承包人责任事件等工作的,发包人应及时以书面形式向承包人发出指令,并应提供所需的相关资料;承包人在收到指令后,应及时向发包人提出现场签证要求。

(2) 承包人应在收到发包人指令后的 7 天内向发包人提交现场签证报告，发包人应在收到现场签证报告后的 48 小时内对报告内容进行核实，予以确认或提出修改意见。发包人在收到承包人现场签证报告后的 48 小时内未确认也未提出修改意见的，应视为承包人提交的现场签证报告已被发包人认可。

(3) 现场签证的工作如已有相应的计日工单价，现场签证中应列明完成该类项目所需的人工、材料、工程设备和施工机械台班的数量。

如现场签证的工作没有相应的计日工单价，应在现场签证报告中列明完成该签证工作所需的人工、材料设备和施工机械台班的数量及单价。

(4) 合同工程发生现场签证事项，未经发包人签证确认，承包人便擅自施工的，除非征得发包人书面同意，否则发生的费用应由承包人承担。

(5) 按照财政部、原建设部印发的《建设工程价款结算暂行办法》(财建[2004]369 号)第 15 条规定："发包人和承包人要加强施工现场的造价控制，及时对工程合同外的事项如实纪录并履行书面手续。凡由发、承包双方授权的现场代表签字的现场签证以及发承包双方协商确定的索赔等费用，应在工程竣工结算中如实办理，不得因发承包双方现场代表的中途变更改变其有效性。""13 计价规范"规定："现场签证工作完成后的 7 天内，承包人应按照现场签证内容计算价款，报送发包人确认后，作为增加合同价款，与进度款同期支付"。此举可避免发包方变相拖延工程款以及发包人以现场代表变更而不承认某些索赔或签证的事件发生。

(6) 在施工过程中，当发现合同工作内容因场地条件、地质水文、发包人要求等不一致时，承包人应提供所需的相关资料，并提交发包人签证认可，作为合同价款调整的依据。

15. 暂列金额

(1) 已签约合同价中的暂列金额应由发包人掌握使用。

(2) 暂列金额虽然列入合同价款，但并不属于承包人所有，也并不必然发生。只有按照合同约定实际发生后,才能成为承包人的应得金额,纳入工程合同结算价款中,发包人按照前述相关规定与要求进行支付后,暂列金额余额仍归发包人所有。

二、合同价款期中支付

1. 预付款

(1)预付款是发包人为解决承包人在施工准备阶段资金周转问题提供的协助,预付款用于承包人为合同工程施工购置材料、工程设备,购置或租赁施工设备以及组织施工人员进场。预付款应专用于合同工程。

(2)按照财政部、原建设部印发的《建设工程价款结算暂行办法》的相关规定,"13计价规范"中对预付款的支付比例进行了约定:包工包料工程的预付款的支付比例不得低于签约合同价(扣除暂列金额)的10%,不宜高于签约合同价(扣除暂列金额)的30%。预付款的总金额,分期拨付次数,每次付款金额、付款时间等应根据工程规模、工期长短等具体情况,在合同中约定。

(3)承包人应在签订合同或向发包人提供与预付款等额的预付款保函(如有)后向发包人提交预付款支付申请。

(4)发包人应在收到支付申请的7天内进行核实,向承包人发出预付款支付证书,并在签发支付证书后的7天内向承包人支付预付款。

(5)发包人没有按合同约定按时支付预付款的,承包人可催告发包人支付;发包人在预付款期满后的7天内仍未支付的,承包人可在付款期满后的第8天起暂停施工。发包人应承担由此增加的费用和延误的工期,并应向承包人支付合理利润。

(6)当承包人取得相应的合同价款时,预付款应从每一个支付期应支付给承包人的工程进度款中扣回,直到扣回的金额达到合同约定的预付款金额为止。通常约定承包人完成签约合同价款的比例在20%~30%时,开始从进度款中按一定比例扣还。

(7)承包人的预付款保函(如有)的担保金额根据预付款扣回的数

额相应递减，但在预付款全部扣回之前一直保持有效。发包人应在预付款扣完后的 14 天内将预付款保函退还给承包人。

2. 安全文明施工费

（1）财政部、国家安全生产监督管理总局印发的《企业安全生产费用提取和使用管理办法》（财企[2012]16 号）第 19 条规定："建设工程施工企业安全费用应当按照以下范围使用：

（一）完善、改造和维护安全防护设施设备支出（不含'三同时'要求初期投入的安全设施），包括施工现场临时用电系统、洞口、临边、机械设备、高处作业防护、交叉作业防护、防火、防爆、防尘、防毒、防雷、防台风、防地质灾害、地下工程有害气体监测、通风、临时安全防护等设施设备支出；

（二）配备、维护、保养应急救援器材、设备支出和应急演练支出；

（三）开展重大危险源和事故隐患评估、监控和整改支出；

（四）安全生产检查、评价（不包括新建、改建、扩建项目安全评价）、咨询和标准化建设支出；

（五）配备和更新现场作业人员安全防护用品支出；

（六）安全生产宣传、教育、培训支出；

（七）安全生产适用的新技术、新标准、新工艺、新装备的推广应用支出；

（八）安全设施及特种设备检测检验支出；

（九）其他与安全生产直接相关的支出。"

由于工程建设项目因专业及施工阶段的不同，对安全文明施工措施的要求也不一致，因此"13 工程计量规范"针对不同的专业工程特点，规定了安全文明施工的内容和包含的范围。在实际执行过程中，安全文明施工费包括的内容及使用范围，既应符合国家现行有关文件的规定，也应符合"13 工程计量规范"中的规定。

（2）发包人应在工程开工后的 28 天内预付不低于当年施工进度计划的安全文明施工费总额的 60%，其余部分应按照提前安排的原则进行分解，并应与进度款同期支付。

（3）发包人没有按时支付安全文明施工费的，承包人可催告发包人支付；发包人在付款期满后的 7 天内仍未支付的，若发生安全事故，发包人应承担相应责任。

(4)承包人对安全文明施工费应专款专用，在财务账目中应单独列项备查，不得挪作他用，否则发包人有权要求其限期改正；逾期未改正的，造成的损失和延误的工期应由承包人承担。

3. 进度款

(1)发承包双方应按照合同约定的时间、程序和方法，根据工程计量结果，办理期中价款结算，支付进度款。

(2)发包人支付工程进度款，其支付周期应与合同约定的工程计量周期一致。工程量的正确计量是发包人向承包人支付工程进度款的前提和依据。计量和付款周期可采用分段或按月结算的方式。

1)按月结算与支付。即实行按月支付进度款，竣工后结算的办法。合同工期在两个年度以上的工程，在年终进行工程盘点，办理年度结算。

2)分段结算与支付。即当年开工、当年不能竣工的工程按照工程形象进度，划分不同阶段，支付工程进度款。

当采用分段结算方式时，应在合同中约定具体的工程分段划分，付款周期应与计量周期一致。

(3)已标价工程量清单中的单价项目，承包人应按工程计量确认的工程量与综合单价计算；综合单价发生调整的，以发承包双方确认调整的综合单价计算进度款。

(4)已标价工程量清单中的总价项目和采用经审定批准的施工图纸及其预算方式发包形成的总价合同应由承包人根据施工进度计划和总价构成、费用性质、计划发生时间和相应的工程量等因素按计量周期进行分解，分别列入进度款支付申请中的安全文明施工费和本周期应支付的总价项目的金额中，并形成进度款支付分解表，在投标时提交，非招标工程在合同洽商时提交。在施工过程中，由于进度计划的调整，发承包双方应对支付分解进行调整。

1)已标价工程量清单中的总价项目进度款支付分解方法可选择

以下之一(但不限于)：

①将各个总价项目的总金额按合同约定的计量周期平均支付；

②按照各个总价项目的总金额占签约合同价的百分比，以及各个计量支付周期内所完成的单价项目的总金额，以百分比方式均摊支付；

③按照各个总价项目组成的性质(如时间、与单价项目的关联性等)分解到形象进度计划或计量周期中，与单价项目一起支付。

2)采用经审定批准的施工图纸及其预算方式发包形成的总价合同，除由于工程变更形成的工程量增减予以调整外，其工程量不予调整。因此，总价合同的进度款支付应按照计量周期进行支付分解，以便进度款有序支付。

(5)发包人提供的甲供材料金额，应按照发包人签约提供的单价和数量从进度款支付中扣除，列入本周期应扣减的金额中。

(6)承包人现场签证和得到发包人确认的索赔金额应列入本周期应增加的金额中。

(7)进度款的支付比例按照合同约定，按期中结算价款总额计，不低于60%，不高于90%。

(8)承包人应在每个计量周期到期后的7天内向发包人提交已完工程进度款支付申请一式四份，详细说明此周期认为有权得到的款额，包括分包人已完工程的价款。支付申请应包括下列内容：

1)累计已完成的合同价款；

2)累计已实际支付的合同价款；

3)本周期合计完成的合同价款：

①本周期已完成单价项目的金额；

②本周期应支付的总价项目的金额；

③本周期已完成的计日工价款；

④本周期应支付的安全文明施工费；

⑤本周期应增加的金额。

4)本周期合计应扣减的金额：

①本周期应扣回的预付款；

②本周期应扣减的金额。

5)本周期实际应支付的合同价款。

上述"本周期应增加的金额"中包括除单价项目、总价项目、计日工、安全文明施工费外的全部应增金额,如索赔、现场签证金额,"本周期应扣减的金额"包括除预付款外的全部应减金额。

由于进度款的支付比例最高不超过90%,而且根据原建设部、财政部印发的《建设工程质量保证金管理暂行办法》第7条规定:"全部或者部分使用政府投资的建设项目,按工程价款结算总额5%左右的比例预留保证金"。因此,"13计价规范"未在进度款支付中要求扣减质量保证金,而是在竣工结算价款中预留保证金。

(9)发包人应在收到承包人进度款支付申请后的14天内,根据计量结果和合同约定对申请内容予以核实,确认后向承包人出具进度款支付证书。若发承包双方对部分清单项目的计量结果出现争议,发包人应对无争议部分的工程计量结果向承包人出具进度款支付证书。

(10)发包人应在签发进度款支付证书后的14天内,按照支付证书列明的金额向承包人支付进度款。

(11)若发包人逾期未签发进度款支付证书,则视为承包人提交的进度款支付申请已被发包人认可,承包人可向发包人发出催告付款的通知。发包人应在收到通知后的14天内,按照承包人支付申请的金额向承包人支付进度款。

(12)发包人未按照规定支付进度款的,承包人可催告发包人支付,并有权获得延迟支付的利息;发包人在付款期满后的7天内仍未支付的,承包人可在付款期满后的第8天起暂停施工。发包人应承担由此增加的费用和延误的工期,向承包人支付合理利润,并应承担违约责任。

(13)发现已签发的任何支付证书有错、漏或重复的数额,发包人有权予以修正,承包人也有权提出修正申请。经发承包双方复核同意修正的,应在本次到期的进度款中支付或扣除。

三、竣工结算与支付

1. 一般规定

(1)工程完工后,发承包双方必须在合同约定时间内办理工程竣工结算。合同中没有约定或约定不清楚的,按"13 计价规范"中有关规定处理。

(2)工程竣工结算应由承包人或受其委托具有相应资质的工程造价咨询人编制,并应由发包人或受其委托具有相应资质的工程造价咨询人核对。实行总承包的工程,由总承包人对竣工结算的编制负总责。

(3)当发承包双方或一方对工程造价咨询人出具的竣工结算文件有异议时,可向工程造价管理机构投诉,申请对其进行执业质量鉴定。

(4)工程造价管理机构对投诉的竣工结算文件进行质量鉴定,宜按本章第六节的相关规定进行。

(5)根据《中华人民共和国建筑法》第 61 条规定:"交付竣工验收的建筑工程,必须符合规定的建筑工程质量标准,有完整的工程技术经济资料和经签署的工程保修书,并具备国家规定的其他竣工条件",由于竣工结算是反映工程造价计价规定执行情况的最终文件,竣工结算办理完毕,发包人应将竣工结算文件报送工程所在地或有该工程管辖权的行业管理部门的工程造价管理机构备案。竣工结算文件应作为工程竣工验收备案、交付使用的必备文件。

2. 编制与复核

(1)工程竣工结算应根据下列依据编制和复核:
1)"13 计价规范";
2)工程合同;
3)发承包双方实施过程中已确认的工程量及其结算的合同价款;
4)发承包双方实施过程中已确认调整后追加(减)的合同价款;
5)建设工程设计文件及相关资料;
6)投标文件;
7)其他。

(2)分部分项工程和措施项目中的单价项目应依据发承包双方确认的工程量与已标价工程量清单的综合单价计算;发生调整的,应以发承包双方确认调整的综合单价计算。

(3)措施项目中的总价项目应依据已标价工程量清单的项目和金额计算;发生调整的,应以发承包双方确认调整的金额计算,其中安全文明施工费应按照国家或省级、行业建设主管部门的规定计算。施工过程中,国家或省级、行业建设主管部门对安全文明施工费进行了调整的,措施项目费中和安全文明施工费应作相应调整。

(4)办理竣工结算时,其他项目费的计算应按以下要求进行计价:

1)计日工的费用应按发包人实际签证确认的数量和合同约定的相应项目综合单价计算。

2)当暂估价中的材料、工程设备是招标采购的,其单价按中标价在综合单价中调整。当暂估价中的材料、设备为非招标采购的,其单价按发承包双方最终确认的单价在综合单价中调整。当暂估价中的专业工程是招标发包的,其专业工程费按中标价计算。当暂估价中的专业工程为非招标发包的,其专业工程费按发承包双方与分包人最终确认的金额计算。

3)总承包服务费应依据已标价工程量清单金额计算,发承包双方依据合同约定对总承包服务进行了调整,应按调整后的金额计算。

4)索赔事件产生的费用在办理竣工结算时应在其他项目费中反映。索赔费用的金额应依据发承包双方确认的索赔事项和金额计算。

5)现场签证发生的费用在办理竣工结算时应在其他项目费中反映。现场签证费用金额依据发承包双方签证资料确认的金额计算。

6)合同价款中的暂列金额在用于各项价款调整、索赔与现场签证后,若有余额,则余额归发包人,若出现差额,则由发包人补足并反映在相应的工程价款中。

(5)规费和税金应按国家或省级、行业建设主管部门对规费和税金的计取标准计算。规费中的工程排污费应按工程所在地环境保护部门规定的标准缴纳后按实列入。

(6)由于竣工结算与合同工程实施过程中的工程计量及其价款结

算、进度款支付、合同价款调整等具有内在联系，因此发承包双方在合同工程实施过程中已经确认的工程计量结果和合同价款，在竣工结算办理中应直接进入结算，从而简化结算流程。

3. 竣工结算

竣工结算的编制与核对是工程造价计价中发、承包双方应共同完成的重要工作。按照交易的一般原则，任何交易结束，都应做到钱、货两清，工程建设也不例外。工程施工的发承包活动作为期货交易行为，当工程竣工验收合格后，承包人将工程移交给发包人时，发承包双方应将工程价款结算清楚，即竣工结算办理完毕。

(1)合同工程完工后，承包人应在经发承包双方确认的合同工程期中价款结算的基础上汇总编制完成竣工结算文件，应在提交竣工验收申请的同时向发包人提交竣工结算文件。

承包人未在合同约定的时间内提交竣工结算文件，经发包人催告后14天内仍未提交或没有明确答复的，发包人有权根据已有资料编制竣工结算文件，作为办理竣工结算和支付结算款的依据，承包人应予以认可。

因承包人无正当理由在约定时间内未递交竣工结算书，造成工程结算价款延期支付的，责任由承包人承担。

(2)发包人应在收到承包人提交的竣工结算文件后的28天内核对。发包人经核实，认为承包人还应进一步补充资料和修改结算文件，应在上述时限内向承包人提出核实意见，承包人在收到核实意见后的28天内应按照发包人提出的合理要求补充资料，修改竣工结算文件，并应再次提交给发包人复核后批准。

(3)发包人应在收到承包人再次提交的竣工结算文件后的28天内予以复核，将复核结果通知承包人，并应遵守下列规定：

1)发包人、承包人对复核结果无异议的，应在7天内在竣工结算文件上签字确认，竣工结算办理完毕；

2)发包人或承包人对复核结果认为有误的，无异议部分按照本条第1)款规定办理不完全竣工结算；有异议部分由发承包双方协商解决；协商不成的，应按照合同约定的争议解决方式处理。

(4)《最高人民法院关于审理建设工程施工合同纠纷案件适用法律问题的解释》(法释[2004]14号)第20条规定:"当事人约定,发包人收到竣工结算文件后,在约定期限内不予答复,视为认可竣工结算文件的,按照约定处理。承包人请求按照竣工结算文件结算工程价款的,应予支持"。根据这一规定,要求发承包双方不仅应在合同中约定竣工结算的核对时间,并应约定发包人在约定时间内对竣工结算不予答复,视为认可承包人递交的竣工结算。"13计价规范"对发包人未在竣工结算中履行核对责任的后果进行了规定,即:发包人在收到承包人竣工结算文件后的28天内,不核对竣工结算或未提出核对意见的,应视为承包人提交的竣工结算文件已被发包人认可,竣工结算办理完毕。

(5)承包人在收到发包人提出的核实意见后的28天内,不确认也未提出异议的,应视为发包人提出的核实意见已被承包人认可,竣工结算办理完毕。

(6)发包人委托工程造价咨询人核对竣工结算的,工程造价咨询人应在28天内核对完毕,核对结论与承包人竣工结算文件不一致的,应提交给承包人复核;承包人应在14天内将同意核对结论或不同意见的说明提交工程造价咨询人。工程造价咨询人收到承包人提出的异议后,应再次复核,复核无异议的,应在7天内在竣工结算文件上签字确认,竣工结算办理完毕;复核后仍有异议的,对于无异议部分按照规定办理不完全竣工结算;有异议部分由发承包双方协商解决;协商不成的,应按照合同约定的争议解决方式处理。

承包人逾期未提出书面异议的,应视为工程造价咨询人核对的竣工结算文件已经承包人认可。

(7)对发包人或发包人委托的工程造价咨询人指派的专业人员与承包人指派的专业人员经核对后无异议并签名确认的竣工结算文件,除非发承包人能提出具体、详细的不同意见,发承包人都应在竣工结算文件上签名确认,如其中一方拒不签认的,按下列规定办理:

1)若发包人拒不签认的,承包人可不提供竣工验收备案资料,并有权拒绝与发包人或其上级部门委托的工程造价咨询人重新核对竣工结算文件。

2)若承包人拒不签认的,发包人要求办理竣工验收备案的,承包人不得拒绝提供竣工验收资料,否则,由此造成的损失,承包人承担相应责任。

(8)合同工程竣工结算核对完成,发承包双方签字确认后,发包人不得要求承包人与另一个或多个工程造价咨询人重复核对竣工结算。这可以有效地解决工程竣工结算中存在的一审再审、以审代拖、久审不结的现象。

(9)发包人对工程质量有异议,拒绝办理工程竣工结算的,已竣工验收或已竣工未验收但实际投入使用的工程,其质量争议应按该工程保修合同执行,竣工结算应按合同约定办理;已竣工未验收且未实际投入使用的工程以及停工、停建工程的质量争议,双方应就有争议的部分委托有资质的检测鉴定机构进行检测,并应根据检测结果确定解决方案,或按工程质量监督机构的处理决定执行后办理竣工结算,无争议部分的竣工结算应按合同约定办理。

4. 结算款支付

(1)承包人应根据办理的竣工结算文件向发包人提交竣工结算款支付申请。申请应包括下列内容:

1)竣工结算合同价款总额;

2)累计已实际支付的合同价款;

3)应预留的质量保证金;

4)实际应支付的竣工结算款金额。

(2)发包人应在收到承包人提交竣工结算款支付申请后7天内予以核实,向承包人签发竣工结算支付证书。

(3)发包人签发竣工结算支付证书后的14天内,应按照竣工结算支付证书列明的金额向承包人支付结算款。

(4)发包人在收到承包人提交的竣工结算款支付申请后7天内不予核实,不向承包人签发竣工结算支付证书的,视为承包人的竣工结算款支付申请已被发包人认可;发包人应在收到承包人提交的竣工结算款支付申请7天后的14天内,按照承包人提交的竣工结算款支付申请列明的金额向承包人支付结算款。

(5)工程竣工结算办理完毕后,发包人应按合同约定向承包人支付工程价款。发包人按合同约定应向承包人支付而未支付的工程款视为拖欠工程款。根据《最高人民法院关于审理建设工程施工合同纠纷案件适用法律问题的解释》(法释[2004]14号)第17条:"当事人对欠付工程价款利息计付标准有约定的,按照约定处理;没有约定的,按照中国人民银行发布的同期同类贷款利率信息。发包人应向承包人支付拖欠工程款的利息,并承担违约责任。"和《中华人民共和国合同法》第286条:"发包人未按照合同约定支付价款的,承包人可以催告发包人在合理期限内支付价款。发包人逾期不支付的,除按照建设工程的性质不宜折价、拍卖的以外,承包人可以与发包人协议将该工程折价,也可以申请人民法院将该工程依法拍卖。建设工程的价款就该工程折价或者拍卖的价款优先受偿。"等规定,"13计价规范"中指出:"发包人未按照上述第(3)条和第(4)条规定支付竣工结算款的,承包人可催告发包人支付,并有权获得延迟支付的利息。发包人在竣工结算支付证书签发后或者在收到承包人提交的竣工结算款支付申请7天后的56天内仍未支付的,除法律另有规定外,承包人可与发包人协商将该工程折价,也可直接向人民法院申请将该工程依法拍卖。承包人应就该工程折价或拍卖的价款优先受偿"。

所谓优先受偿,最高人民法院在《关于建设工程价款优先受偿权的批复》(法释[2002]16号)中规定如下:

1)人民法院在审理房地产纠纷案件和办理执行案件中,应当依照《中华人民共和国合同法》第286条的规定,认定建筑工程的承包人的优先受偿权优于抵押权和其他债权。

2)消费者交付购买商品房的全部或者大部分款项后,承包人就该商品房享有的工程价款优先受偿权不得对抗买受人。

3)建筑工程价款包括承包人为建设工程应当支付的工作人员报酬、材料款等实际支出的费用,不包括承包人因发包人违约所造成的损失。

4)建设工程承包人行使优先权的期限为6个月,自建设工程竣工之日或者建设工程合同约定的竣工之日起计算。

5. 质量保证金

(1)发包人应按照合同约定的质量保证金比例从结算款中预留质量保证金。质量保证金用于承包人按照合同约定履行属于自身责任的工程缺陷修复义务的,为发包人有效监督承包人完成缺陷修复提供资金保证。原建设部、财政部印发的《建设工程质量保证金管理暂行办法》(建质[2005]7号)第7条规定:"全部或者部分使用政府投资的建设项目,按工程价款结算总额5%左右的比例预留保证金。社会投资项目采用预留保证金方式的,预留保证金的比例可参照执行"。

(2)承包人未按照合同约定履行属于自身责任的工程缺陷修复义务的,发包人有权从质量保证金中扣除用于缺陷修复的各项支出。经查验,工程缺陷属于发包人原因造成的,应由发包人承担查验和缺陷修复的费用。

(3)在合同约定的缺陷责任期终止后,发包人应按照规定,将剩余的质量保证金返还给承包人。原建设部、财政部印发的《建设工程质量保证金管理暂行办法》(建质[2005]7号)第9条规定:"缺陷责任期内,承包人认真履行合同约定的责任,到期后,承包人向发包人申请返还保证金"。

6. 最终结清

(1)缺陷责任期终止后,承包人已完成合同约定的全部承包工作,但合同工程的财务账目需要结清,因此承包人应按照合同约定向发包人提交最终结清支付申请。发包人对最终结清支付申请有异议的,有权要求承包人进行修正和提供补充资料。承包人修正后,应再次向发包人提交修正后的最终结清支付申请。

(2)发包人应在收到最终结清支付申请后的14天内予以核实,并应向承包人签发最终结清支付证书。

(3)发包人应在签发最终结清支付证书后的14天内,按照最终结清支付证书列明的金额向承包人支付最终结清款。

(4)发包人未在约定的时间内核实,又未提出具体意见的,应视为承包人提交的最终结清支付申请已被发包人认可。

(5)发包人未按期最终结清支付的,承包人可催告发包人支付,并有权获得延迟支付的利息。

(6)最终结清时,承包人被预留的质量保证金不足以抵减发包人工程缺陷修复费用的,承包人应承担不足部分的补偿责任。

(7)承包人对发包人支付的最终结清款有异议的,应按照合同约定的争议解决方式处理。

四、合同解除的价款结算与支付

合同解除是合同非常态的终止,为了限制合同的解除,法律规定了合同解除制度。根据解除权来源划分,可分为协议解除和法定解除。鉴于建设工程施工合同的特性,为了防止社会资源浪费,法律不赋予发承包人享有任意单方解除权,因此,除了协议解除,按照《最高人民法院关于审理建设工程施工合同纠纷案件适用法律问题的解释》第 8 条、第 9 条的规定,施工合同的解除有承包人根本违约的解除和发包人根本违约的解除两种。

(1)发承包双方协商一致解除合同的,应按照达成的协议办理结算和支付合同价款。

(2)由于不可抗力致使合同无法履行解除合同的,发包人应向承包人支付合同解除之日前已完成工程但尚未支付的合同价款。另外,还应支付下列金额:

1)招标文件中明示应由发包人承担的赶工费用;

2)已实施或部分实施的措施项目应付价款;

3)承包人为合同工程合理订购且已交付的材料和工程设备货款;

4)承包人撤离现场所需的合理费用,包括员工遣送费和临时工程拆除、施工设备运离现场的费用;

5)承包人为完成合同工程而预期开支的任何合理费用,且该项费用未包括在本款其他各项支付之内。

发承包双方办理结算合同价款时,应扣除合同解除之日前发包人应向承包人收回的价款。当发包人应扣除的金额超过了应支付的金额,承包人应在合同解除后的 86 天内将其差额退还给发包人。

(3)由于承包人违约解除合同的,对于价款结算与支付应按以下规定处理:

1)发包人应暂停向承包人支付任何价款。

2)发包人应在合同解除后 28 天内核实合同解除时承包人已完成的全部合同价款以及按施工进度计划已运至现场的材料和工程设备货款,按合同约定核算承包人应支付的违约金以及造成损失的索赔金额,并将结果通知承包人。发承包双方应在 28 天内予以确认或提出意见,并办理结算合同价款。如果发包人应扣除的金额超过了应支付的金额,则承包人应在合同解除后的 56 天内将其差额退还给发包人。

3)发承包双方不能就解除合同后的结算达成一致的,按照合同约定的争议解决方式处理。

(4)由于发包人违约解除合同的,对于价款结算与支付应按以下规定处理:

1)发包人除应按照上述第(2)条的有关规定向承包人支付各项价款外,应按合同约定核算发包人应支付的违约金以及给承包人造成损失或损害的索赔金额费用。该笔费用由承包人提出,发包人核实后与承包人协商确定后的 7 天内向承包人签发支付证书。

2)发承包双方协商不能达成一致的,按照合同约定的争议解决方式处理。

五、合同价款争议的解决

施工合同履行过程中出现争议是在所难免的,解决合同履行过程中争议的主要方法包括协商、调解、仲裁和诉讼四种。当发承包双方发生争议后,可以先进行协商和解从而达到消除争议的目的,也可以请第三方进行调解;若争议继续存在,发承包双方可以继续通过仲裁或诉讼的途径解决,当然,也可以直接进入仲裁或诉讼程序解决争议。不论采用何种方式解决发承包双方的争议,只有及时并有效的解决施工过程中的合同价款争议,才是工程建设顺利进行的必要保证。

1. 监理或造价工程师暂定

从我国现行施工合同示范文本、监理合同示范文本、造价咨询合同示范文本的内容可以看出，合同中一般均会对总监理工程师或造价工程师在合同履行过程中发承包双方的争议如何处理有所约定。为使合同争议在施工过程中就能够由总监理工程师或造价工程师予以解决，"13 计价规范"对总监理工程师或造价工程师的合同价款争议处理流程及职责权限进行了如下约定：

(1)若发包人和承包人之间就工程质量、进度、价款支付与扣除、工期延期、索赔、价款调整等发生任何法律上、经济上或技术上的争议，首先应根据已签约合同的规定，提交合同约定职责范围内的总监理工程师或造价工程师解决，并应抄送另一方。总监理工程师或造价工程师在收到此提交件后 14 天内应将暂定结果通知发包人和承包人。发承包双方对暂定结果认可的，应以书面形式予以确认，暂定结果成为最终决定。

(2)发承包双方在收到总监理工程师或造价工程师的暂定结果通知之后的 14 天内未对暂定结果予以确认也未提出不同意见的，应视为发承包双方已认可该暂定结果。

(3)发承包双方或一方不同意暂定结果的，应以书面形式向总监理工程师或造价工程师提出，说明自己认为正确的结果，同时抄送另一方，此时该暂定结果成为争议。在暂定结果对发承包双方当事人履约不产生实质影响的前提下，发承包双方应实施该结果，直到按照发承包双方认可的争议解决办法被改变为止。

2. 管理机构的解释和认定

(1)合同价款争议发生后，发承包双方可就工程计价依据的争议以书面形式提请工程造价管理机构对争议以书面文件进行解释或认定。工程造价管理机构是工程造价计价依据、办法以及相关政策的制定和管理机构。对发包人、承包人或工程造价咨询人在工程计价中，对计价依据、办法以及相关政策规定发生的争议进行解释是工程造价管理机构的职责。

(2)工程造价管理机构应在收到申请的 10 个工作日内就发承包双方提请的争议问题进行解释或认定。

(3)发承包双方或一方在收到工程造价管理机构书面解释或认定

后仍可按照合同约定的争议解决方式提请仲裁或诉讼。除工程造价管理机构的上级管理部门做出了不同的解释或认定,或在仲裁裁决或法院判决中不予采信的外,工程造价管理机构做出的书面解释或认定应为最终结果,并应对发承包双方均有约束力。

3. 协商和解

(1)合同价款争议发生后,发承包双方任何时候都可以进行协商。协商达成一致的,双方应签订书面和解协议,并明确和解协议对发承包双方均有约束力。

(2)如果协商不能达成一致协议,发包人或承包人都可以按合同约定的其他方式解决争议。

4. 调解

按照《中华人民共和国合同法》的相关规定,当事人可以通过调解解决合同争议,但在工程建设领域,目前的调解主要出现在仲裁或诉讼中,即所谓司法调解;有的通过建设行政主管部门或工程造价管理机构处理,双方认可,即所谓行政调解。司法调解耗时较长,且增加了诉讼成本;行政调解受行政管理人员专业水平、处理能力等的影响,其效果也受到限制。因此,"13计价规范"提出了由发承包双方约定相关工程专家作为合同工程争议调解人的思路,类似于国外的争议评审或争端裁决,可定义为专业调解,这在我国合同法的框架内,为有法可依,使争议尽可能在合同履行过程中得到解决,确保工程建设顺利进行。

(1)发承包双方应在合同中约定或在合同签订后共同约定争议调解人,负责双方在合同履行过程中发生争议的调解。

(2)合同履行期间,发承包双方可协议调换或终止任何调解人,但发包人或承包人都不能单独采取行动。除非双方另有协议,在最终结清支付证书生效后,调解人的任期应即终止。

(3)如果发承包双方发生了争议,任何一方可将该争议以书面形式提交调解人,并将副本抄送另一方,委托调解人调解。

(4)发承包双方应按照调解人提出的要求,给调解人提供所需要的资料、现场进入权及相应设施。调解人应被视为不是在进行仲裁人的工作。

(5)调解人应在收到调解委托后28天内或由调解人建议并经发承包双方认可的其他期限内提出调解书,发承包双方接受调解书的,经双方签字后作为合同的补充文件,对发承包双方均具有约束力,双方都应立即遵照执行。

(6)当发承包双方中任一方对调解人的调解书有异议时,应在收到调解书后28天内向另一方发出异议通知,并应说明争议的事项和理由。但除非并直到调解书在协商和解或仲裁裁决、诉讼判决中做出修改,或合同已经解除,承包人应继续按照合同实施工程。

(7)当调解人已就争议事项向发承包双方提交了调解书,而任一方在收到调解书后28天内均未发出表示异议的通知时,调解书对发承包双方应均具有约束力。

5. 仲裁、诉讼

(1)发承包双方的协商和解或调解均未达成一致意见,其中的一方已就此争议事项根据合同约定的仲裁协议申请仲裁,应同时通知另一方。进行协议仲裁时,应遵守《中华人民共和国仲裁法》第4条:"当事人采用仲裁方式解决纠纷,应当双方自愿,达成仲裁协议。没有仲裁协议,一方申请仲裁的,仲裁委员会不予受理";第5条:"当事人达成仲裁协议,一方向人民法院起诉的,人民法院不予受理,但仲裁协议无效的除外";第6条:"仲裁委员会应当由当事人协议选定。仲裁不实行级别管辖和地域管辖"。

(2)仲裁可在竣工之前或之后进行,但发包人、承包人、调解人各自的义务不得因在工程实施期间进行仲裁而有所改变。当仲裁是在仲裁机构要求停止施工的情况下进行时,承包人应对合同工程采取保护措施,由此增加的费用应由败诉方承担。

(3)在前述"1."至"4."中规定的期限之内,暂定或和解协议或调解书已经有约束力的情况下,当发承包中一方未能遵守暂定或和解协议或调解书时,另一方可在不损害他可能具有的任何其他权利的情况下,将未能遵守暂定或不执行和解协议或调解书达成的事项提交仲裁。

(4)发包人、承包人在履行合同时发生争议,双方不愿和解、调解或者和解、调解不成,又没有达成仲裁协议的,可依法向人民法院提起诉讼。

第六节 工程造价鉴定

一、一般规定

(1)在工程合同价款纠纷案件处理中,需做工程造价司法鉴定的,应根据《工程造价咨询企业管理办法》(建设部令第149号)第20条的规定,委托具有相应资质的工程造价咨询人进行。

(2)工程造价咨询人接受委托时提供工程造价司法鉴定服务,不仅应符合建设工程造价方面的规定,还应按仲裁、诉讼程序和要求进行,并应符合国家关于司法鉴定的规定。

(3)按照《注册造价工程师管理办法》(建设部令第150号)的规定,工程计价活动应由造价工程师担任。《建设部关于对工程造价司法鉴定有关问题的复函》(建办标函[2005]155号)第2条:"从事工程造价司法鉴定的人员,必须具备注册造价工程师执业资格,并只得在其注册的机构从事工程造价司法鉴定工作,否则不具有在该机构的工程造价成果文件上签字的权力"。鉴于进入司法程序的工程造价鉴定的难度一般较大,因此,工程造价咨询人进行工程造价司法鉴定时,应指派专业对口、经验丰富的注册造价工程师承担鉴定工作。

(4)工程造价咨询人应在收到工程造价司法鉴定资料后10天内,根据自身专业能力和证据资料判断能否胜任该项委托,如不能,应辞去该项委托。工程造价咨询人不得在鉴定期满后以上述理由不做出鉴定结论,影响案件处理。

(5)为保证工程造价司法鉴定的公正进行,接受工程造价司法鉴定委托的工程造价咨询人或造价工程师如是鉴定项目一方当事人的近亲属或代理人、咨询人以及其他关系可能影响鉴定公正的,应当自行回避;未自行回避,鉴定项目委托人以该理由要求其回避的,必须回避。

(6)《最高人民法院关于民事诉讼证据的若干规定》(法释[2001] 33号)第59条规定:"鉴定人应当出庭接受当事人质询",因此,工程造价咨询人应当依法出庭接受鉴定项目当事人对工程造价司法鉴定意见书的质询。如确因特殊原因无法出庭的,经审理该鉴定项目的仲裁机关或人民法院准许,可以书面形式答复当事人的质询。

二、取证

(1)工程造价的确定与当时的法律法规、标准定额以及各种要素价格具有密切关系,为做好一些基础资料不完备的工程鉴定,工程造价咨询人进行工程造价鉴定工作,应自行收集以下(但不限于)鉴定资料:

1)适用于鉴定项目的法律、法规、规章、规范性文件以及规范、标准、定额;

2)鉴定项目同时期同类型工程的技术经济指标及其各类要素价格等。

(2)真实、完整、合法的鉴定依据是做好鉴定项目工程造价司法工作鉴定的前提。工程造价咨询人收集鉴定项目的鉴定依据时,应向鉴定项目委托人提出具体书面要求,其内容包括:

1)与鉴定项目相关的合同、协议及其附件;

2)相应的施工图纸等技术经济文件;

3)施工过程中的施工组织、质量、工期和造价等工程资料;

4)存在争议的事实及各方当事人的理由;

5)其他有关资料。

(3)根据最高人民法院规定"证据应当在法庭上出示,由当事人质证。未经质证的证据,不能作为认定案件事实的依据(法释[2001] 33号)",工程造价咨询人在鉴定过程中要求鉴定项目当事人对缺陷资料进行补充的,应征得鉴定项目委托人同意,或者协调鉴定项目各方当事人共同签认。

(4)根据鉴定工作需要现场勘验的,工程造价咨询人应提请鉴定项目委托人组织各方当事人对被鉴定项目所涉及的实物标的进行现场勘验。

(5)勘验现场应制作勘验记录、笔录或勘验图表,记录勘验的时间、地点、勘验人、在场人、勘验经过、结果,由勘验人、在场人签名或者盖章确认。绘制的现场图应注明绘制的时间、测绘人姓名、身份等内容。必要时应采取拍照或摄像取证,留下影像资料。

(6)鉴定项目当事人未对现场勘验图表或勘验笔录等签字确认的,工程造价咨询人应提请鉴定项目委托人决定处理意见,并在鉴定意见书中做出表述。

三、鉴定

(1)《最高人民法院关于审理建设工程施工合同纠纷案件适用法律问题的解释》(法释[2004]14号)第16条第一款规定:"当事人对建设工程的计价标准或者计价方法有约定的,按照约定结算工程价款",因此,如鉴定项目委托人明确告之合同有效,工程造价咨询人就必须依据合同约定进行鉴定,不得随意改变发承包双方合法的合意,不能以专业技术方面的惯例来否定合同的约定。

(2)工程造价咨询人在鉴定项目合同无效或合同条款约定不明确的情况下应根据法律法规、相关国家标准和"13计价规范"的规定,选择相应专业工程的计价依据和方法进行鉴定。

(3)为保证工程造价鉴定的质量,尽可能将当事人之间的分歧缩小直至化解,为司法调解、裁决或判决提供科学合理的依据,工程造价咨询人出具正式鉴定意见书之前,可报请鉴定项目委托人向鉴定项目各方当事人发出鉴定意见书征求意见稿,并指明应书面答复的期限及其不答复的相应法律责任。

(4)工程造价咨询人收到鉴定项目各方当事人对鉴定意见书征求意见稿的书面复函后,应对不同意见认真复核,修改完善后再出具正式鉴定意见书。

(5)工程造价咨询人出具的工程造价鉴定书应包括下列内容:
1)鉴定项目委托人名称、委托鉴定的内容;

2) 委托鉴定的证据材料；
3) 鉴定的依据及使用的专业技术手段；
4) 对鉴定过程的说明；
5) 明确的鉴定结论；
6) 其他需说明的事宜；
7) 工程造价咨询人盖章及注册造价工程师签名盖执业专用章。

(6) 进入仲裁或诉讼的施工合同纠纷案件，一般都有明确的结案时限，为避免影响案件的处理，工程造价咨询人应在委托鉴定项目的鉴定期限内完成鉴定工作，如确因特殊原因不能在原定期限内完成鉴定工作时，应按照相应法规提前向鉴定项目委托人申请延长鉴定期限，并应在此期限内完成鉴定工作。

经鉴定项目委托人同意等待鉴定项目当事人提交、补充证据的，质证所用的时间不应计入鉴定期限。

(7) 对于已经出具的正式鉴定意见书中有部分缺陷的鉴定结论，工程造价咨询人应通过补充鉴定做出补充结论。

第七节 工程计价资料与档案

一、工程计价资料

为有效减少甚至杜绝工程合同价款争议，发承包双方应认真履行合同义务，认真处理双方往来的信函，并共同管理好合同工程履约过程中双方之间的往来文件。

(1) 发承包双方应当在合同中约定各自在合同工程中现场管理人员的职责范围，双方现场管理人员在职责范围内签字确认的书面文件是工程计价的有效凭证，但如有其他有效证据或经实证证明其是虚假的除外。

1) 发承包双方现场管理人员的职责范围。首先是要明确发承包双方的现场管理人员，包括受其委托的第三方人员，如发包人委托的监理人、工程造价咨询人，仍然属于发包人现场管理人员的范畴；其次是明确管理人员的职责范围,也就是业务分工,并应明确在合同中约定,施工过程中如发生人员变动,应及时以书面形式通知对方,涉及合同中约定的主要人员变动需经对方同意的,应事先征求对方的意见,同意后才能更换。

2) 现场管理人员签署的书面文件的效力。首先,双方现场管理人员在合同约定的职责范围签署的书面文件必定是工程计价的有效凭证;其次,双方现场管理人员签署的书面文件如有错误的应予纠正,这方面的错误主要有两方面的原因,一是无意识失误,属工作中偶发性错误,只要双方认真核对就可有效减少此类错误;二是有意致错,如双方现场管理人员以利益交换,有意犯错,如工程计量有意多计等。对于现场管理人员签署的书面文件,如有其他有效证据或经实证证明其是虚假的,则应更正。

(2) 发承包双方不论在何种场合对与工程计价有关的事项所给予的批准、证明、同意、指令、商定、确定、确认、通知和请求,或表示同意、否定、提出要求和意见等,均应采用书面形式,口头指令不得作为计价凭证。

(3) 任何书面文件送达时,应由对方签收,通过邮寄应采用挂号、特快专递传送,或以发承包双方商定的电子传输方式发送,交付、传送或传输至指定的接收人的地址。如接收人通知了另外地址时,随后通信信息应按新地址发送。

(4) 发承包双方分别向对方发出的任何书面文件,均应将其抄送现场管理人员,如系复印件应加盖合同工程管理机构印章,证明与原件相同。双方现场管理人员向对方所发任何书面文件,也应将其复印件发送给发承包双方,复印件应加盖合同工程管理机构印章,证明与原件相同。

(5) 发承包双方均应当及时签收另一方送达其指定接收地点的来往信函,拒不签收的,送达信函的一方可以采用特快专递或者公证方式送达,所造成的费用增加(包括被迫采用特殊送达方式所发生的费用)和延误的工期由拒绝签收一方承担。

(6) 书面文件和通知不得扣压,一方能够提供证据证明另一方拒绝签收或已送达的,应视为对方已签收并应承担相应责任。

二、工程计价档案

(1)发承包双方以及工程造价咨询人对具有保存价值的各种载体的计价文件,均应收集齐全,整理立卷后归档。

(2)发承包双方和工程造价咨询人应建立完善的工程计价档案管理制度,并应符合国家和有关部门发布的档案管理相关规定。

(3)工程造价咨询人归档的计价文件,保存期不宜少于5年。

(4)归档的工程计价成果文件应包括纸质原件和电子文件,其他归档文件及依据可为纸质原件、复印件或电子文件。

(5)归档文件应经过分类整理,并应组成符合要求的案卷。

(6)归档可以分阶段进行,也可以在项目竣工结算完成后进行。

(7)向接收单位移交档案时,应编制移交清单,双方应签字、盖章后方可交接。

第八节 工程量清单计价标准格式

一、工程量清单计价文件组成

1. 招标控制价编制计价文件组成

招标控制价编制使用的表格包括:招标控制价封面(封-2),招标控制价扉页(扉-2),工程计价总说明表(表-01),建设项目招标控制价汇总表(表-02),单项工程招标控制价汇总表(表-03),单位工程招标控制价汇总表(表-04),分部分项工程和单价措施项目清单与计价表(表-08),综合单价分析表(表-09),总价措施项目清单与计价表(表-11),其他项目清单与计价汇总表(表-12)[暂列金额明细表(表-12-1),材料(工程设备)暂估单价及调整表(表-12-2),专业工程暂估价及结算价表(表-12-3),计日工表(表-12-4),总承包服务费计价表(表-12-5)],规费、税金项目计价表(表-13),发包人提供材料和工程设备一览表(表-20),承包人提供主要材料和工程设备一览表(适用于造价信息差

第四章　电气工程工程量清单计价

额调整法)(表-21),承包人提供主要材料和工程设备一览表(适用于价格指数差额调整法)(表-22)。

2. 投标报价编制计价文件组成

投标报价编制使用的表格包括:投标总价封面(封-3),投标总价扉页(扉-3),工程计价总说明表(表-01),建设项目投标报价汇总表(表-02),单项工程投标报价汇总表(表-03),单位工程投标报价汇总表(表-04),分部分项工程和单价措施项目清单与计价表(表-08),综合单价分析表(表-09),总价措施项目清单与计价表(表-11),其他项目清单与计价汇总表(表-12)[暂列金额明细表(表-12-1),材料(工程设备)暂估单价及调整表(表-12-2),专业工程暂估价及结算价表(表-12-3),计日工表(表-12-4),总承包服务费计价表(表-12-5)],规费、税金项目计价表(表-13),总价项目进度款支付分解表(表-16),发包人提供材料和工程设备一览表(表-20),承包人提供主要材料和工程设备一览表(适用于造价信息差额调整法)(表-21),承包人提供主要材料和工程设备一览表(适用于价格指数差额调整法)(表-22)。

3. 竣工结算价编制计价文件组成

竣工结算价编制使用的表格包括:竣工结算书封面(封-4),竣工结算总价扉页(扉-4),工程计价总说明表(表-01),建设项目竣工结算汇总表(表-05),单项工程竣工结算汇总表(表-06),单位工程竣工结算汇总表(表-07),分部分项工程和单价措施项目清单与计价表(表-08),综合单价分析表(表-09),综合单价调整表(表-10),总价措施项目清单与计价表(表-11),其他项目清单与计价汇总表(表-12)[暂列金额明细表(表-12-1),材料(工程设备)暂估单价及调整表(表-12-2),专业工程暂估价及结算价表(表-12-3),计日工表(表-12-4),总承包服务费计价表(表-12-5),索赔与现场签证计价汇总表(表-12-6),费用索赔申请(核准)表(表-12-7),现场签证表(表-12-8)],规费、税金项目计价表(表-13),工程计量申请(核准)表(表-14),预付款支付申请(核准)表(表-15),总价项目进度款支付分解表(表-16),进度款支付申请(核准)表(表-17),竣工结算款支付申请(核准)表(表-18),最终结清支付申请(核准)表(表-19),发包人提供材料和工程设备一览表(表-20),承包人提供主要材料和工程设备一览表(适用于造价信息差额调整法)(表-21),承包人提供主要材料和工程设备一览表(适用于价格指数差额调整法)(表-22)。

4. 工程造价鉴定计价文件组成

造价鉴定编制使用的表格包括:工程造价鉴定意见书封面(封-5),工程造价鉴定意见书扉页(扉-5),工程计价总说明表(表-01),建设项目竣工结算汇总表(表-05),单项工程竣工结算汇总表(表-06),单位工程竣工结算汇总表(表-07),分部分项工程和单价措施项目清单与计价表(表-08),综合单价分析表(表-09),综合单价调整表(表-10),总价措施项目清单与计价表(表-11),其他项目清单与计价汇总表(表-12)[暂列金额明细表(表-12-1),材料(工程设备)暂估单价及调整表(表-12-2),专业工程暂估价及结算价表(表-12-3),计日工表(表-12-4),总承包服务费计价表(表-12-5),索赔与现场签证计价汇总表(表-12-6),费用索赔申请(核准)表(表-12-7),现场签证表(表-12-8)],规费、税金项目计价表(表-13),工程计量申请(核准)表(表-14),预付款支付申请(核准)表(表-15),总价项目进度款支付分解表(表-16),进度款支付申请(核准)表(表-17),竣工结算款支付申请(核准)表(表-18),最终结清支付申请(核准)表(表-19),发包人提供材料和工程设备一览表(表-20),承包人提供主要材料和工程设备一览表(适用于造价信息差额调整法)(表-21),承包人提供主要材料和工程设备一览表(适用于价格指数差额调整法)(表-22)。

二、工程量清单计价表格样式

(一)工程计价文件封面

1. 招标控制价封面

招标控制价封面应填写招标工程项目的具体名称,招标人应盖单位公章,如委托工程造价咨询人编制,还应加盖工程造价咨询人所在单位公章。

招标控制价封面见表 4-4。

表 4-4　　　　　　　招标控制价封面

_____工程

招标控制价

招 标 人：_____
　　　　　　　　（单位盖章）

造价咨询人：_____
　　　　　　　　　（单位盖章）

年　　月　　日

封-2

2. 投标总价封面

投标总价封面应填写投标工程项目的具体名称,投标人应盖单位公章。

投标总价封面见表 4-5。

表 4-5　　　　　　　　　　投标总价封面

_____工程

投标总价

投 标 人：_____
　　　　　　　（单位盖章）

年　　月　　日

封-3

3. 竣工结算书封面

竣工结算书封面应填写竣工工程的具体内容名称,发承包双方应盖单位公章,如委托工程造价咨询人办理的,还应加盖工程造价咨询人所在单位公章。

竣工结算书封面见表 4-6。

表 4-6　　　　　　　　　　竣工结算书封面

_____工程

竣工结算书

发 包 人：_____
　　　　　　　（单位盖章）

承 包 人：_____
　　　　　　　（单位盖章）

造价咨询人：_____
　　　　　　　（单位盖章）

年　　月　　日

4. 工程造价鉴定意见书封面

工程造价鉴定意见书封面应填写鉴定工程项目的具体名称,填写意见书文号,工程造价自选人盖所在单位公章。

工程造价鉴定意见书封面见表 4-7。

表 4-7　　　　　　　工程造价鉴定意见书封面

_____工程

编号:×××[2×××]××号

工程造价鉴定意见书

造价咨询人:_____
　　　　　　　　　(单位盖章)

年　　月　　日

封-5

(二)工程计价文件扉页

1. 招标控制价扉页

招标控制价扉页的封面由招标人或招标人委托的工程造价自选人编制招标控制价时填写。

招标人自行编制招标控制价的,编制人员必须是在招标人单位注册的造价人员,由招标人盖单位公章,法定代表人或其授权人签字或盖章。当编制人是注册造价工程师时,由其签字盖执业专用章;当编制人是造价员时,由其在编制人栏签字盖专用章,并应由注册造价工程师复核,在复核人栏签字盖执业专用章。

招标人委托工程造价咨询人编制招标控制价时,编制人员必须是在工程造价咨询人单位注册的造价人员。由工程造价咨询人盖单位资质专用章,法定代表人或其授权人签字或盖章。当编制人是注册造价工程师时,由其签字盖执业专用章;当编制人是造价员时,由其在编制人栏签字盖专用章,并应由注册造价工程师复核,在复核人栏签字盖执业专用章。

招标控制价扉页见表 4-8。

2. 投标总价扉页

投标总价扉页由投标人编制投标报价填写。

投标人编制投标报价时,编制人员必须是在投标人单位注册的造价人员。由投标人盖单位公章,法定代表人或其授权人签字或盖章;编制的造价人员(造价工程师或造价员)签字盖执业专用章。

投标总价扉页见表 4-9。

3. 竣工结算总价扉页

承包人自行编制竣工结算总价,编制人员必须是承包人单位注册的造价人员。由承包人盖单位公章,法定代表人或其授权人签字或盖章;编制的造价人员(造价工程师或造价员)签字盖执业专用章。

发包人自行核对竣工结算时,核对人员必须是在发包人单位注册的造价工程师。由发包人盖单位公章,法定代表人或其授权人签字或盖章,核对的造价工程师签字盖执业专用章。

表 4-8　　　　　　　　　　招标控制价扉页

_____工程
招 标 控 制 价

招 标 控 制 价(小写)：_____
　　　　　　　(大写)：_____

招 标 人：_____　　造价咨询人：_____
　　　　（单位盖章）　　　　　　　　　（单位资质专用章）

法定代表人　　　　　　　　　　法定代表人
或其授权人：_____　或其授权人：_____
　　　（签字或盖章）　　　　　　　　（签字或盖章）

编 制 人：_____　　复 核 人：_____
　（造价人员签字盖专用章）　　　（造价工程师签字盖专用章）

编制时间：　年　月　日　　复核时间：　年　月　日

扉-2

表 4-9　　　　　　　　　投标总价扉页

投 标 总 价

招 标 人：_____

工 程 名 称：_____

投标总价(小写)：_____

　　　　(大写)：_____

投 标 人：_____
　　　　　　　　　　（单位盖章）

法定代表人
或其授权人：_____
　　　　　　　　　　（签字或盖章）

编 制 人：_____
　　　　　　　　　（造价人员签字盖专用章）

时　　间：　　年　　月　　日

扉-3

发包人委托工程造价咨询人核对竣工结算时，核对人员必须是在工程造价咨询人单位注册的造价工程师。由发包人盖单位公章，法定代表人或其授权人签字或盖章；工程造价咨询人盖单位资质专用章，法定代表人或其授权人签字或盖章；核对的造价工程师签字盖执业专用章。

除非出现发包人拒绝或不答复承包人竣工结算书的特殊情况,竣工结算办理完毕后,竣工结算总价封面发承包双方的签字、盖章应当齐全。

竣工结算总价扉页见表 4-10。

表 4-10　　　　　　　　竣工结算总价扉页

_____工程

竣工结算总价

签约合同价(小写):_____ (大写):_____

竣工结算价(小写):_____ (大写):_____

发 包 人:_____ 承 包 人:_____ 造价咨询人:_____
　(单位盖章)　　　　　(单位盖章)　　　　(单位资质专用章)

法定代表人　　　　法定代表人　　　　法定代表人
或其授权人:_____　或其授权人:_____　或其授权人:_____
　(签字或盖章)　　　(签字或盖章)　　　(签字或盖章)

编 制 人:_____　　核 对 人:_____
　(造价人员签字盖专用章)　　　(造价工程师签字盖专用章)

编制时间: 年 月 日　　核对时间: 年 月 日

扉-4

第四章　电气工程工程量清单计价

4. 工程造价鉴定意见书扉页

工程造价鉴定意见书扉页应填写工程造价鉴定项目的具体名称，工程造价咨询人应盖单位资质专用章，法定代表人或其授权人签字或盖章，造价工程师签字盖执业专用章。

工程造价鉴定意见书见表 4-11。

表 4-11　　　　　　　工程造价鉴定意见书扉页

_____工程

工程造价鉴定意见书

鉴定结论：

造价咨询人：_____
　　　　　　　　（盖单位章及资质专用章）

法定代表人：_____
　　　　　　　　　　（签字或盖章）

造价工程师：_____
　　　　　　　　　　（签字盖专用章）

年　月　日

扉-5

(三)工程计价总说明

工程计价总说明格式参见表 2-3。

(四)工程计价汇总表

1. 建设项目招标控制价/投标报价汇总表

由于编制招标控制价和投标报价包含的内容相同,只是对价格的处理不同,因此,招标控制价和投标报价汇总表使用统一表格。实践中,对招标控制价或投标报价可分别印制建设项目招标控制价和投标报价汇总表。

建设项目招标控制价/投标报价汇总表见表 4-12。

表 4-12　　　　建设项目招标控制价/投标报价汇总表

工程名称:　　　　　　　　　　　　　　　　　　　　　　第　页共　页

序号	单项工程名称	金额/元	其中:/元		
			暂估价	安全文明施工费	规费
	合　计				

注:本表适用于建筑项目招标控制价或投标报价的汇总。

表-02

2. 单项工程招标控制价/投标报价汇总表

单项工程招标控制价/投标报价汇总表见表 4-13。

表 4-13　　　　单项工程招标控制价/投标报价汇总表见表

工程名称：　　　　　　　　　　　　　　　　　　　　　　第　页共　页

序号	单位工程名称	金额/元	其　中:/元		
			暂估价	安全文明施工费	规费
	合　计				

注：本表适用于单项工程招标控制价或投标报价的汇总。暂估价包括分部分项工程中的暂估价和专业工程暂估价。

表-03

3. 单位工程招标控制价/投标报价汇总表

单位工程招标控制价/投标报价汇总表见表 4-14。

表 4-14　　　　　单位工程招标控制价/投标报价汇总表

工程名称：　　　　　　　　　标段：　　　　　　　　　第　页共　页

序号	汇总内容	金额/元	其中:暂估价/元
1	分部分项工程		
1.1			
1.2			
1.3			
1.4			
1.5			
2	措施项目		
2.1	其中:安全文明施工费		
3	其他项目		
3.1	其中:暂列金额		
3.2	其中:专业工程暂估价		
3.3	其中:计日工		
3.4	其中:总承包服务费		
4	规费		
5	税金		
招标控制价合计=1+2+3+4+5			

注:本表适用于单位工程招标控制价或投标报价的汇总,如无单位工程划分,单项工程也使用本表汇总。

表-04

4. 建设项目竣工结算汇总表

建设项目竣工结算汇总表见表 4-15。

表 4-15 建设项目竣工结算汇总表

工程名称： 第 页共 页

序号	单项工程名称	金额/元	其　中:/元	
			安全文明施工费	规费
	合　计			

表-05

5. 单项工程竣工结算汇总表

单项工程竣工结算汇总表见表 4-16。

表 4-16 单项工程竣工结算汇总表

工程名称： 第 页共 页

序号	单位工程名称	金额/元	其　中:/元	
			安全文明施工费	规费
	合　计			

表-06

6. 单位工程竣工结算汇总表

单位工程竣工结算汇总表见表 4-17。

表 4-17　　　　　　　　　　单位工程竣工结算汇总表

工程名称：　　　　　　　　　标段：　　　　　　　　　第　页共　页

序号	汇总内容	金额/元
1	分部分项工程	
1.1		
1.2		
1.3		
1.4		
1.5		
2	措施项目	
2.1	其中:安全文明施工费	
3	其他项目	
3.1	其中:专业工程结算价	
3.2	其中:计日工	
3.3	其中:总承包服务费	
3.4	其中:索赔与现场签证	
4	规费	
5	税金	
竣工结算总价合计＝1＋2＋3＋4＋5		

注:如无单位工程划分,单项工程也使用本表汇总。

表-07

(六)分部分项工程和措施项目计价表

1. 分部分项工程和单价措施项目清单与计价表

分部分项工程和单价措施项目清单与计价表参照表2-4。

2. 综合单价分析表

工程量清单综合单价分析表是评标委员会评审和判别综合单价组成和价格完整性、合理性的主要基础,对因工程变更、工程量偏差等原因调整综合单价也是必不可少的基础单价数据来源。采用经评审的最低投标法评标时,综合单价分析表的重要性更为突出。

综合单价分析表反映了构成每一个清单项目综合单价的各个价格要素的价格及主要的"工、料、机"消耗量。投标人在投标报价时,需对每一个清单项目进行组价,为了使组价工作具有可追溯性(回复评标置疑时尤其需要),需要表明每一个数据的来源。

综合单价分析表一般随投标文件一同提交,作为竞标价的工程量清单的组成部分,以便中标后,作为合同文件的附属文件。投标人须知中需要就分析表提交的方式做出规定,该规定需要考虑是否有必要对分析表的合同地位给予定义。

编制综合单价分析表时,对辅助性材料不必细列,可归并到其他材料费中以金额表示。

编制招标控制价,使用综合单价分析表应填写使用的省级或行业建设主管部门发布的计价定额名称。编制投标报价,使用综合单价分析表可填写使用的企业定额名称,也可填写省级或行业建设主管部门发布的计价定额,如不使用则不填写。

编制工程结算时,应在已标价工程量清单中的综合单价分析表中将确定的调整过后人工单价、材料单价等进行置换,形成调整后的综合单价。

综合单价分析表见表4-18。

3. 综合单价调整表

综合单价调整表适用于各种合同约定调整因素出现时调整综合单价,各种调整依据应附于表后。填写时应注意,项目编码和项目名称必须与已标价工程量清单操持一致,不得发生错漏,以免发生争议。

表 4-18　　　　　　　　　　　综合单价分析表

工程名称：　　　　　　　　　标段：　　　　　　　　　第 页共 页

项目编码		项目名称			计量单位		工程量	

清单综合单价组成明细								
定额编号	定额项目名称	定额单位	数量	单价				合价			
				人工费	材料费	机械费	管理费和利润	人工费	材料费	机械费	管理费和利润
人工单价				小　计							
元/工日				未计价材料费							
清单项目综合单价											

材料费明细	主要材料名称、规格、型号	单位	数量	单价/元	合价/元	暂估单价/元	暂估合价/元
	其他材料费			—		—	
	材料费小计			—		—	

注：1. 如不使用省级或行业建设主管部门发布的计价依据，可不填定额编号、名称等。
　　2. 招标文件提供了暂估单价的材料，按暂估的单价填入表内"暂估单价"栏及"暂估合价"栏。

表-09

综合单价调整表见表4-19。

表4-19 综合单价调整表

工程名称：　　　　　　　　标段：　　　　　　　　第　页共　页

序号	项目编码	项目名称	已标价清单综合单价/元					调整后综合单价/元				
			综合单价	其中				综合单价	其中			
				人工费	材料费	机械费	管理费和利润		人工费	材料费	机械费	管理费和利润

造价工程师(签章)：　　发包人代表(签章)：　　造价人员(签章)：　　承包人代表(签章)：

日期：　　　　　　　　　　　　　　　　　　日期：

注：综合单价调整应附调整依据。

表-10

4. 总价措施项目清单与计价表

总价措施项目清单与计价表参见表2-5。

(七)其他项目计价表

1. 其他项目清单与计价汇总表

其他项目清单与计价汇总表参见表2-6。

2. 暂列金额明细表

暂列金额明细表参见表2-7。

3. 材料(工程设备)暂估单价及调整表

材料(工程设备)暂估单价及调整表参见表2-8。

4. 专业工程暂估价及结算价表

专业工程暂估价及结算价表参见表 2-9。

5. 计日工表

计日工表参照表 2-10。

6. 总承包服务费计价表

总承包服务费计价表参见表 2-11。

7. 索赔与现场签证计价汇总表

索赔与现场签证计价汇总表是对发承包双方签证双方认可的"费用索赔申请（核准）表"和"现场签证表"的汇总。

索赔与现场签证计价汇总表见表 4-20。

表 4-20　　　　　索赔与现场签证计价汇总表

工程名称：　　　　　　标段：　　　　　第　页共　页

序号	签证及索赔项目名称	计量单位	数量	单价/元	合价/元	索赔及签证依据
—	本页小计	—		—		—
—	合　计	—		—		—

注：签证及索赔依据是指经双方认可的签证单和索赔依据的编号。

表-12-6

8. 费用索赔申请（核准）表

填写费用索赔申请（核准）表时，承包人代表应按合同条款的约定，阐述原因，附上索赔证据、费用计算报发包人，经监理工程师复核（按发包人的授权不论是监理工程师或发包人现场代表均可），经造价工程师（此处造价工程师可以是发包人现场管理人员，也可以是发包人委托的工程造价咨询企业的人员），经发包人审核后生效，该表以在选择栏中的"□"内做标识"√"表示。

费用索赔申请（核准）表见表 4-21。

表 4-21　　　　　　　费用索赔申请(核准)表

工程名称：　　　　　　　　标段：　　　　　　　　编号：

致：＿＿＿＿＿＿＿＿＿＿＿＿＿＿＿＿＿＿＿＿＿＿＿＿＿＿＿＿＿＿＿＿(发包人全称)
根据施工合同条款第＿＿＿＿条的约定，由于＿＿＿＿＿＿原因，我方要求索赔金额(大写)＿＿＿＿＿＿元，(小写＿＿＿＿＿＿元)，请予核准。 附：1. 费用索赔的详细理由和依据： 　　2. 索赔金额的计算： 　　3. 证明材料： 　　　　　　　　　　　　　　　　　　　　　　　承包人(章) 　　造价人员＿＿＿＿＿　承包人代表＿＿＿＿＿＿　日　期＿＿＿＿＿
复核意见： 　　根据施工合同条款第＿＿＿＿条的约定，你方提出的费用索赔申请经复核： □不同意此项索赔，具体意见见附件。 □同意此项索赔，索赔金额的计算，由造价工程师复核。 　　监理工程师＿＿＿＿＿＿ 　　日　　期＿＿＿＿＿＿	复核意见： 　　根据施工合同条款第＿＿＿＿条的约定，你方提出的费用索赔申请经复核，索赔金额为(大写)＿＿＿＿元，(小写＿＿＿＿元)。 　　造价工程师＿＿＿＿＿＿ 　　日　　期＿＿＿＿＿＿
审核意见： □不同意此项索赔。 □同意此项索赔，与本期进度款同期支付。 　　　　　　　　　　　　　　　　　　　　　　　发包人(章) 　　　　　　　　　　　　　　　　　　　　　　　发包人代表＿＿＿＿＿＿ 　　　　　　　　　　　　　　　　　　　　　　　日　　期＿＿＿＿＿＿

注：1. 在选择栏中的"□"内做标识"√"。
　　2. 本表一式四份，由承包人填报，发包人、监理人、造价咨询人、承包人各存一份。

表-12-7

9. 现场签证表

现场签证表是对"计日工"的具体化，考虑到招标时，招标人对计日工项目的预估难免会有遗漏，带来实际施工发生后，**无相应的计日工单价时，现场签证只能包括单价一并处理。因此，在汇总时**，有计日工单价的，可归并于计日工，如无计日工单价，归并于**现场签证**，以示区别。

现场签证表见表 4-22。

表 4-22　　　　　　　　　　现场签证表

工程名称：		标段：		编号：
施工部位			日期	

致：　　　　　　　　　　　　　　　　　　　　　　　　（发包人全称）

　　根据_____（指令人姓名）　年　月　日的口头指令或你方_____（或监理人）　年　月　日的书面通知，我方要求完成此项工作应支付价款金额为（大写）_____元,（小写_____元）,请予核准。

附：1. 签证事由及原因：

　　2. 附图及计算式：

承包人（章）

造价人员_____　　承包人代表_____　　　　日　期_____

复核意见： 你方提出的此项签证申请经复核： □不同意此项签证，具体意见见附件。 □同意此项签证，签证金额的计算，由造价工程师复核。 　　　监理工程师_____ 　　　　　日　　期_____	复核意见： □此项签证按承包人中标的计日工单价计算，金额为（大写）_____元,（小写_____元）。 □此项签证因无计日工单价，金额为（大写）_____元,（小写_____元）。 　　　造价工程师_____ 　　　　　日　　期_____

审核意见：

□不同意此项签证。

□同意此项签证，价款与本期进度款同期支付。

发包人（章）

　　　　　　　　　　　　　　　　　　　　　　　发包人代表_____

　　　　　　　　　　　　　　　　　　　　　　　　　日　　期_____

注：1. 在选择栏中的"□"内做标识"√"。

　　2. 本表一式四份，由承包人在收到发包人（监理人）的口头或书面通知后填写，发包人、监理人、造价咨询人、承包人各存一份。

表-12-8

（八）规费、税金项目计价表

规费、税金项目计价表参见表 2-12。

（九）工程计量申请（核准）表

工程计量申请（核准）表填写的"项目编码"、"项目名称"、"计量单位"应与已标价工程量清单中一致,承包人应在合同约定的计量周期结束时,将申报数量填写在申报数量栏,发包人核对后如与承包人填写的数量不一致,则在核实数量栏填上核实数量,经发承包双方共同核对确认的计量结果填在确认数量栏。

工程计量申请(核准)表见表 4-23。

表 4-23　　　　　　工程计量申请(核准)表

工程名称:　　　　　　　　标段:　　　　　　　　第　页共　页

序号	项目编码	项目名称	计量单位	承包人申报数量	发包人核实数量	发承包人确认数量	备注
承包人代表: 日期:	监理工程师: 日期:		造价工程师: 日期:		发包人代表: 日期:		

表-14

(十)合同价款支付申请(核准)表

合同价款支付申请(复核)表是合同履行、价款支付的重要凭证。"13 计价规范"对此类表格共设计了 5 种,包括专用于预付款支付的《预付款支付申请(核准)表》(表-15)、用于施工过程中无法计量的总价项目及总价合同进度款支付的《总价项目进度款支付分解表》(表-16)、专用于进度款支付的《进度款支付申请(核准)表》(表-17)、专用于竣工结算价款支付的《竣工结算款支付申请(核准)表》(表-18)和用于缺陷责任期到期,承包人履行了工程缺陷修复责任后,对其预留的质量保证金最终结算的《最终结清支付申请(核准)表》(表-19)。

合同价款支付申请(复核)表包括的 5 种表格,均由承包人代表在每个计量周期结束后向发包人提出,由发包人授权的现场代表复核工程量,由发包人授权的造价工程师复核应付款项,经发包人批准实施。

1. 预付款支付申请(核准)表

预付款支付申请(核准)表见表 4-24。

表 4-24　　　　　　　预付款支付申请(核准)表

工程名称：　　　　　　　标段：　　　　　　　编号：

致：_____(发包人全称)

我方根据施工合同的约定,现申请支付工程预付款额为(大写)_____元,(小写_____元),请予核准。

序号	名　称	申请金额/元	复核金额/元	备　注
1	已签约合同价款金额			
2	其中:安全文明施工费			
3	应支付的预付款			
4	应支付的安全文明施工费			
5	合计应支付的预付款			

承包人(章)

造价人员_____　承包人代表_____　日　期_____

复核意见: □与合同约定不相符,修改意见见附件。 □与合同约定相符,具体金额由造价工程师复核。 　　　　监理工程师_____ 　　　　日　　期_____	复核意见: 　你方提出的支付申请经复核,应支付预付款金额为(大写)_____元,(小写_____元)。 　　　　造价工程师_____ 　　　　日　　期_____
审核意见: □不同意。 □同意,支付时间为本表签发后的 15 天内。 　　　　　　　　　　　　　　　　　　　发包人(章) 　　　　　　　　　　　　　　　　　　　发包人代表_____ 　　　　　　　　　　　　　　　　　　　日　　期_____		

注:1. 在选择栏中的"□"内做标识"√"。
　　2. 本表一式四份,由承包人填报,发包人、监理人、造价咨询人、承包人各存一份。

2. 总价项目进度款支付分解表

总价项目进度款支付分解表见表 4-25。

表 4-25　　　　　　　　　**总价项目进度款支付分解表**

工程名称：　　　　　　　　标段：　　　　　　　　单位：元

序号	项目名称	总价金额	首次支付	二次支付	三次支付	四次支付	五次支付
	安全文明施工费						
	夜间施工增加费						
	二次搬运费						
	社会保险费						
	住房公积金						
	合计						

编制人（造价人员）：　　　　　　　　复核人（造价工程师）：

注：1. 本表应由承包人在投标报价时根据发包人在招标文件中明确的进度款支付周期与报价填写，签订合同时，发承包双方可就支付分解协商调整后作为合同附件。
    2. 单价合同使用本表，"支付"栏时间应与单价项目进度款支付周期相同。
    3. 总价合同使用本表，"支付"栏时间应与约定的工程计量周期相同。

表-16

3. 进度款支付申请（核准）表

进度款支付申请（核准）表见表 4-26。

表 4-26　　　　　　　　进度款支付申请(核准)表

工程名称：　　　　　　　标段：　　　　　　　编号：

致：_____(发包人全称)

　　我方于_____至_____期间已完成了_____工作，根据施工合同的约定，现申请支付本周期的合同款额为(大写)_____元，(小写_____元)，请予核准。

序号	名　称	实际金额/元	申请金额/元	复核金额/元	备　注
1	累计已完成的合同价款				
2	累计已实际支付的合同价款				
3	本周期合计完成的合同价款				
3.1	本周期已完成单价项目的金额				
3.2	本周期应支付的总价项目的金额				
3.3	本周期已完成的计日工价款				
3.4	本周期应支付的安全文明施工费				
3.5	本周期应增加的合同价款				
4	本周期合计应扣减的预付款				
4.1	本周期应抵扣的预付款				
4.2	本周期应扣减的金额				
5	本周期应支付的合同价款				

附：上述 3、4 详见附件清单。

　　　　　　　　　　　　　　　　　　　　　　　　　　　承包人(章)
　　造价人员_____　　承包人代表_____　　日　期_____

复核意见： □与实际施工情况不相符，修改意见见附件。 □与实际施工情况相符，具体金额由造价工程师复核。 　　监理工程师_____ 　　日　期_____	复核意见： 　　你方提出的支付申请经复核，本周期已完成合同款额为(大写)_____元，(小写_____元)。本周期应支付金额为(大写)_____元，(小写_____元)。 　　　　　　　造价工程师_____ 　　　　　　　日　期_____

审核意见：
　　□不同意。
　　□同意，支付时间为本表签发后的 15 天内。

　　　　　　　　　　　　　　　　　　　　　　　　　　　发包人(章)
　　　　　　　　　　　　　　　　　　　　　　　　　发包人代表_____
　　　　　　　　　　　　　　　　　　　　　　　　　日　期_____

注：1. 在选择栏中的"□"内做标识"√"。
　　2. 本表一式四份，由承包人填报，发包人、监理人、造价咨询人、承包人各存一份。

表-17

4. 竣工结算款支付申请(核准)表

竣工结算款支付申请(核准)表见表 4-27。

表 4-27　　　　　竣工结算款支付申请(核准)表

工程名称：　　　　　　　　　　标段：　　　　　　　　　　编号：

致：_____(发包人全称)

　　我方于_____至_____期间已完成合同约定的工作,工程已经完工,根据施工合同的约定,现申请支付竣工结算合同款额为(大写)_____元,(小写_____元),请予核准。

序号	名　称	申请金额/元	复核金额/元	备　注
1	竣工结算合同价款总额			
2	累计已实际支付的合同价款			
3	应预留的质量保证金			
4	应支付的竣工结算款金额			

　　　　　　　　　　　　　　　　　　　　　　　　　承包人(章)
造价人员_____　　承包人代表_____　　日　期_____

复核意见： □与实际施工情况不相符,修改意见见附件。 □与实际施工情况相符,具体金额由造价工程师复核。 　　监理工程师_____ 　　日　　　期_____	复核意见： 　　你方提出的竣工结算款支付申请经复核,竣工结算款总额为(大写)_____元,(小写_____元),扣除前期支付以及质量保证金后应支付金额为(大写)_____元,(小写_____元)。 　　造价工程师_____ 　　日　　　期_____

审核意见：
□不同意。
□同意,支付时间为本表签发后的 15 天内。

　　　　　　　　　　　　　　　　　　　　　　　发包人(章)
　　　　　　　　　　　　　　　　　　　　　　　发包人代表_____
　　　　　　　　　　　　　　　　　　　　　　　日　　　期_____

注：1. 在选择栏中的"□"内做标识"√"。
　　2. 本表一式四份,由承包人填报,发包人、监理人、造价咨询人、承包人各存一份。

5. 最终结清支付申请(核准)表

最终结清支付申请(核准)表见表 4-28。

表 4-28　　　　　　　　最终结清支付申请(核准)表

工程名称：　　　　　　　　标段：　　　　　　　　编号：

致：_____			(发包人全称)
我方于_____至_____期间已完成了缺陷修复工作,根据施工合同的约定,现申请支付最终结清合同款额为(大写)_____元,(小写_____元),请予核准。			

序号	名　称	申请金额/元	复核金额/元	备注
1	已预留的质量保证金			
2	应增加因发包人原因造成缺陷的修复金额			
3	应扣减承包人不修复缺陷、发包人组织修复的金额			
4	最终应支付的合同价款			

附:上述 3、4 详见附件清单。

　　　　　　　　　　　　　　　　　　　　　　　　　承包人(章)
　　造价人员_____　　承包人代表_____　　日　期_____

复核意见： 　□与实际施工情况不相符,修改意见见附件。 　□与实际施工情况相符,具体金额由造价工程师复核。 　　　监理工程师_____ 　　　日　　　期_____	复核意见： 　你方提出的支付申请经复核,最终应支付金额为(大写)_____元,(小写_____元)。 　　　造价工程师_____ 　　　日　　　期_____

审核意见：
　□不同意。
　□同意,支付时间为本表签发后的 15 天内。
　　　　　　　　　　　　　　　　　　　　　　　　发包人(章)
　　　　　　　　　　　　　　　　　　　　　　　　发包人代表_____
　　　　　　　　　　　　　　　　　　　　　　　　日　期_____

注:1. 在选择栏中的"□"内做标识"√"。如监理人已退场,监理工程师栏可空缺。
　　2. 本表一式四份,由承包人填报,发包人、监理人、造价咨询人、承包人各存一份。

表-19

(十一)主要材料、工程设备一览表

主要材料、工程设备一览表参见表 2-13~表 2-15。

第五章 变配电工程计量与计价

第一节 变压器安装工程计量与计价

一、油浸电力变压器

1. 油浸电力变压器简介

配电系统中,变压器是主要设备,其作用是变化电压。油浸电力变压器外壳是一个油箱,内部装满变压器油,套装在铁芯上的原绕组、副绕组都要浸没在变压器中。油浸电力变压器的型号表示如下:

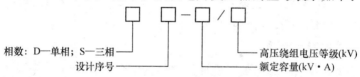

油浸电力变压器依靠油作冷却介质,如油浸自冷、油浸风冷、油浸水冷及强迫油循环等。一般升压站的主变都是油浸式,变比 20kV/500kV 或 20kV/220kV。一般发电厂用于带动自身负载(比如磨煤机、引风机、送风机、循环水泵等)的厂用变压器也是油浸式变压器,它的变比是 20kV/6kV。

油浸电力变压器的附件应符合以下要求:

(1)所有油浸式(密封式除外)电力变压器均应装储油柜,其结构应便于清洗内部。储油柜应有放油和注油装置。1000kV·A 及以上电力变压器的储油柜底部应设油样活门。

(2)100kV·A 及以上带有储油柜的变压器,除了有充氮保护的产品之外,均应加装带有油封的吸湿器。

(3)油浸式变压器应有装玻璃温度计的管座。

(4)1000kV·A 及以上的油浸式变压器和 500kV·A 及以上的

厂用电力变压器,均应有室外式信号温度计。信号接点容量在交流电压 220V 时不低于 50kV·A。

(5)带有储油柜的 800kV·A 及以上的油浸式变压器和 400kV·A 及以上的厂用电力变压器应装有气体继电器,其接点容量不小于 66kV·A(交流 200V 及 110V);200～315kV·A 的厂用电力变压器应装有带信号接点的气体继电器。

(6)800kV·A 及以上带储油柜的油浸式电力变压器应装有安全气道;对 315kV·A 及以上的密封式变压器应供给保护装置。

2. 清单项目设置

油浸电力变压器在《通用安装工程工程量计算规范》(GB 50856—2013)(以下简称"计算规范")中的项目编码是 030401001,其项目特征包括:名称,型号,容量(kV·A),电压(kV),油过滤要求,干燥要求,基础型钢形式、规格,网门、保护门材质、规格,温控箱型号、规格。工作内容包括:本体安装,基础型钢制作、安装,油过滤,干燥,接地,网门、保护门制作、安装,补刷(喷)油漆。

3. 清单项目计量

油浸电力变压器安装工程计量单位为"台"。

4. 工程量计算规则

油浸电力变压器安装工程工程量按设计图示数量计算。

5. 工程量计算示例

【例 5-1】某工程需要安装 1 台型号为 SL1-1000kV·A/10kV 和 1 台型号为 SL1-500kV·A/10kV 的油浸电力变压器,其中,SL1-1000kV·A/10kV 需要做干燥处理,其绝缘油要过滤。试求其工程量。

【解】油浸电力变压器安装工程量计算结果见表 5-1。

表 5-1　　　　　　　　　　工程量计算表

序号	项目编码	项目名称	项目特征描述	计量单位	工程量
1	030401001001	油浸电力变压器	油浸电力变压器安装 SL1-1000kV·A/10kV,干燥处理,绝缘油要过滤	台	1

续表

序号	项目编码	项目名称	项目特征描述	计量单位	工程量
2	030401001002	油浸电力变压器	油浸电力变压器安装 SL1-500kV·A/10kV	台	1

【例 5-2】 某工程需要安装 1 台型号为 SL1-500kV·A/10kV 的油浸电力变压器,基础型钢制作、安装。试计算其工程量。

【解】 油浸电力变压器安装工程量计算结果见表 5-2。

表 5-2　　　　　　　　工程量计算表

序号	项目编码	项目名称	项目特征描述	计量单位	工程量
1	030401001001	油浸电力变压器	油浸电力变压器安装 SL1-500kV·A/10kV,基础型钢制作、安装	台	1

二、干式变压器

1. 干式变压器简介

电力系统中,常用的电力变压器除油浸式变压器外,还有干式电压器。干式变压器是铁芯和绕组均不浸于绝缘液体中的变压器,一般用于安全防火要求较高的场合,可分为全封闭干式、封闭干式和非封闭干式变压器三类。

(1)全封闭干式变压器:置于无压力的密封外壳内,通过内部空气循环进行冷却的变压器。

(2)封闭干式变压器:置于通风的外壳内,通过外部空气循环进行冷却的变压器。

(3)非封闭干式变压器:不带防护外壳,通过空气自然循环或强迫空气循环进行冷却的变压器。

2. 清单项目设置

干式变压器在"计算规范"中的项目编码是:030401002,其项目特征包括:名称,型号,容量(kV·A),电压(kV),油过滤要求,干燥要求,基础型钢形式、规格,网门、保护门材质、规格,温控箱型号、规格。工作内容包括:本体安装,基础型钢制作、安装,油控箱安装,接地,网门、保护门制作、安装,补刷(喷)油漆。

3. 清单项目计量

干式变压器安装工程计量单位为"台"。

4. 工程量计算规则

干式变压器安装工程工程量按设计图示数量计算。

5. 工程量计算示例

【例 5-3】如图 5-1 所示,安装干式变压器 3 台,型号为 SG-100kV·A/10-0.4kV,铁构件制作、安装。试求其工程量。

【解】干式电力变压器安装工程量计算结果见表 5-3。

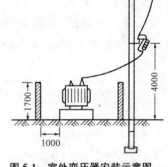

图 5-1 室外变压器安装示意图

表 5-3 工程量计算表

序号	项目编码	项目名称	项目特征描述	计量单位	工程量
1	030401002001	干式变压器	干式电力变压器安装,SG-100kV·A/10-0.4kV,铁构件制作、安装	台	3

【例 5-4】某工程需要安装 2 台型号为 SG-100kV·A/10-0.4kV 的干式电力变压器。试计算其工程量。

【解】干式变压器安装工程量计算结果见表 5-4。

表 5-4 工程量计算表

序号	项目编码	项目名称	项目特征描述	计量单位	工程量
1	030401002001	干式变压器	干式变压器安装,SG-100kV·A/10-0.4kV	台	2

三、整流变压器

1. 整流变压器简介

整流变压器是整流设备的电源变压器,是用于电解装置的变压器。除具有一般整流系统适当的功能外,还具有减小因整流系统造成的波形畸变对电网的污染的功能。

整流变压器的应用条件如下:

(1)环境温度(周围气温自然变化值):最高气温+40℃,最高日平均气温+30℃,最高年平均气温+20℃,最低气温-30℃。

(2)海拔高度:变压器安装地点的海拔高度不超过1000m。

(3)空气最大相对湿度:当空气温度为+25℃时,相对湿度不超过90%。

(4)安装场所无严重影响变压器绝缘的气体、蒸汽、化学性沉积、灰尘、污垢及其他爆炸性和侵蚀性介质。

(5)安装场所无严重的振动和颠簸。

2. 清单项目设置

整流变压器在"计算规范"中的项目编码是030401003,其项目特征包括:名称,型号,容量(kV·A),电压(kV),油过滤要求,干燥要求,基础型钢形式、规格和网门、保护门材质、规格;工作内容包括:本体安装,基础型钢制作、安装,油过滤,干燥,网门、保护门制作、安装,补刷(喷)油漆。

3. 清单项目计量

整流变压器安装工程计量单位为"台"。

4. 工程量计算规则

整流变压器安装工程工程量按设计图示数量计算。

5. 工程量计算示例

【例5-5】某集团公司绿质碳化硅项目需安装2台额定容量为12500kV·A的ZHSFPZ-35kV整流变压器。试求其工程量。

【解】整流变压器安装工程量计算结果见表5-5。

表 5-5　　　　　　　　　　工程量计算表

序号	项目编码	项目名称	项目特征描述	计量单位	工程量
1	030401003001	整流变压器	整流变压器 ZHSFPZ-35kV 12500kV·A	台	2

四、自耦式变压器

1. 自耦式变压器简介

自耦式变压器的绕组一部分是高压边和低压边公用的，另一部分只属于高压边。其技术参数见表 5-6。

根据其结构的特点，一般分为可调压式和固定式两种。

表 5-6　　　　　　　　自耦式变压器的技术参数

序号	项目	技术参数
1	容量	单相 25~100kV·A；三相 10~800kV·A
2	输入电压	1⌒220V,3⌒380V(可按实际需要定做)
3	输出电压	按实际需要的电压
4	频率	50~60Hz(可选)
5	效率	≥98%
6	绝缘等级	B级
7	过载能量	1.2倍额定负载 2h
8	冷却方式	风冷
9	噪声	≤60dB
10	温升	≤65℃
11	环境温、湿度	温度-20~+40℃；湿度93%

2. 清单工程量设置

自耦式变压器在"计算规范"中的项目编码是 030401004，其项目特征包括名称、型号、容量(kV·A)、电压(kV)、油过滤要求、干燥要求、基础型钢形式、规格和网门、保护门材质、规格。工作内容包括：本体安装，基础型钢制作、安装，油过滤，干燥，网门、保护门制作、安装，补刷(喷)油漆。

3. 清单项目计量

自耦式变压器安装工程计量单位为"台"。

4. 工程量计算规则

自耦式变压器安装工程工程量按设计图示数量计算。

5. 工程量计算示例

【例 5-6】某电气工程需要安装 1 台 SGSBKOSG-5kV·A 自耦式变压器。试求其工程量。

【解】自耦式变压器安装工程量计算结果见表 5-7。

表 5-7　　　　　　　　工程量计算表

序号	项目编码	项目名称	项目特征描述	计量单位	工程量
1	030401004001	自耦式变压器	自耦式变压器 SGSBKOSG-5kV·A	台	1

五、有载调压变压器

1. 有载调压变压器简介

有载调压变压器指的是可以在带负荷的条件下调节变化的变压器。一般的变压器都有固定的电压比，其二次电压不能随意调节。但有些情况下，需要能随时改变和调节电压的变压器，如试验时用的电源就需要用这种随意平滑调节电压的变压器，这种变压器也叫调压器。有载调压器利用分接开关改变一次侧或两次侧绕组函数，并实现电压的调整。

调压器有单项的也有三项的，其容量只有数百伏安到几十千伏安，电压也只有几百伏。

2. 清单项目设置

有载调压变压器在"计算规范"中的项目编码是 030401005，其项目特征包括:名称,型号,容量(kV·A),电压(kV),油过滤要求,干燥要求,基础型钢形式、规格和网门、保护门材质、规格。工作内容包括:本体安装,基础型钢制作、安装,油过滤,干燥,网门、保护门制作、安装,补刷(喷)油漆。

3. 清单项目计量

有载调压变压器安装工程计量单位为"台"。

4. 工程量计算规则

有载调压变压器安装工程工程量按设计图示数量计算。

5. 工程量计算示例

【例 5-7】某电气实验室需要用 1 台带负荷调压变压器调节电源电压,基础型钢制作、安装。试编制其分部分项工程量清单。

【解】带负荷调压变压器安装工程量计算结果见表 5-8。

表 5-8　　　　　　　工程量计算表

序号	项目编码	项目名称	项目特征描述	计量单位	工程量
1	030401005001	有载调压变压器	带负荷调压变压器安装,基础型钢制作、安装	台	1

六、电炉变压器

1. 电炉变压器简介

电炉变压器是作为各种电炉的电源用的变压器。通常,电炉变压器为户内装置,具有损耗低、噪声小、维护简单、节能效果显著等特点。

电炉变压器按不同用途,可分为电弧炉变压器、工频感应器、工频感应炉变压器、电阻炉变压器、矿热炉变压器、盐浴炉变压器等。

2. 清单项目设置

电炉变压器在"计算规范"中的项目编码是 030401006,其项目特征包括:名称,型号,容量(kV·A),电压(kV),基础型钢形式、规格,网门、保护门材质、规格。工作内容包括:本体安装,基础型钢制作、安装,网门、保护门制作、安装,补刷(喷)油漆。

3. 清单项目计量

电炉变压器安装工程计量单位为"台"。

4. 工程量计算规则

电炉变压器安装工程工程量按设计图示数量计算。

5. 工程量计算示例

【例 5-8】某工厂有大量废铁,需要安装 2 台电炉变压器将废铁炼成半成品后卖给铁厂。试计算其工程量。

【解】电炉变压器安装工程量计算结果见表 5-9。

表 5-9　　　　　　　工程量计算表

序号	项目编码	项目名称	项目特征描述	计量单位	工程量
1	030401006001	电炉变压器	电炉变压器安装	台	2

七、消弧线圈

1. 消弧线圈简介

消弧线圈是一种绕组带有多个分接头、铁芯带有气隙的电抗器。消弧线圈型号标准含义如下:

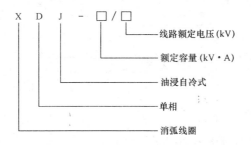

消弧线圈的作用是当电网发生单项接地故障后,提供电感电流,补偿接地电容电流,使接地电流减小,也使得故障相接地电弧两端的恢复电压速度降低,达到熄灭电弧的目的。

2. 清单项目设置

消弧线圈在"计算规范"中的项目编码是 030401007,其项目特征包括:名称,型号,容量(kV·A),电压(kV),油过滤要求,干燥要求,基础型钢形式、规格。工作内容包括:本体安装,基础型钢制作、安装,油过滤,干燥,补刷(喷)油漆。

3. 清单项目计量

消弧线圈安装工程计量单位为"台"。

4. 工程量计算规则

消弧线圈安装工程工程量按设计图示数量计算。

5. 工程量计算示例

【例 5-9】 某电力网需要安装 2 台型号为 XDJ-3800/60 和 1 台型号为 XDJ-2200/35 的消弧线圈,用于补偿电容器电流。试求其工程量。

【解】 消弧线圈安装工程量计算结果见表 5-10。

表 5-10　　　　　　　　工程量计算表

序号	项目编码	项目名称	项目特征描述	计量单位	工程量
1	030401007001	消弧线圈	消弧线圈 XDJ-3800/60	台	2
2	030401007002	消弧线圈	消弧线圈 XDJ-2200/35	台	1

第二节　配电装置安装工程计量与计价

一、断路器

1. 断路器的型号表示

断路器是电力系统保护和操作的重要电气装置,能承载、关合和开断运行线路的正常电流,也能在规定时间内承载、关合和开断规定的异常电流。

断路器的型号表示如下:

第五章 变配电工程计量与计价

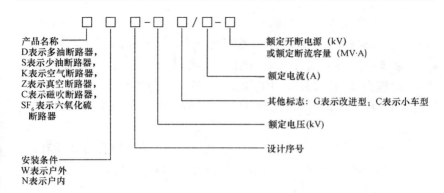

2. 清单项目设置

断路器在"计算规范"中的清单项目设置见表 5-11。

表 5-11　　　　　　　　断路器清单项目设置

项目编码	项目名称	项目特征	工作内容
030402001	油断路器	1. 名称 2. 型号 3. 容量(A) 4. 电压等级(kV) 5. 安装条件 6. 操作机构名称及型号 7. 基础型钢规格 8. 接线材质、规格 9. 安装部位 10. 油过滤要求	1. 本体安装、调试 2. 基础型钢制作、安装 3. 油过滤 4. 补刷(喷)油漆 5. 接地
030402002	真空断路器		
030402003	SF$_6$ 断路器		
030402004	空气断路器	1. 名称 2. 型号 3. 容量(A) 4. 电压等级(kV) 5. 安装条件 6. 操作机构名称及型号 8. 接线材质、规格 9. 安装部位	1. 本体安装、调试 2. 基础型钢制作、安装 3. 补刷(喷)油漆 4. 接地

(1)油断路器。油断路器是指用绝缘油作灭弧介质的一种断路器。按断路器油量不同可将油断路器分为多油断路器和少油断路器。

多油断路器的油有三个作用:一是作为灭弧介质;二是在断路器跳闸时作为动、静触头间的绝缘介质;三是作为带电导体对地(外壳)的绝缘介质。多油断路器历史最长,但体积大、维护麻烦,频繁通断负荷大。

少油断路器油量一般只有几千克,其作用是作为灭弧介质和动、静触头间的绝缘介质。少油断路器油量少,体积相应减小,所耗钢材等也少,价格便宜,维护方便。

(2)真空断路器。

真空断路器是利用稀薄空气(真空度为 10^{-4} mmHg 以下)的高绝缘强度来熄灭电弧,因其灭弧介质和灭弧后触头间隙的绝缘介质都是高真空而得名。

真空断路器主要包括三大部分:真空灭弧室、电磁或弹簧操纵机构、支架及其他部件。

真空断路器有以下特点:

1)结构轻巧。触头开距只有 10mm,操作灵活、轻巧,动作迅速,体积很小,质量也很轻。

2)燃弧时间短。触头因为处于真空中,故基本上不发生电弧,就算是极小的电弧一般只需半周波(0.01s)就能熄灭,故又叫作半周波断路器,其燃弧时间与电流大小无关。

3)触头的间隙介质恢复的速度很快。

4)寿命长。

5)维修耗时少,还能防火防爆。

(3)SF_6 断路器。SF_6 断路器采用 SF_6 作为灭弧介质,额定压力一般是 0.4~0.6MPa(表压),通常这时是指环境温度为 20℃时的压力值。温度不同时,SF_6 气体的压力也不同,充气或检查时,必须查对 SF_6 气体温度压力曲线,同时要比对产品说明书。

SF_6 断路器的特点是动作快、断流容量大、寿命长、无火灾和爆炸危险、可频繁通断、体积小。在全封闭的组合电器中,多采用该型号断路器。

(4)空气断路器。空气断路器是以压缩空气为介质的一种断路器,压缩空气压力可分为 1.5MPa、2.0MPa、2.5MPa 等,造价为油断路器的 1.5~2 倍,而且要有压缩空气设备。

空气断路器中压缩空气的作用:一是为使电弧冷却熄灭,进行强烈的吹弧;二是作为动、静触头间的绝缘介质;三是作为分、合闸操作时的动力。

空气断路器在电路中接通、分断和承载额定工作电流及短路、过载等故障电流,并能在线路和负载发生过载、短路、欠压等情况下,迅速分断电路,进行可靠的保护。空气断路器的动、静触头及触杆设计形式多样,但提高断路器的分断能力是主要目的。

3. 清单项目计量

断路器安装工程计量单位为"台"。

4. 工程量计算规则

断路器安装工程工程量按设计图示数量计算。

5. 工程量计算示例

【例 5-10】某高压电路需设置 2 台容量为 3500A 的真空断路器和 1 台容量为 4000A 的 SF_6 断路器,以便更好地控制电路中的空载电流和负荷电流,防止事故的发生。试求其工程量。

【解】断路器安装工程量计算结果见表 5-12。

表 5-12　　　　　　　　工程量计算表

序号	项目编码	项目名称	项目特征描述	计量单位	工程量
1	030402002001	真空断路器	真空断路器 3500A	台	2
2	030402003001	SF_6 断路器	SF_6 断路器 4000A	台	1

【例 5-11】某工程欲安装真空断路器 1 台,电流容量 1000A。试求其工程量。

【解】断路器安装工程量计算结果见表 5-13。

表 5-13 工程量计算表

序号	项目编码	项目名称	项目特征描述	计量单位	工程量
1	030402002001	真空断路器	真空断路器 1000A	台	1

二、真空接触器

1. 接触器的分类

接触器是一种用来频繁地远距离自动接通或断开交、直流主电路的控制电器。

接触器按驱动力的不同可分为电磁式接触器和液压式接触器,其中电磁式的应用最广泛;按主触点通过电流的种类可分为交流接触器和直流接触器;按其他冷却方式分为自然空气冷却接触器、油冷接触器和水冷接触器,其中自然空气冷却接触器应用最广泛;按其主触点的极数可分为单极接触器、双极接触器、三极接触器、四极接触器和无极接触器等多种。

2. 清单项目设置

真空接触器在"计算规范"中的项目编码是 030402005,其项目特征包括:名称,型号,容量,电压等级(kV),安装条件,操作机构名称及型号,接线材质、规格,安装部位。工作内容包括:本体安装、调试,补刷(喷)油漆,接地。

3. 清单项目计量

真空接触器安装工程计量单位为"台"。

4. 工程量计算规则

真空接触器安装工程工程量按设计图示数量计算。

5. 工程量计算示例

【例 5-12】某额定电压 1140V、额定电流 250A 的馈电网络,安装 1 台 CKJ5-250A 型低压真空交流接触器供远距离接通和分断电路,以及频繁启动和停止交流电动机之用。试求其工程量。

【解】真空接触器安装工程量计算结果见表 5-14。

表 5-14　　　　　　　　　工程量计算表

序号	项目编码	项目名称	项目特征描述	计量单位	工程量
1	030402005001	真空接触器	真空接触器 CKJ5-250A,1140V	台	1

三、开关

开关是指一个可以使电路开路、使电流中断或使其流到其他电路的电子元件。最常见的开关是让人操作的机电设备,其中有一个或数个电子节点。节点"闭合"表示电子节点导通,允许电流流过;接点"开路"表示电子节点不导通,不允许电流流过。

1. 清单项目设置

开关在"计算规范"中的清单项目设置见表 5-15。

表 5-15　　　　　　　　　开关清单项目设置

项目编码	项目名称	项目特征	工作内容
030402006	隔离开关	1. 名称 2. 型号 3. 容量(A) 4. 电压等级(kV) 5. 安装条件 6. 操作机构名称及型号 8. 接线材质、规格 9. 安装部位	1. 本体安装、调试 2. 补刷(喷)油漆 3. 接地
030402007	负荷开关		

(1)隔离开关。隔离开关是将电气设备与电源进行电气隔离或连接的设备。隔离开关分为户内型和户外型(60kV 及以上电压无户内型);按极数可分为单极、三极;按构造可分为双柱式、三柱式和 V 型等。隔离开关一般是开启式,特定条件下也可以订制封闭式隔离开关。隔离开关有带接地刀闸和不带接地刀闸两种;按绝缘情况又可分为普通型与加强绝缘性两类。

额定电流不够大的隔离开关使用手动操动机构。额定电流超过8000A,或电压在220kV以上者,应考虑使用电动操动机构或液压、气压操动机构。

隔离开关设有灭弧装置,因而不能接通和切断负荷电流,其主要用途见表5-16。

表 5-16　　　　　　　　　　　　　隔离开关的用途

序号	用途	内容
1	隔离高压电源	用隔离开关把检修的电器设备与带电部分安全地断开,使其有一个明显的断开点,确保检修、试验工作人员的安全
2	倒闸操作	在双母线接线的配电装置中,可利用隔离开关将设备或供电线路从一组母线切换到另一组母线
3	接通或断开较小电流	如激磁电流不超过2A的空载变压器、电容电流不超过5A的空载线路及电压互感器和避雷器等回路

(2)负荷开关。负荷开关是一种介于隔离开关与断路器之间的电气设备,负荷开关比普通开关多了一套灭弧装置和快速分断机构。负荷开关分为高压负荷开关与低压负荷开关。

1)高压负荷开关。高压负荷开关常用于高压配电装置中,多用于10kV及以下的额定电压等级,是专门用于接通和断开负荷电流的电气设备。在装有脱扣器时,在过负荷情况下也能自动跳闸。但高压负荷开关不能切断短路电流。因为它仅具有简单的灭弧装置,一般与高压熔断器(一般为RN型)串联,来借助熔断器切除短路电流。

高压负荷开关可分为户内型和户外型。

①FN型户内高压负荷开关。目前,主要有FN2、FN3、FN4型等。其中,FN2型和FN3型负荷开关有较好的灭弧功能,FN4型负荷开关是近几年研制出性能较好的产品,是真空式负荷开关。

②FW型户外产气式负荷开关。该类型负荷开关的消弧管由固体材料制成。应注意的是该类型负荷开关无熔断器,在短路时不能起到保护作用。该类型负荷开关可安装在电杆上,用绝缘棒或绳索操

作,主要用于 10kV 配电线路中。

在对高压负荷开关进行选择时,首先,要注意使用的环境条件和选用负荷开关的额定值。另外,为了在使用时保证安全,还要对选用的负荷开关进行动、热稳定和断流容量的校验,以检验其是否符合要求。

2)低压负荷开关。低压负荷开关能有效地合、断负荷电流,且能进行短路保护,造价低廉,使用方便,广泛适用于负荷不大的低压配电系统中。

低压负荷开关有开启式和封闭式两类,由带灭弧罩的刀开关和熔断路构成,其中,封闭式的负荷开关外装封闭的金属外壳。

负荷开关的主要技术参数见表 5-17。

表 5-17 负荷开关的主要技术参数

型号	产品名称	额定电压/kV	额定电流/A	参考质量/kg	
				油质量	总质量
FW1-10	户外高压柱上负荷开关	10	400		80
FW2-10G	户外高压柱上负荷开关	10	100、200、400	40	164
FW4-10	户外高压柱上负荷开关	10	200、400	60	174
FN1-10	户内高压负荷开关	10	200	—	80
FN2-10	户内高压压气式负荷开关	10	400	—	44
FN2-10R	户内高压压气式负荷开关	10	400	—	—
FN3-10	户内高压压气式负荷开关	10	400	—	—
FN3-10R	户内高压压气式负荷开关	10	400	—	—

2. 清单项目计量

开关安装工程计量单位为"组"。

3. 工程量计算规则

开关安装工程工程量按设计图示数量计算。

4. 工程量计算示例

【例 5-13】如图 5-2 所示,在墙上安装 1 组 10kV 户外交流高压负荷开关,其型号为 FW1-10,试计算其工程量。

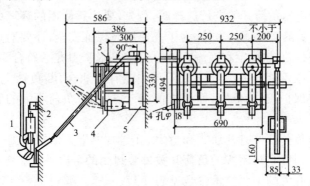

图 5-2 在墙上安装 10kV 负荷开关图
1—操动机构;2—辅助开关;3—连杆;4—接线板;5—负荷开关

【解】负荷开关工程量计算结果见表 5-19。

表 5-18 　　　　　　　　工程量计算表

序号	项目编码	项目名称	项目特征描述	计量单位	工程量
1	030402007001	负荷开关	FW1-10 型户外交流高压负荷开关	组	1

四、互感器

1. 互感器简介

互感器是一种特种变压器,其功能是将高电压或大电流按比例变换成标准低电压(100V)或标准小电流(5A 或 10A,均值额定值),以便实现测量仪表、保护设备及自动控制设备的标准化、小型化。互感器还可用来隔开高电压系统,以保证人身和设备的安全。

互感器是一次系统和二次系统间的联络元件,应用电磁感应原理,起隔离高压电路或扩大测量范围的作用。

互感器按用途不同可分为电压互感器和电流互感器两类。

(1)电压互感器。电压互感器是电能变换元件,将高电压变换成低电压(一般为 100V),供计量检测仪表和继电保护装置使用。

电压互感器型号表示方法如下：

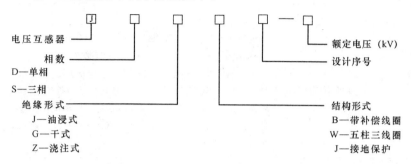

电压互感器的特点包括：容量很小，类似一台小容量变压器，但结构上要求有较高的安全系数；二次侧所接测量仪表和继电器的电压线圈阻抗很大，互感器在近似于空载状态下运行。

电压互感器的一次、二次绕组额定电压之比称为电压互感器的额定电压比 K_U。$K_U = U_{N1}/U_{N2}$，其中 U_{N1} 为电网额定电压，U_{N2} 已统一为 100V（或 $100/\sqrt{3}$ V）。

电压互感器分类见表 5-19。

表 5-19　　　　　　　　电压互感器分类

序号	划分标准	说　明
1	按用途划分	电压互感器按用途可分为测量用电压互感器（在正常电压范围内，向测量、计量装置提供电网电压信息）和保护用电压互感器（在电网故障状态下，向继电保护等装置提供电网故障电压信息）
2	按绝缘介质划分	电压互感器按绝缘介质可分为干式电压互感器（由普通绝缘材料浸渍绝缘漆作为绝缘）、浇注绝缘电压互感器（由环氧树脂或其他树脂混合材料浇注成型）、油浸式电压互感器（由绝缘纸和绝缘油作为绝缘，是我国最常见的结构形式）和气体绝缘电压互感器（由气体做主绝缘，多用在较高电压等级）

续表

序号	划分标准	说　明
3	按电压变换原理划分	电压互感器按电压变换原理可分为电磁式电压互感器（根据电磁感应原理变换电压，原理与基本结构和变压器完全相似）、电容式电压互感器（由电容分压器、补偿电抗器、中间变压器、阻尼器及载波装置防护间隙等组成，用在中性点接地系统里作电压测量、功率测量、继电防护及载波通信用）和光电式电压互感器（通过光电变换原理以实现电压变换）
4	按使用条件划分	电压互感器按使用条件可分为户内型电压互感器（安装在室内配电装置中）和户外型其他电压互感器（安装在户外配电装置中）

(2)电流互感器。电流互感器是一种电能变换元件，将大电流变换成小电流（一般为5A），供计量检测仪表和继电保护装置使用。

电流互感器的型号表示方法如下：

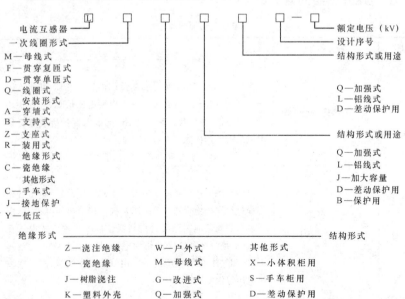

电流互感器的特点包括：一次绕组串联在电路中，并且匝数很少，故一次绕组中的电流完全取决于被测电路的负荷电流，而与二次电流大小无关；电流互感器的二次绕组所接仪表的电流线圈阻抗很小，正常情况下，电流互感器在近似于短路状态下运行。

电流互感器分类见表 5-20。

表 5-20　　　　　　　　　电流互感器分类

序号	分类标准	说　明
1	按用途划分	电流互感器按用途可分为测量用电流互感器（在正常工作电流范围内，向测量、计量等装置提供电网的电流信息）和保护用电流互感器（在电网故障状态下，向继电保护等装置提供电网故障电流信息）
2	按绝缘介质划分	电流互感器按绝缘介质可分为干式电流互感器、浇注式电流互感器、油浸式电流互感器和气体绝缘电流互感器
3	按电流变换原理划分	电流互感器按电流变换原理可分为电磁式电流互感器和光电式电流互感器
4	按安装方式划分	电流互感器按安装方式可分为贯穿式电流互感器（用来穿过屏板或墙壁的电流互感器）、支柱式电流互感器（安装在平面或支柱上，兼做一次电路导体支柱用的电流互感器）、套管式电流互感器（没有一次导体和一次绝缘，直接套装在绝缘的套管上的一种电流互感器）和母线式电流互感器（没有一次导体但有一次绝缘，直接套装在母线上使用的一种电流互感器）

2. 清单项目设置

互感器在"计算规范"中的项目编码是 030402008，其项目特征包括：名称，型号，规格，类型，油过滤要求。工作内容包括：本体安装、调试，干燥，油过滤，接地。

3. 清单项目计量

互感器安装工程计量单位为"台"。

4. 工程量计算规则

互感器安装工程工程量按设计图示数量计算。

五、高压熔断器

1. 熔断器简介

熔断器是最简单的保护电器,主要由熔体和安装熔体用的绝缘体组成。它串联在电路中,利用热熔断原理在低压电网中起短路保护的作用,有时也用于过载保护。

熔断器的保护作用靠熔体来完成,一定截面的熔体只能承受一定值的电流。当通过的电流超过规定值时,熔体将熔断,起到保护电路,防止故障扩大的作用。

熔断器熔断时间和通过的电流大小有关。通常是电流越大,熔断时间越短。

熔断器的主要技术参数见表5-21。

表 5-21　　　　　　　　　熔断器的主要技术参数

序号	主要技术参数	说　明
1	额定电压	熔断器的额定电压是指熔断器长期工作时和分断后能够承受的电压。它取决于线路的额定电压,其值一般等于或大于电气设备的额定电压
2	额定电流	熔断器的额定电流是指熔断器长期工作时,各部件温升不超过规定值时所能承受的电流。熔断器的额定电流等级比较少,而熔体的额定电流等级比较多,即在一个额定电流等级的熔断管内可以分装不同额定电流等级的熔体
3	极限分断能力	极限分断能力是指熔断器在规定的额定电压和功率因数(或时间常数)的条件下,能分断的最大短路电流值。在电路中出现的最大电流值一般指短路电流值。因此,极限分断能力也反映了熔断器分断短路电流的能力
4	安秒特性	安秒特性也称保护特性,它表示通过熔体的电流大小与熔断时间关系

高压熔断器由熔体、支持金属体的触头和保护外壳三个部分组成。广泛用于高压配电装置中,串接在电路中。用作保护线路、变压器及电压互感器等设备。

高压熔断器按使用场所分户内型熔断器和户外型熔断器。其中,户内型的熔断器制成固定式,如 RN 系列户内高压熔断器;而户外型都制成跌落式,如 RW 系列户外高压跌落式熔断器。按动作性能可分为固定式熔断器和自动跌落式熔断器;按工作特性可分为有限流作用的熔断器和无限流作用的熔断器;按结构可分为开启式熔断器、半封闭式熔断器和封闭式熔断器。

无论何种高压熔断器,其管内的熔丝熔化时间应符合表 5-22 的规定。

表 5-22　　　　　高压熔断器管内熔丝熔化时间

序号	通过熔体的电流	熔丝熔化时间
1	通过熔体的电流为额定电流的 130%时	大于 1h
2	通过熔体的电流为额定电流的 200%时	1min 以内
3	通过熔体的电流为 0.6~1.8A 时	不超过 1min

2. 清单项目设置

高压熔断器在"计算规范"中的项目编码是 030402009,其项目特征包括:名称,型号,规格,安装部位。工作内容包括:本体安装、调试,接地。

3. 清单项目计量

高压熔断器安装工程计量单位为"组"。

4. 工程量计算规则

高压熔断器安装工程工程量按设计图示数量计算。

5. 工程量计算示例

【例 5-14】如图 5-3 所示,某线路安装高压熔断器 2 组,其型号为 RW3-10G,试计算其工程量。

【解】高压熔断器工程量计算结果见表 5-23。

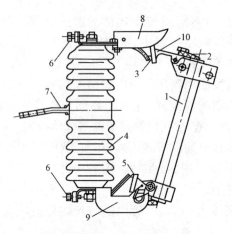

图 5-3 RW3-10G 型跌落式熔断器

1—熔管；2—熔丝元件；3—上部固定触头；4—绝缘瓷件
5—下部固定触头；6—端部压线螺栓；7—紧固板
8—锁紧机构；9—熔体管转轴支架；10—活动触头

表 5-23　　　　　工程量计算表

序号	项目编码	项目名称	项目特征描述	计量单位	工程量
1	030402009001	高压熔断器	高压熔断器 RW3-10G	组	2

六、避雷器

1. 避雷器简介

避雷器是能释放雷电或兼能释放电力系统操作过电压能量，保护电工设备免受瞬时过电危害，又能截断续流，不致引起电力系统接地短路的电器装置。

避雷器，通常接于带电导线与地之间，且与其被保护的对象并联。其工作原理是：当过电压值达到规定的动作电压时，避雷器立即动作，流过电荷，限制过电压幅值，保护设备绝缘；电压值正常后，避雷器又迅速恢复原状，以保证系统正常供电。

避雷器的类型主要包括阀型避雷器、管型避雷器、压敏电阻避雷器和角式避雷器。

(1)阀型避雷器。阀型避雷器的基本元件有火花间隙和非线性电阻片(叫阀片),其上端接于线路,下端接地,装在密封的磁套管内。

(2)管型避雷器。管型避雷器又称为排气式避雷器,是一个具有灭弧能力的保护间隙。它由产气管、内部间隙和外部间隙三部分组成。

(3)压敏电阻避雷器。压敏电阻避雷器是由氧化锌、氧化铋等金属氧化物烧结而成的多晶半导体陶瓷非线性元件。主要用于低压电气设备的过电压保护,但只能用于室内,不能用于室外。

(4)角式避雷器。角式避雷器主要由镀锌圆钢制成的主间隙和辅助间隙组成。

避雷器的额定电压由安装避雷器的系统电压等级决定。避雷器灭弧电压是在保护灭弧(切断工频续流)的条件下,容许加在避雷器上的最高高频电压。避雷器通流容量主要取决于阀片的通流容量。与避雷器通过的电流相应有冲击和工频两种,阀型避雷器阀片的通流能力大致为:波形为 $20/40\mu s$、幅值为 $5kA$ 的冲击电流和幅值为 $100A$ 的工频半波电流各 20 次。

2. 清单项目设置

避雷器在"计算规范"中的项目编码是 030402010,其项目特征包括:名称,型号,规格,电压等级,安装部位。工作内容包括:**本体安装**,接地。

3. 清单项目计量

避雷器安装工程计量单位为"组"。

4. 工程量计算规则

避雷器安装工程量按设计图示数量计算。

5. 工程量计算示例

【例 5-15】 如图 5-4 和图 5-5 所示分别为建筑物防雷电工程平面图和立面图,图上设施附说明。试计算其工程量。

施工说明:

(1)避雷带、引下线均采用-25×4 扁钢,镀锌或做防雷处理。

(2)引下线在地面上 1.7m 至地面下 0.3m 一段,用 $\phi50$ 硬塑料管保护。

(3) 本工程采用-25×4扁钢做水平接地体,围建筑物一周埋设,其接地电阻不大于10Ω。施工后达不到要求时,可增设接地极。

(4) 施工采用国家标准图集D562、D563,并应与土建工程密切结合。

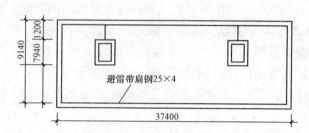

图 5-4 建筑物防雷电系统平面图

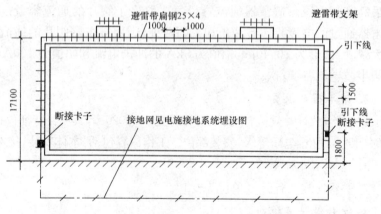

图 5-5 建筑物防雷电系统立面图

【解】 避雷器工程量计算结果见表5-24。

表 5-24　　　　　　　　　工程量计算表

序号	项目编码	项目名称	项目特征描述	计量单位	工程量
1	030402010001	避雷器	避雷器 采用-25×4扁钢	组	1

七、电抗器

电抗器是指用于交流电路中阻碍电流变化的电器设备,主要包括通常所说的电阻器、电容器和电感器。

按其结构材料也可分为混凝土电抗器、铁芯干式电抗器和空心电抗器等类型;按是否油浸分为干式电抗器和油浸电抗器。

1. 清单项目设置

电抗器在"计算规范"中的清单项目设置见表 5-25。

表 5-25　　　　　　　　电抗器清单项目设置

项目编码	项目名称	项目特征	工作内容
030402011	干式电抗器	1. 名称 2. 型号 3. 规格 4. 质量 5. 安装部位 6. 干燥要求	1. 本体安装 2. 干燥
030402012	油浸电抗器	1. 名称 2. 型号 3. 规格 4. 容量(kV·A) 5. 油过滤要求 6. 干燥要求	1. 本体安装 2. 油过滤 3. 干燥
030402013	移相及串联电容器	1. 名称 2. 型号 3. 规格 4. 质量 5. 安装部位	1. 本体安装 2. 接地
030402014	集合式并联电容器		
030402015	并联补偿电容器组架	1. 名称 2. 型号 3. 规格 4. 结构形式	

(1) 干式电抗器。干式电抗器是指不浸于绝缘液体中的电抗器，由外壳和芯子组成。外壳用薄钢板密封焊接而成，外壳盖上装有出线瓷套，在两侧壁上焊有供安装的吊耳，一侧吊耳上装有接地螺栓。

(2) 油浸电抗器。油浸电抗器主要由铁芯、绕组及其绝缘、油箱、套管、冷却装置和保护装置等组成。常用于降低电力网络工频电压和操作电压。

BKDJ 型并联电抗器型号表示方法如下：

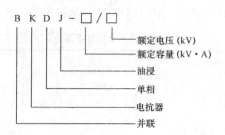

常用并联电抗器型号与技术参数见表 5-26。

表 5-26 常用并联电抗器

型　　号	额定容量/(kV·A)	额定电压/kV			质量/t	
		高压	中压	低压	油重	总重
BKDJ-50000/500	50000	—			17.5	56.5
BKDFP-40000/500	40000	$550\sqrt{3}$	—		40.0	135.0
BKDFP-20000/330	20000	$363\sqrt{3}$	—		19.9	67.23
BKSJ-30000/15	30000	15			9.39	35.1

(3) 移相及串联电容器。移相及串联电容器是电子设备的基本元件。它由两个金属电极中间夹一层绝缘（又称电介质）构成，具有充放电特性。当在两个金属电极上施加电压时，电极上就会贮存电荷，所以它是一种储能元件。

串联电抗器型号表示方法如下：

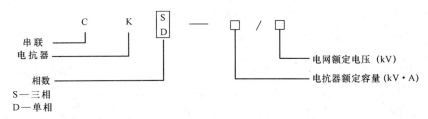

电容的特性是对交流电的阻力小,对直流电的阻力大。因此,电容器具有阻止直流电流通过,而允许交流电通过(有一定的阻抗)的特性。电容器常用于隔离直流电流、滤波或耦合交流信号、信号调谐等电路中。

电容器的种类很多,按其结构、介质材料可分为固定式电容、可变式电容器和半可变式电容器。其中,固定式电容器包括有机介质[可分为纸介(普通纸介、金属化纸介)和有机薄膜(涤纶、聚碳酸酯、聚苯乙烯、聚四氟乙烯、聚丙烯、漆膜等)]、无机介质[可分为云母、瓷介(瓷片、瓷管)和玻璃(玻璃膜、玻璃釉)等]及电解(可分为铝电解、钽电解和铌电解等);可变式电容器包括空气、云母、薄膜式电容器;半可变式电容器包括瓷介、云母电容器。

(4)并联电容器。并联电容器是指并联连接于工频交流电力系统中,补偿感性负荷无功率,提高功率因数,改善电压质量,降低线路损耗的一种电容器。

并联电容器型号表示方法如下:

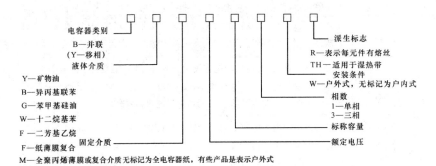

常用并联电容器的型号与技术参数见表 5-27。

表 5-27　　　　　　　常用并联电容器的型号与技术参数

型号	额定电压/kV	额定容量/kvar	额外电容/μF	相数
BW0.23 BKMJ0.23 BCMJ0.23	0.23	2,3.2,5,10,15,20	40, 64, 100, 200, 300,400	1,3
BW0.4 BKCMJ0.4 BCMJ0.4	0.4	3,4,5,6,8,10,15, 20,25,30,40,50, 60,80,100,120	60,80,100,120,160, 200, 300, 400, 500, 600, 800, 1000, 1200, 1600,2000,2400	3
BW3.15	3.15	12, 15, 18, 20, 25, 30, 40, 50, 60, 80, 100,200	3.86,5.1,5.78,6.42, 8, 9.6, 12.8, 16, 19, 25.6,32.1,64.2	—

(5)并联补偿电容器组架。并联补偿电容器是指供电部门对用户功率因数的要求，单单依靠提高自然功率因数的办法通常不能满足要求，必须要用人工补偿装置才行，为提高功率因数而设置并联补偿电容器装置。

电力电容器的补偿方式见表 5-28。

表 5-28　　　　　　　电力电容器补偿方式

序号	项目	内容
1	个别补偿	将电力电容器装设在需要补偿的电气设备附近，使用中与电气设备同时运行和退出，个别补偿处于供电的末端负荷处，它可补偿安装地点前所有高、低压输电线路及变压器的无功功率，能最大限度地减少系统的无功输送量，使得整个线路和变压器的有功损耗减少及导线的截面、变压器的容量、开关设备等的规格尺寸降低，它有最好的补偿效果。个别补偿器适用于长期平稳运行的、无功需求量大的设备装置
2	分组补偿	对用电设备成组，每组采用电容器进行补偿，其利用率比个别补偿大，所以电容器总容量也比个别补偿小，投资比个别补偿少。但其对从补偿点到用电设备这段配电线路上的无功是不能进行补偿的
3	集中补偿	集中补偿的电力电容值通常设置在变配电所的高、低压母线上。将集中补偿的电力电容器设置在用户总降压变电所的高压母线上，这种方式投资少，便于集中管理；同时能补偿用户高压侧的无功能量以满足供电部门对用户功率因数的要求。但其对母线后的内部线路没有补偿

2. 清单项目计量

电抗器安装工程计量单位见表 5-29。

表 5-29　　　　　　　　电抗器安装工程计量单位

序号	项目名称	计量单位
1	干式电抗器	组
2	油浸电抗器	台
3	移相及串联电容器	个
4	集合式并联电容器	个
5	并联补偿电容器组架	台

3. 工程量计算规则

电抗器安装工程量按设计图示数量计算。

4. 工程量计算示例

【例 5-16】某电网中,采用 3 个 BW0.23 集合式并联电抗器来调整运行电压,试计算其工程量。

【解】集合式并联电抗器工程量计算结果见表 5-30。

表 5-30　　　　　　　　工程量计算表

序号	项目编码	项目名称	项目特征描述	计量单位	工程量
1	030402014001	集合式并联电抗器	集合式并联电抗器 BW0.23	个	3

八、交流滤波装置组架

在电缆电视系统的前端设备中,如天线放大器、混合器、频道转换器、调制器等器件的电路中使用了不同的滤波装置,滤波器就是一个重要的滤波装置。

1. 交流滤波装置型号表示

交流滤波装置分为户内式和户外式。交流滤波装置主要由交流

滤波电容器、滤波电抗器、滤波电阻器、保护装置以及组架组成。交流滤波装置型号表示方法如下:

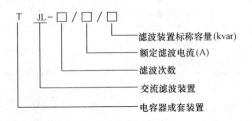

2. 清单项目设置

交流滤波装置组架在"计算规范"中的项目编码是030402016,其项目特征包括:名称,型号,规格。工作内容包括:本体安装,接地。

3. 清单项目计量

交流滤波装置组架安装工程计量单位为"台"。

4. 工程量计算规则

交流滤波装置组架安装工程量按设计图示数量计算。

九、高压成套配电柜

1. 高压成套配电柜简介

成套配电柜分为高压和低压两种。高压成套配电柜是指按电气主要接线的要求,按一定顺序将电气设备成套布置在一个或多个金属柜内的配电装置。高压配电柜(俗称高压开关柜)主要用于工矿企业变配电站作为接受和分配电能之用。低压配电柜(习惯称低压配电屏)用于发电厂、变电站和企事业单位,频率为50Hz、额定电压380V及以下的低压配电系统,作为动力、照明配电之用。

高压开关柜主要分为固定式和手车式两种。从结构上可分为开启式、封闭式、半封闭式;从操作方式可分为电磁操作机构、弹簧操作机构和手动操作机构;从使用环境可分为户内、户外型两种。部分高压开关柜的型号及规格见表5-31。

表 5-31 部分高压开关柜的型号及规格

技术数据 开关柜型号	类别	形式	电压 等级 /kV	外形尺寸 (长×宽×高) /(mm×mm×mm)	额定电流 /A	主开关 型号	操动机 构型号	电流互感 器型号	电压互感 器型号	高压熔断 器型号	避雷器 型号	接地开 关型号
JYN₁-35			35	1818×2400×2925	1000	SN10-35	CD10 CT8	LCZ-35	JDJ2-35 JDZJ2-35	RN2-35 RW10-35	FZ-35 FYZ1-35	JN-101
JYN₆-10		单母 线移 开式		840×1500× 2200×1000	630,2500	SN10-10 Ⅰ Ⅱ Ⅲ	CD10 CT8	LZZB6-10 LZZQB6-10	JDZ6-10 JDZJ6-10	RM2-10		
KYN-10					630,2500	SN10-10 Ⅰ Ⅱ Ⅲ	CD10 CT8	LDJ-10				
KGN-10		单母 线固 定式	10	800×1650×2200 1500 1800	630,1000	SN10-10 Ⅰ Ⅱ Ⅲ	CD10 CT8	LA-10 LAJ-10	JDZ-10 JDZJ-10	RN2-10	FCD3	HJ-10
GFC-15(F)				1180×1600×2800	630,1000	SN10-10 Ⅰ Ⅱ Ⅲ ZN3-10	CD10 CT8	LZXZ-10 LMZD-10	JDE-10 JDEJ-10			
GFC-7B(F)		单母 线车 式		800×1500×2200 2100 840×1500×2200	630,1000	SN10-10 Ⅰ Ⅱ Ⅲ NZ3-10 NZ5-10	CD10 CT8	LZJC-10 LJ1-10				JN-10
GFC-10A				800×1250×2000	1000	SN10-10 Ⅰ,Ⅱ	CD10 CT8	LCJ-10		RN1-10 RN2-10	FS FZ FCD3	
GFC-10B				800× 1000×1500×2200	630,2500	SN10-10 Ⅰ Ⅱ Ⅲ	CD10 Ⅱ Ⅲ	LZX-10 LQZQ-10		RN1-10 RN2-10		
GFC-18G'		单母 线车 式		1000×1500×2200			CD10 Ⅱ Ⅲ C Ⅲ C	LZB6-10 LZX-10				
GC₂-10(F)				840 1000×1500×2185 1200	630,2500	SN10-1, Ⅰ,Ⅱ ZN,Ⅰ,Ⅱ,Ⅲ-10 LNI-10	CD10 Ⅰ Ⅱ Ⅲ CT8-1	LZB6-10 LZX-10	JDZ-10 JDZJ-10	RN2-10 RN3-10	FS FZ FCD3	JN10 (G)
GC1A-10(F)		单母 线固 定式	10	120× 1200 ×2800 1800	600,300	SN10-10 FN3-10	CD10 CT8 CS3,CS7 电动弹 簧储能	LMC-10 LDZ-10 L.O-10 LA-10				
VC-10				800×1540×2300	630,1250	VK-10J/ KM25	KHB弹 簧储能	LZJ-10	VKV			
BA/BP-10				800×1120× 1800(1000)	630,2500	HB- 六氟化硫		AKS AKV		RN2-10 RN3-10	FS FZ FCD3	

2. 清单项目设置

高压成套配电柜在"计算规范"中的项目编码是 030402017,其项目特征包括:名称,型号,规格,母线配置方式,种类,基础型钢形式、规格;工作内容包括:本体安装,基础型钢制作、安装,补刷(喷)油漆,接地。

3. 清单项目计量

高压成套配电柜安装工程计量单位是"台"。

4. 工程量计算规则

高压成套配电柜安装工程量按设计图示数量计算。

5. 工程量计算示例

【例 5-17】如图 5-6 所示,安装高压成套配电柜 2 台,型号为 GFC-15(F),额定电压为 3~10kV,试计算其工程量。

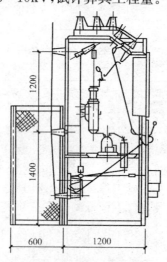

图 5-6 高压配电柜示意图

【解】高压成套配电柜工程量计算结果见表 5-32。

表 5-32　　　　　工程量计算表

序号	项目编码	项目名称	项目特征描述	计量单位	工程量
1	030402017001	高压成套配电柜	高压成套配电柜,GFC-15(F),额定电压 3~10kV	台	2

十、组合型成套箱式变电站

1. 组合型成套箱式变电站简介

变电站即变电所,是指将引入电源经过电力变压器变换成另一级电压后,再由配电线路送至各变电所或供给各用户符合的电能供配场所。

组合型成套箱式变电站是一种新型设备,它的特点是可以使变配系统一体化,而且体积小、安装方便,维修也方便,经济效益比较高。

组合型箱式变电站由高压配电装置、电力变压器和低压配电装置三部分组成。其特点是结构紧凑,移动方便,常用高压电压为 6～35kV,低压 0.23～0.4kV。

组合型箱式变电站型号表示方法如下:

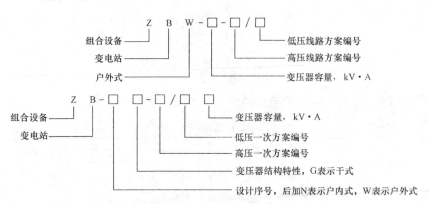

组合型箱式变电站按主开关容量和结构可划分为 150kV·A 以下袖珍式成套配电所、300kV·A 以下组合形式和 500kV·A 以下组合形式,由多种高压配电屏组成的中型变电所。

2. 清单项目设置

组合型成套箱式变电站在"计算规范"中的项目编码是 030402018,其项目特征包括:名称,型号,容量(kV·A),电压(kV),组合形式,基础规格、浇筑材质。工作内容包括:本体安装,基础浇筑,进箱母线安装,补刷(喷)油漆,接地。

3. 清单项目计量

组合型成套箱式变电站安装工程计量单位为"台"。

4. 工程量计算规则

组合型成套箱式变电站安装工程量按设计图示数量计算。

5. 工程量计算示例

【例 5-18】 图 5-7 所示为组合型箱式变电站安装示意图,层高为 3m,配电箱安装高度为 1.5m,试求其工程量。

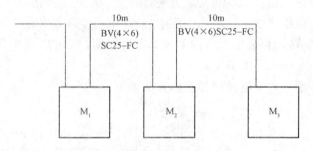

图 5-7 组合型箱式变电站安装示意图

【解】 组合型箱式变电站安装工程量计算结果见表 5-33。

表 5-33　　　　　工程量计算表

序号	项目编码	项目名称	项目特征描述	计量单位	工程量
1	030402018001	组合型成套箱式变电站	组合型箱式变电站安装	台	3

第三节　母线安装工程计量与计价

母线是指高电导率的铜、铝质材料制成的,用于传输电能,具有汇集和分配电力的产品,是电路中的主干线,在供电过程中,一般把电源送来的电流汇集到母线上,然后按需要从母线送到分支电路上。

母线可分为硬母线和软母线两种,硬母线又称汇流排,软母线包括组合软母线。

一、软母线

1. 软母线的分类

软母线是母线的一种,即软型母线。母线按材质可分为铝母线、铜母线和钢母线等;按形状可分为带形、槽形、管形和组合软母线等;按安装方式,带形母线有每相1片、2片、3片和4片,组合软母线有2根、3根、10根、14根、18根和36根等。

2. 清单项目设置

软母线在"计算规范"中的清单项目设置见表5-34。

表5-34　　　　　　　　软母线清单项目设置

项目编码	项目名称	项目特征	工作内容
030403001	软母线	1. 名称 2. 材质 3. 型号 4. 规格 5. 绝缘子类型、规格	1. 母线安装 2. 绝缘子耐压试验 3. 跳线安装 4. 绝缘子安装
030403002	组合软母线		
030403003	带形母线	1. 名称 2. 型号 3. 规格 4. 材质 5. 绝缘子类型、规格 6. 穿墙套管材质、规格 7. 穿通板材质、规格 8. 母线桥材质、规格 9. 引下线材质、规格 10. 伸缩节、过滤板材质、规格 11. 分相漆品种	1. 母线安装 2. 穿通板制作、安装 3. 支持绝缘子、穿墙套管的耐压试验、安装 4. 引下线安装 5. 伸缩节安装 6. 过渡板安装 7. 刷分相漆

续表

项目编码	项目名称	项目特征	工作内容
030403004	槽形母线	1. 名称 2. 型号 3. 规格 4. 材质 5. 连接设备名称、规格 6. 分相漆品种	1. 母线制作、安装 2. 与发电机、变压器连接 3. 与断路器、隔离开关连接 4. 刷分相漆

(1)软母线分 35~220kV、330~500kV 两种。其数量单位为"跨/三相",是指每跨三相,起跨距为 60m。

主要用于配电系统中的铜母线、铝母线、钢母线的型号及技术参数见表 5-35~表 5-39。

表 5-35　　　　　　　铜母线型号及其名称

型　号	状　态	名　称
TMR	O—退火的	软铜母线
TMY	H—硬的	硬铜母线

表 5-36　　　　常用铜母线规格型号及技术参数

规格型号	质量/(kg/m)	规格型号	质量/(kg/m)	规格型号	质量/(kg/m)
TMY-30×4	1.07	TMY-50×5	2.22	TMY-100×8	7.10
TMY-30×5	1.33	TMY-50×6	2.66	TMY-100×100	8.88
TMY-30×6	1.59	TMY-60×6	3.19	TMY-120×8	8.53
TMY-40×4	1.42	TMY-60×8	4.26	TMY-120×10	10.66
TMY-40×5	1.78	TMY-80×8	5.68		
TMY-40×6	2.13	TMY-80×10	7.10		

表 5-37　　　　　　　　铝母线主要型号及其名称

型号	状态	名称
LMR	O—退火的	软铝母线
LMY	H—硬的	硬铝母线

表 5-38　　　　　　　常用铝母线规格型号及技术参数

规格型号	质量/(kg/m)	规格型号	质量/(kg/m)	规格型号	质量/(kg/m)
LMY-20×3	0.16	LMY-50×5	0.68	LMY-80×10	2.16
LMY-20×4	0.22	LMY-50×6	0.81	LMY-100×6	1.62
LMY-30×3	0.24	LMY-60×5	0.81	LMY-100×8	2.16
LMY-30×4	0.32	LMY-60×6	0.97	LMY-100×10	2.7
LMY-40×4	0.43	LMY-80×6	1.3	LMY-120×8	2.59
LMY-40×5	0.54	LMY-80×8	1.73	LMY-120×10	3.24

表 5-39　　　　　　　常用钢母线规格型号及参数

规格型号	质量/(kg/m)	规格型号	质量/(kg/m)	规格型号	质量/(kg/m)
CT-6×70	3.3	CT-6×100	4.71	CT-8×80	5.02
CT-6×80	3.77	CT-8×60	3.77	CT-8×90	5.65
CT-6×90	4.24	CT-8×70	4.4	CT-8×100	6.28
CT-10×70	5.5	CT-4×40	1.26	CT-12×80	7.54
CT-10×80	6.28	CT-4×50	1.57	CT-12×90	8.48
CT-10×90	7.07	CT-5×40	1.57	CT-12×100	9.42
CT-10×100	7.85	CT-5×50	1.96	CT-12×120	11.3
CT-10×120	9.42	CT-5×60	2.36	CT-12×150	14.13
CT-3×20	0.47	CT-5×70	2.75	CT-14×90	9.89

续表

规格型号	质量/(kg/m)	规格型号	质量/(kg/m)	规格型号	质量/(kg/m)
CT-3×25	0.59	CT-6×50	2.36	CT-14×100	10.99
CT-3×30	0.71	CT-6×55	2.59	CT-16×90	11.3
CT-4×30	0.94	CT-6×60	2.83	CT-16×100	12.56
CT-4×35	1.1	CT-10×140	10.99	CT-16×150	18.84

(2)组合软母线。软母线的一种,将软母线组合安装在一起,其作用是将发电机和变压器生成的电能集中,然后分配给用户。

组合软母线采用的材料为铜、铝、钢或其他金属。铜的导电性能仅次于银,在20℃时的电阻率为 $0.017\Omega \cdot (mm^2/m)$,机械强度高,对大气、化学腐蚀有一定抵抗能力,是良好的导电材料。

(3)带形母线。在大型车间中,作为配电干线;在电镀车间,作为低压载流母线的一种。有铝质带形母线和钢质带形母线两种。铝质带形母线具有较好的抵抗大气腐蚀的性能,价格适中,使用比较广泛;钢质带形母线不宜做零母线和接地母线。

(4)槽形母线。也成汇流排,是电路的主干路,是电路中的一个电气节点。输送大电流时常采用母线槽的形式,如常用的FCM-A型密集型插接式母线槽和CZL3系列插接式母线槽。

1)FCM-A型密集型插接式母线槽的特点,是不仅输送电流大而且安全可靠,体积小、安装灵活,施工中与其他土建工程互不干扰,安装条件适应性强,效益好,绝缘电阻一般不小于10MΩ。

2)CZL3系列插接式母线槽的额定电流为250~2500A,电压为380V,额定绝缘电压为500V。按电流等级分为250A、400A、800A、1000A、1600A、2000A、2500A等三相供电系统。

3. 清单项目计量

软母线安装工程计量单位为"m"。

4. 工程量计算规则

软母线、组合软母线、带形母线、槽形母线安装工程量按设计图示尺寸以单相长度计算(含预留长度)。

软母线预留安装预留长度见表5-40。

表5-41　　　　　　　软母线安装预留长度　　　　　　　m/根

项目	耐张	跳线	引下线、设备连接线
预留长度	2.5	0.8	0.6

5. 工程量计算示例

【例5-19】某工程组合软母线为3根,跨度为65m,试计算组合软母线工程量。

【解】组合软母线工程量计算结果见表5-41。

表5-41　　　　　　　工程量计算表

序号	项目编码	项目名称	项目特征描述	计量单位	工程量
1	030403002001	组合软母线	组合软母线安装	m	65

二、共箱母线

1. 共箱母线简介

共箱母线是封闭母线的一种,广泛用在200MW及以上发电机引出线回路中,高压共箱母线按其金属附件对瓷件的胶装方式,分为内胶装、外胶装及联合胶装三种。

封闭母线是广泛用于发电厂、变电所、工业和民用电源的引线,包括离相封闭母线、共箱(含共箱隔相)封闭母线和电缆母线。

QLFM型全连式离相封闭母线主要用于发电厂的发电机至主变压器、厂用变压器以及配套设备柜三相电气回路的连接。其型号表示方法如下:

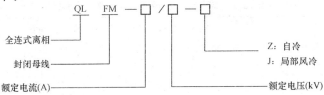

QLFM型全连式离相封闭母线常用型号规格及其技术参数见表5-42。

表5-42 QLFM型全连式离相封闭母线常用型号规格及其技术参数

型号	技术参数		外形尺寸/mm		质量/(kg/m)
	额定电压/kV	额定电流/A	外 壳	导体	
QLFM-6000/15.75-Z	15.75	6000	φ750	φ300	120
QLFM-8000/15.75-Z	15.75	8000	φ850	φ400	140
QLFM-10000/15.75-Z	15.75	10000	φ850～φ900	φ400	140
QLFM-12000/18-Z	18	12000	φ1000	φ500	172
QLFM-12500/18-Z	18	12500	φ1000	φ500	172
QLFM-15000/20-Z	20	15000	φ1100	φ600	190
QLFM-22000/20-J	20	22000	φ1400	φ900	265
QLFM-12000/20-Z-J	20	12000	φ1000	φ500	172

FQFM型分段全连式离相封闭母线主要用于发电厂的发电机至主变压器、厂用变压器以及配套设备柜三相电气回路的连接，其型号表示方法如下：

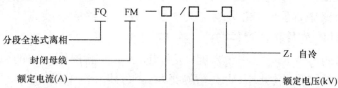

FQFM型分段全连式离相封闭母线常用型号规格及其技术参数见表5-43。

表5-43 FQFM型分段全连式离相封闭母线常用型号规格及其技术参数

型号	技术参数		外形尺寸/mm		质量/(kg/m)
	额定电压/kV	额定电流/A	外 壳	导体	
FQFM-12000/18-Z	18	12000	φ1000	φ500	172

GXFM 型共箱母线主要用于发电厂的厂用变压器(启动变压器)至开关柜及配套设备柜电气回路的连接,其型号具体表示如下:

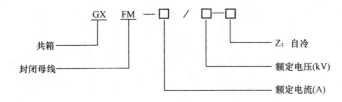

GXFM 型共箱母线常用型号规格及其技术参数见表 5-44。

表 5-44　　GXFM 型共箱母线常用型号规格及其技术参数

型号	技术参数		外形尺寸/mm		质量 /(kg/m)
	额定电压/kV	额定电流/A	外 壳	导体	
GXFM-1000/10-Z	6.3~10	1000	870	550	86
GXFM-1600/10-Z	6.3~10	1600	870	550	95
GXFM-2000/10-Z	6.3~10	2000	870	550	100
GXFM-2500/10-Z	6.3~10	2500	950	650	118
GXFM-3150/10-Z	6.3~10	3150	950	650	132

GGFM 型共箱隔相母线主要用于发电厂的厂用变压器(启动变压器)至开关柜及配套设备柜电气回路的连接,其型号表示方法如下:

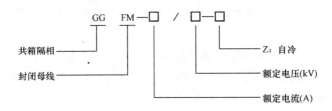

GGFM 型共箱隔离相母线常用型号规格及其技术参数见表5-45。

表 5-45　　GGFM 型共箱隔相母线常用型号规格及其技术参数

型号	技术参数		外形尺寸/mm		质量 /(kg/m)
	额定电压 /kV	额定电流 /A	外　壳	导体	
GGFM-2000/15.75-Z	10～15.75	2000	1200	600	148
GGFM-2500/15.75-Z	10～15.75	2500	1200	600	152

2. 清单项目设置

共箱母线在"计算规范"中的项目编码是 030403005，其项目特征包括：名称，型号，规格，材质。工作内容包括：母线安装，补刷（喷）油漆。

3. 清单项目计量

共箱母线安装工程计量单位为"m"。

4. 工程量计算规则

共箱母线安装工程量按设计图示尺寸以中心线长度计算。

三、低压封闭式插接母线槽

1. 低压封闭式插接母线槽

低压封闭式插接母线槽由金属外壳、绝缘瓷插座及金属母线组成，用于电压在 500V 以下，额定电流在 1000A 以下的工厂、企业、车间等场所作为配电用。

插接式母线槽每段长 3m，前后各有 4 个插接孔，其孔距为 700mm。金属外壳用 1mm 厚的钢板压成槽后，对合成封闭型，具有防尘、散热等优点。绝缘瓷插盒采用烧结瓷，每段母线装 8 个瓷插盒，其中两端各一个，作为固定母线之用，中间 6 个作插接之用。

金属母线根据容量大小，分别采用铝材料或铜材料。350A 以下容量的为单排线，800～1000A 的为双排线。

当进线盒与插接式母线槽配套使用时，进线盒装于插接式母线槽的首端，380V 以下电源通过进线盒加到母线上。

当分线盒与插接式母线槽配套使用时,分线盒装在插接式母线槽上。把电源引至照明或动力设备。分线盒内装有 RT0 系列熔断器,可分 60A、100A、200A 三种,作电力线路短路保护之用。

2. 清单项目设置

低压封闭式插接母线槽在"计算规范"中的项目编码为030403006,其项目特征包括:名称,型号,规格,容量(A),线制,安装部位。工作内容包括:母线安装,补刷(喷)油漆。

3. 清单项目计量

低压封闭式插接母线槽安装工程计量单位为"m"。

4. 工程量计算规则

低压封闭式插接母线槽安装工程量按设计图示尺寸以中心线长度计算。

5. 工程量计算示例

【例 5-20】某电气安装工程中,安装低压封闭式插接母线槽,其型号为 CFW-2-400,共 200m,进、出分线箱 400A,试计算其工程量。

【解】低压封闭式插接母线槽工程量计算结果见表 5-46。

表 5-46　　　　　　　　工程量计算表

序号	项目编码	项目名称	项目特征描述	计量单位	工程量
1	030403006001	低压封闭式母线槽	CFW-2-400,进、出分线箱 400A	m	200

四、始端箱、分线箱

1. 始端箱与分线箱区别

母线始端箱就是插接母线的进线箱,即是在插接母线的始端(电源进线起点安装的母线插接进线箱);母线分线箱就是插接母线的中间或者末端进行分线出线的母线分支插接箱。

二者的区别在于:始端箱是电源总进箱,负荷功率比较大;分线箱是属于分支箱,负荷功率比较小。

2. 清单项目设置

始端箱、分线箱在"计算规范"中的项目编码为030403007,其项目特征包括:名称,型号,规格,容量(A)。工作内容包括:本体安装,补刷(喷)油漆。

3. 清单项目计量

始端箱、分线箱安装工程计量单位为"台"。

4. 工程量计算规则

始端箱、分线箱安装工程量按设计图示数量计算。

五、重型母线

重型母线是指单位长度质量较大的母线,主要包括铜母线和铝母线。重型铝母线是用铝材料制作而成的重型母线。

1. 清单项目设置

重型母线在"计算规范"中的项目编码为030403008,其项目特征包括:名称,型号,规格,容量(A),材质,绝缘子类型、规格,伸缩器及导板规格。工作内容包括:母线制作、安装,伸缩器及导板制作、安装,支持绝缘子安装,补刷(喷)油漆。

2. 清单项目计量

重型母线安装工程计量单位为"t"。

3. 工程量计算规则

重型母线安装工程量按设计图示尺寸以质量计算。

第四节 蓄电池安装工程

一、蓄电池

1. 蓄电池简介

(1)蓄电池定义。蓄电池是指储备电能的一种直流装置。蓄电池充电时将电能转变为化学能,使用时内部化学能转变为电能向外输送给用电设备。蓄电池充放电过程是一种完全可逆的化学反应。

（2）蓄电池分类。常用蓄电池主要有铅酸蓄电池（以铅酸为电解液的蓄电池）和镉镍蓄电池。蓄电池按电解液分为酸性蓄电池和碱性蓄电池（用碱性溶液作为电解液的蓄电池）两种。按用途分有固定型蓄电池、启动用蓄电池、动力牵引用蓄电池等。

（3）蓄电池型号。

1）铅酸蓄电池型号。铅酸蓄电池的型号用汉语拼音的大写字母和阿拉伯数字表示，通常由如下三段组成：

第一段表示的是串联的单体电池数，当数目为"1"时省略；第二段代表蓄电池类型和特征代号。

①蓄电池类型。蓄电池类型主要根据其用途划分：固定型蓄电池的代号为 G，启动用蓄电池代号为 Q，电力牵引用为 D，内燃机车用为 N，铁路客车用为 T，摩托车用为 M，航标用为 B，船舶用为 C，阀控型为 F，储能型为 U 等。

②蓄电池特征代号。蓄电池特征代号为附加部分，用来区别同类型蓄电池所具有的特征。密封式蓄电池标注 M，免维护标注 W，干式荷电标注 A，湿式荷电标注 H，防酸式标注 F，带液式标注 Y（具有几种特征时按上述顺序标注；如某一主要特征已能表达清楚，则以该特征代号标注）。

第三段是以阿拉伯数字表示的额定容量，单位为安培小时（A·h），型号中省略。

需要时，额定容量之后可标注其他代号，如蓄电池所能适应的特殊使用环境或其他临时代号。

2）碱性蓄电池型号表示。碱性蓄电池的型号用汉语拼音的大写字母和阿拉伯数字表示。

①单体蓄电池型号。单体蓄电池型号由四段组成：

第一段为系列型号。以两极主要材料汉语拼音的第一个大写字母表示。负极代号在左,正极代号在右。镉镍系列代号为 GN,铁镍系列代号为 TN,锌银系列为 XY,锌镍系列为 XN,镉银系列为 GY,氢镍系列为 QN,氢银系列为 QY,锌锰系列为 XM 等。

第二段为形状代号,开口蓄电池不标注;在密封蓄电池中,圆柱形代号为 Y,扁形为 B(扣式),方形为 F,全密封则在形状代号右下角加注,如 Y_1 等。

第三段为放电倍率代号。中(0.5～3.5)倍率放电的代号为 Z,高(3.5～7)倍率为 G,超高(>7)倍率为 C,低倍率代号为 D(不标注)。

第四段为以阿拉伯数字表示的额定容量。单位为安培小时(A·h)时省略;单位为毫安小时(mA·h)时在容量数字后面加"m"。

第一段和第四段在产品型号中必须标注,第二、三段在必要时标注。如:

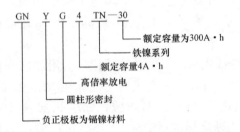

②整体蓄电池型号。整体蓄电池型号由两段组成。第一段为整体壳内组合极板个数。第二段为一个槽内的蓄电池型号。

③蓄电池组型号。蓄电池组的型号由串联单体蓄电池的只数及单体蓄电池型号组成;或者由串联整体蓄电池个数、短横"-"和整体蓄电池型号组成。型号后若加"A"或"B"等,表示系列、容量、串联只数都相同而结构、连接形式不同的蓄电池组。如:

第五章 变配电工程计量与计价

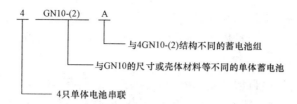

(4)蓄电池规格。常用蓄电池型号及其尺寸见表5-47。

表5-47 常用蓄电池型号及其尺寸表

序号	蓄电池型号	尺寸/mm		
		a	b	c
1	GGF-30	121	97	212
2	GGF-50	121	137	212
3	GGF-100	157	118	362
4	GGF-150	157	155	362
5	GGF-200	157	192	540
6	GGF-300	205	160	540
7	GGF-400	205	197	540
8	GGF-500	205	234	715
9	GGF-600	282	108	715
10	GGF-800	282	205	715
11	GGF-1000	282	242	715
12	GGF-1200	282	279	715
13	GGF-1400	282	316	715
14	GGF-1600	282	353	715

(5)蓄电池容量。每个蓄电池电压为2V,直流操作电压为220V,发电厂串联成130个为一组,变电所每组为118个,采用电解度,硫酸、蒸馏水已列入定额中,安装以单、双层计列,对充放电耗电量已包括在定额中。

蓄电池电压是指其额定电压,一般有 1.25V、2V、6V、12V 等几种电压。蓄电池容量是指蓄电池的放电时间与电流的乘积。

2. 清单项目设置

蓄电池的项目编码是 030405001,其项目特征包括:名称,型号,容量(A·h),防震支架形式、材质,充放电要求。工作内容包括:本体安装,防震支架安装,充放电。

3. 清单项目计量

蓄电池安装工程计量单位为"个(组件)"。对于免维护铝酸蓄电池的表现形式为"组件"。

4. 工程量计算规则

蓄电池安装工程量按设计图示数量计算。

5. 工程量计算示例

【例 5-21】如图 5-8 所示为蓄电池在水泥台架上安装示意图,其型号为 GGF-30,其尺寸为 121mm×97mm×212mm,试计算其工程量。

【解】蓄电池安装工程量计算结果见表 5-48。

表 5-48　　　　　　　　工程量计算表

序号	项目编码	项目名称	项目特征描述	计量单位	工程量
1	030405001001	蓄电池	型号为 GGF-30,尺寸为 121mm×97mm×212mm	个	16

【例 5-22】某工程设计安装 GGF-30 型蓄电池 12 个,试计算蓄电池安装工程量。

【解】蓄电池安装工程量计算结果见表 5-49。

表 5-49　　　　　　　　工程量计算表

序号	项目编码	项目名称	项目特征描述	计量单位	工程量
1	030405001001	蓄电池	GGF-30 型蓄电池	个	12

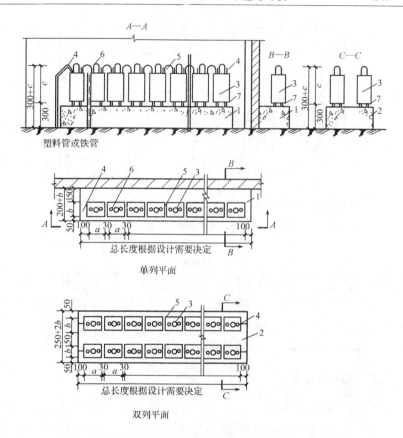

图 5-8　GGF 型蓄电池在水泥台架上安装
1—单列砖基础水泥面台架；2—双列砖基础水泥面台架；3—蓄电池 GGF-30；4—引出线；
5—连接线（与蓄电池成套供应）；6—中间抽头引线；7—软胶垫（与蓄电池成套供应）
注：1. 水泥面台架上应涂过氯乙烯地面涂料；
　　2. 台架应保持平整；
　　3. 台架的详细做法应将尺寸提交土建专业另出详图。

【例 5-23】某大楼消防系统，除了用配电箱进行配电外，也采用了免维护铅酸蓄电池来做备用电源，如图 5-9 所示。试计算免维护铅酸蓄电池安装工程量。

【解】免维护铅酸蓄电池安装工程量计算结果见表 5-50。

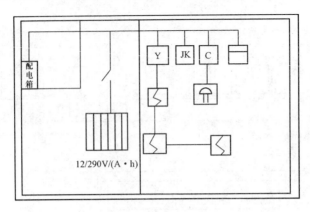

图 5-9 消防系统平面图

表 5-50   工程量计算表

序号	项目编码	项目名称	项目特征描述	计量单位	工程量
1	030405001001	蓄电池	免维护铅酸蓄电池 12/290V/(A·h)	组件	1

二、太阳能电池

1. 太阳能电池简介

太阳能电池又称为"太阳能芯片"或"光电池",是通过光电效应或者光化学效应直接把光能转化成电能的装置。

(1)组件构成及其特性。太阳能电池组件构成及各部分功能见表5-51。

表 5-51   太阳能电池组件构成及各部分功能

序号	组件构成	功 能 内 容
1	钢化玻璃	为保护发电主体(如电池片),钢化玻璃的选用是有要求的: (1)透光率必须高(一般91%以上)。 (2)超白钢化处理

续表

序号	组件构成	功　能　内　容
2	EVA	(1)粘结固定钢化玻璃和发电主体(如电池片)。 (2)粘结封装发电主体和背板。 　　透明EVA材质的优劣直接影响到组件的寿命,暴露在空气中的EVA易老化发黄,进而影响组件的透光率,进而影响组件的发电质量。除了EVA本身的质量外,组件厂家的层压工艺影响也是非常大的,如EVA胶连度不达标,EVA与钢化玻璃、背板粘接强度不够,都会引起EVA提早老化,影响组件寿命
3	电池片	主要作用就是发电,发电主体市场上主流的是晶体硅太阳电池片、薄膜太阳能电池片,两者各有优劣。晶体硅太阳能电池片,设备成本相对较低,光电转换效率也高,在室外阳光下发电比较适宜,但消耗及电池片成本很高;薄膜太阳能电池,消耗和电池成本很低,弱光效应非常好,在普通灯光下也能发电,但相对设备成本较高,光电转化效率相对晶体硅电池片为一半多,如计算器上的太阳能电池
4	背板	密封、绝缘、防水(一般采用TPT、TPE等材质,必须耐老化)
5	铝合金保护层压件	起一定的密封、支撑作用
6	接线盒	保护整个发电系统,起到电流中转站的作用,如果组件短路接线盒自动断开短路电池串,防止烧坏整个系统。接线盒中最关键的是二极管的选用,根据组件内电池片的类型不同,对应的二极管也不相同
7	硅胶	密封作用,用来密封组件与铝合金边框、组件与接线盒交界处。有些公司使用双面胶条、泡棉来替代硅胶,国内普遍使用硅胶,工艺简单、方便、易操作,而且成本很低

　　太阳能电池的基本特性有太阳能电池的极性、太阳电池的性能参数、太阳能电池的伏安特性,见表5-52。

表 5-52 太阳能电池的基本特性

序号	组件构成	功 能 内 容
1	太阳能电池的极性	硅太阳能电池的一般制成 P+/N 型结构或 N+/P 型结构，P+ 和 N+，表示太阳能电池正面光照层半导体材料的导电类型；N 和 P，表示太阳能电池背面衬底半导体材料的导电类型。太阳能电池的电性能与制造电池所用半导体材料的特性有关
2	太阳电池的性能参数	太阳电池的性能参数由开路电压、短路电流、最大输出功率、填充因子、转换效率等组成。这些参数是衡量太阳能电池性能好坏的标志
3	太阳能电池的伏安特性	P-N 结太阳能电池包含一个形成于表面的浅 P-N 结、一个条状及指状的正面欧姆接触、一个涵盖整个背部表面的背面欧姆接触以及一层在正面的抗反射层。当电池暴露于太阳光谱时，能量小于禁带宽度 Eg 的光子对电池输出并无贡献。能量大于禁带宽度 Eg 的光子才会对电池输出贡献能量 Eg，大于 Eg 的能量则会以热的形式消耗掉。因此，在太阳能电池的设计和制造过程中，必须考虑这部分热量对电池稳定性、寿命等的影响

(2)性能参数。太阳能电池的性能参数主要包括开路电压、短路电流、最大输出功率、填充因子及转换效率等。

1)开路电压(U_{OC})。指将太阳能电池置于 100 mW/cm² 的光源照射下，在两端开路时，太阳能电池的输出电压值。

2)短路电流(I_{SC})。指将太阳能电池置于标准光源的照射下，在输出端短路时，流过太阳能电池两端的电流。

3)最大输出功率。太阳能电池的工作电压和电流是随负载电阻而变化的，将不同阻值所对应的工作电压和电流值做成曲线就得到太阳能电池的伏安特性曲线。如果选择的负载电阻值能使输出电压和电流的乘积最大，即可获得最大输出功率，用符号 P_m 表示。此时的工作电压和工作电流称为最佳工作电压和最佳工作电流，分别用符号 U_m 和 I_m 表示。

4)填充因子(FF)。指太阳能电池最大输出功率与开路电压和短路电流乘积之比。它是衡量太阳能电池输出特性的重要指标,是代表太阳能电池在带最佳负载时,能输出的最大功率的特性,其值越大表示太阳能电池的输出功率越大。FF 的值始终小于 1。串、并联电阻对填充因子有较大影响。串联电阻越大,短路电流下降越多,填充因子也随之减少越多;并联电阻越小,这部分电流就越大,开路电压就下降得越多,填充因子随之也下降得越多。

5)转换效率。指在外部回路上连接最佳负载电阻时的最大能量转换效率,等于太阳能电池的输出功率与入射到太阳能电池表面的能量之比。太阳能电池的光电转换效率是衡量电池质量和技术水平的重要参数。它与电池的结构特性、材料性质、工作温度、放射性粒子辐射损伤和环境变化等有关。

2. 清单项目设置

太阳能电池在"计算规范"中的项目编码为 030405002,其项目特征包括:名称,型号,规格,容量,安装方式。工作内容包括:安装,电池方阵铁架安装,联调。

3. 清单项目计量

太阳能电池安装工程计量单位为"组"。

4. 工程量计算规则

太阳能电池安装工程量按设计图示数量计算。

第六章 电气线路安装工程计量与计价

第一节 电缆安装工程

一、电缆型号

电缆是一种导线,是把一根或者数根绝缘导线合成一个类似相应绝缘层线芯,再在外面包上密封的包布(铝、塑料和橡胶)。

电缆的种类很多,按其用途可分为电力电缆和控制电缆两大类。按电压可分为 500V、1000V、6000V、10000V 等几种,高电压可达到110kV、220kV、330kV 多种;按线芯材料可分为铝芯电力电缆和铜芯电力电缆。

电缆型号表示方法如下:

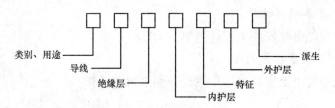

电缆型号各部分代号及其含义见表 6-1。

表 6-1　　　　电缆型号各部分的代号及其含义

类别用途	绝缘	内护层	特征	铠装层外护层	派生
N—农用电缆	V—聚氯乙烯	H—橡皮	CY—充油	0—相应的裸外护层	1—第一种

续一

类别用途	绝缘	内护层	特征	铠装层外护层	派生
V—塑料电缆	X—橡皮	HF—非燃橡套	D—不滴流	1——级防腐	2—第二种
X—橡皮绝缘电缆	XD—丁基橡皮	L—铝包	F—分相护套	1—麻被护套	110—110kV
YJ—交联聚乙烯塑料电缆	YJ—交联聚乙烯塑料	Q—铅包	P—贫油、干绝缘	2—二级防腐	120—120kV
Z—纸绝缘电缆	Y—聚乙烯塑料	Y—塑料护套	P—编织屏蔽	2—钢带铠装麻被	150—150kV
G—高压电缆	—	LW—皱纹铝套	Z—直流	3—单层细钢丝铠装麻被	03—拉断力0.3t
K—控制电缆	—	V—聚氯乙烯	C—滤尘器用	4—双层细钢丝麻被	1—拉断力1t
P—信号电缆	—	F—氯丁烯	C—重型	5—单层粗钢丝麻被	TH—湿热带
V—矿用电缆	—	A—综合护套	D—电子显微镜	6—双层粗钢丝麻被	外被层
VC—采掘机用电缆	—	—	G—高压	9—内铠装	C—无
VZ—电钻电缆	—	—	H—电焊机用	29—内钢带铠装	1—纤维层
VN—泥炭工业用电缆	—	—	J—交流	20—裸钢带铠装	2—聚氯乙烯

续二

类别用途	绝缘	内护层	特征	铠装层外护层	派生
W—地球物理工作用电缆	—	—	Z—直流	30—细钢丝铠装	3—聚乙烯
WB—油泵电缆	—	—	CQ—充气	22—铠装加固电缆	—
WC—海上探测电缆	—	—	YQ—压气	25—粗钢丝铠装	—
WE—野外探测电缆	—	—	YY—压油	11—一级防腐	—
XD—单焦点X光电缆	—	—	ZRC(A)—阻燃	12—钢带铠装一级防腐	—
XE—双焦点X光电缆	—	—	—	120—钢带铠装一级防腐	—
H—电子轰击炉用电缆	—	—	—	13—细钢丝铠装一级防腐	—
J—静电喷漆用电缆	—	—	—	15—细钢丝铠装一级防腐	—
Y—移动电缆	—	—	—	130—裸细钢丝铠装一级防腐	—
SY—同轴射频电缆	—	—	—	23—细钢丝铠装二级电缆	—
DS—电子计算机用电缆	—	—	—	59—内粗钢丝铠装	—

注:L—铝,T—铜(一般省略)。

二、电力电缆

1. 电力电缆的分类及组成

电力电缆按其所采用的绝缘材料可分为低绝缘电力电缆、橡皮绝缘电力电缆和聚乙烯绝缘电力电缆、聚氯乙烯绝缘电力电缆及交联聚乙烯绝缘电力电缆。这些主要是用来输送和分配大功率电能的。

电力电缆按绝缘类型和结构可分为油浸纸绝缘电力电缆、塑料绝缘电力电缆(包括聚氯乙烯绝缘电力电缆、聚乙烯绝缘电力电缆、乙基橡皮绝缘电力电缆、丁基橡皮绝缘电力电缆等)。目前,在建筑电气工程中,使用最广泛的是塑料绝缘电力电缆。它具有加工简单,敷设时没有位差限制,非磁性,具有良好的耐热性等优点。

电力电缆都是由导电线芯、绝缘层及保护层三个主要部分组成。

通常,导电线芯的材料是铜或铝,形状有半圆形、扇形、圆形和椭圆形等,线芯数量有单芯、双芯、三芯、四芯和五芯等。导电芯是用来传导电流的。

绝缘层的材料有油浸纸、橡皮、聚氯乙烯、聚乙烯和交联聚乙烯等。绝缘层包括分相绝缘和统包绝缘,统包绝缘在分相绝缘层之外。绝缘层是用来保证线芯之间、线芯与外界的绝缘,使电流沿线芯传输。

保护层可分为内护层和外护层两部分。其中,内护层所用材料为铅包、铝包、橡套聚氯乙烯套和聚乙烯套,主要用来保护电缆统包绝缘不受潮湿和防止电缆浸渍剂外流以及轻度机械损伤;外护层所用材料一般为铠装层是钢带或钢丝,外被层有纤维包、聚氯乙烯护套和聚乙烯护套,主要用来保护内护层,防止内护层受机械损伤或化学腐蚀等。

ZLQ$_{20}$型电力电缆的结构如图6-1所示。

电力电缆的敷设方式主要包括直

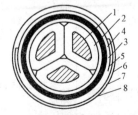

图6-1 ZLQ$_{20}$型电力电缆剖面图
1—线芯;2—分相绝缘;3—相间填料;
4—统包绝缘;5—铅包;6—内衬垫层;
7—钢带铠装;8—外黄麻防腐层

接埋地敷设、电缆沟敷设、电缆排管敷设、穿钢管敷设、穿石棉水泥管敷设和穿混凝土管敷设，以及用悬挂方法支、托架敷设等多种敷设方法。

2. 电力电缆的型号、规格和质量

(1)橡胶绝缘电力电缆的型号、规格和质量。橡胶绝缘电力电缆用于额定电压 6kV 及以下的输配电线路固定敷设，其型号和名称见表 6-2。橡胶绝缘电力电缆型号、规格和质量见表 6-3。

表 6-2 　　　　　橡胶绝缘电力电缆型号和名称

型号		名 称	主要用途
铝	铜		
XLV	XV	橡胶绝缘聚氯乙烯护套电力电缆	敷设在室内、电缆沟内、管道中。电缆不能承受机械外力作用
XLF	XF	橡胶绝缘氯丁护套电力电缆	同 XLV 型
XLV_{29}	XV_{29}	橡胶绝缘聚氯乙烯护套内钢带铠装电力电缆	敷设在地下。电缆能承受一定机械外力作用，但不能承受大的拉力
XLQ	XQ	橡胶绝缘裸铅包电力电缆	敷设在室内、电缆沟内、管道中。电缆不能承受振动和机械外力作用，且对铅应有中性的环境
XLQ_2	XQ_2	橡胶绝缘铅包钢带铠装电力电缆	同 XLV_{29} 型
XLQ_{20}	XQ_{20}	橡胶绝缘铅包裸钢带铠装电力电缆	敷设在室内、电缆沟内、管道中。电缆不能承受大的拉力

表 6-3　　　　橡胶绝缘电力电缆型号、规格和质量　　　　kg/km

标称截面/mm²	XLV(500V)				XV(500V)				XLF(500V)			
	一芯	二芯	三芯	四芯	一芯	二芯	三芯	四芯	一芯	二芯	三芯	四芯
1	—	—	—	—	51	98	126	154	—	—	—	—
1.5	—	—	—	—	58	113	148	179	—	—	—	—
2.5	56	111	141	159	71	141	187	230	52	84	127	154
4	65	134	169	196	90	183	242	285	61	102	158	206
6	77	160	205	237	113	233	314	371	72	123	214	247
10	104	235	291	330	174	380	503	562	99	245	300	341
16	146	356	440	473	244	553	736	789	140	351	436	468
25	200	489	637	692	354	799	1102	1228	190	483	655	711
35	245	620	785	836	460	1052	1432	1554	266	640	806	856
50	324	849	1079	1152	636	1476	2020	2193	348	901	1135	1216
70	395	1024	1378	1509	820	1878	2659	2947	422	1083	1446	1581
95	535	1409	1801	1974	1118	2580	3558	3949	548	1482	1878	2054
120	628	1646	2119	2247	1344	3085	4278	4623	642	1725	2201	2329
150	764	1996	2664	2895	1676	3826	5406	5958	780	2084	2774	2996
185	948	2495	3208	3430	2083	4775	6631	7169	987	2687	3331	3562
240	1197	3240	4181	4474	2700	—	—	—	1251	3366	4314	4563
300	1475	—	—	—	—	—	—	—	1578	—	—	—
400	1904	—	—	—	—	—	—	—	2035	—	—	—
500	2314	—	—	—	—	—	—	—	2457	—	—	—
630	2841	—	—	—	—	—	—	—	2998	—	—	—

续一

标称截面/mm²	XF(500V) 一芯	XF(500V) 二芯	XF(500V) 三芯	XF(500V) 四芯	XLV₂₀(500V) 二芯	XLV₂₀(500V) 三芯	XLV₂₀(500V) 四芯	XV₂₀(500V) 二芯	XV₂₀(500V) 三芯	XV₂₀(500V) 四芯	XLQ₂(500V) 二芯	XLQ₂(500V) 三芯	XLQ₂(500V) 四芯
1	48	76	114	141	—	—	—	—	—	—	—	—	—
1.5	54	90	135	166	—	—	—	—	—	—	—	—	—
2.5	67	115	173	205	—	—	—	—	—	—	—	—	—
4	86	151	231	295	379	419	456	428	493	545	822	861	933
6	109	196	323	281	423	483	537	496	593	671	880	1094	1178
10	169	391	514	573	549	761	824	852	1038	1078	1222	1333	1429
16	239	549	732	785	890	1000	1049	1087	1296	1365	1521	1674	1733
25	245	793	1121	1284	1089	1301	1380	1399	1767	2226	1852	2155	2249
35	481	1071	1453	1575	1304	1515	1571	1735	2162	2296	2192	2456	2590
50	660	1529	2077	2256	1675	1895	2048	2302	2836	3089	2759	3223	3334
70	847	1937	2727	3019	1926	2278	2436	2780	3560	3874	3171	3680	3888
95	1131	2652	3635	4028	2371	2954	3109	3541	4711	5084	3593	4632	5058
120	1359	3164	4360	4704	2765	3309	3434	4204	5468	5811	4535	5357	5494
150	1512	3914	5516	6019	3229	3899	4152	5059	6646	7215	5353	6369	6653
185	2133	4967	6753	7281	3761	4670	4899	6041	7092	8637	6291	7243	7580
240	2754	—	—	—	4664	5717	6243	—	—	—	7387	8636	8874

标称截面/mm²	XLQ 一芯 500V	XLQ 一芯 6000V	XLQ 二芯 500V	XLQ 三芯 500V	XLQ 四芯 500V	XQ 一芯 500V	XQ 一芯 6000V	XQ 二芯 500V	XQ 三芯 500V	XQ 四芯 500V
1	—	—	—	—	—	157	—	241	340	392
1.5	—	—	—	—	—	170	—	267	379	432
2.5	178	—	—	—	—	194	469	309	440	496
4	201	480	318	450	500	226	504	367	524	589
6	226	512	361	515	571	262	548	435	624	706
10	285	586	590	669	735	405	679	763	910	989
16	370	691	780	895	938	469	789	977	1191	1254
25	469	781	999	1246	1318	624	935	1310	1711	1868

续二

型号 标称截面/mm²	XLQ					XQ				
	一芯		二芯	三芯	四芯	一芯		二芯	三芯	四芯
	500V	6000V	500V	500V	500V	500V	6000V	500V	500V	500V
35	546	866	1254	1464	1578	761	1081	1685	2110	2340
50	479	1033	1673	2166	2153	991	1345	2300	3007	3193
70	791	1154	1979	2416	2587	1217	1579	2833	3698	4025
95	975	1419	2532	3209	3565	1558	2010	3703	4966	5540
120	1108	1570	3045	3794	3932	1824	2286	4514	5953	6308
150	1298	1888	3741	4649	4890	2210	2797	5571	7391	7953
185	1603	2101	4511	5353	5623	2738	3236	6791	8775	3362
240	2036	2608	5430	6531	6749	3539	4111	—	—	—
300	2482	2903	—	—	—	—	1785	—	—	—
400	2977	3647	—	—	—	—	6080	—	—	—
500	3711	4323	—	—	—	—	—	—	—	—
630	4543	—	—	—	—	—	—	—	—	—

型号 标称截面/mm²	XQ₂(500V)			XLQ₂₀(500V)			XQ₂₀(500V)		
	二芯	三芯	四芯	二芯	三芯	四芯	二芯	三芯	四芯
4	871	935	1022	628	755	822	677	829	909
6	953	1203	1312	719	977	1054	792	1086	1188
10	1427	1673	1762	1094	1210	1290	1291	1518	1567
16	1718	1970	2049	1377	1520	1575	1574	1816	1891
25	2162	2620	2807	1582	1976	2065	1892	2442	2621
35	2623	3104	3361	2006	2261	2393	2437	2908	3161
50	3386	4164	4375	2728	2997	3104	3175	3938	4145
70	4015	4962	5327	2934	3435	3636	3788	4717	5074
95	4763	6389	7032	3620	4344	4776	4791	6101	6744
120	5973	7515	7870	4254	5057	5194	5692	7216	7570
150	7183	9116	9716	5041	6040	6315	6871	8782	9198
185	8571	10665	11319	5771	6876	7164	8101	10298	11173
240	—	—	—	7012	8232	8467	—	—	—

(2)聚氯乙烯绝缘电力电缆的型号、规格与质量。聚氯乙烯绝缘电力电缆主要固定敷设在交流50Hz、额定电压10kV及其以下的输配电线路上作输送电能用,其型号和名称见表6-4。聚氯乙烯绝缘电力电缆的常用型号、规格和质量见表6-5。

表6-4 聚氯乙烯绝缘电力电缆型号和名称

型号		名 称
铜芯	铝芯	
VV	VLV	聚氯乙烯绝缘聚氯乙烯护套电力电缆
VY	VLY	聚氯乙烯绝缘聚乙烯护套电力电缆
VV_{22}	VLV_{22}	聚氯乙烯绝缘钢带铠装聚氯乙烯护套电力电缆
VV_{28}	VLV_{28}	聚氯乙烯绝缘钢带铠装聚乙烯护套电力电缆
VV_{32}	VLV_{32}	聚氯乙烯绝缘细钢丝铠装聚氯乙烯护套电力电缆
VV_{33}	VLV_{33}	聚氯乙烯绝缘细钢丝铠装聚乙烯护套电力电缆
VV_{42}	VLV_{42}	聚氯乙烯绝缘粗钢丝铠装聚氯乙烯护套电力电缆
VV_{48}	VLV_{43}	聚氯乙烯绝缘粗钢丝铠装聚乙烯护套电力电缆

表6-5 聚氯乙烯绝缘电力电缆型号、规格和质量 kg/km

型号 芯数×截面/mm²	0.6kV/1kV					
	VV,单芯	VLV,单芯	VV22,单芯	VLV22,单芯	VY,单芯	VLY,单芯
1×1.5	50.7	43.1	—	—	—	—
1×2.5	63.5	47.9	—	—	—	—
1×4	87.7	63.0	—	—	—	—
1×6	111	75.9	—	—	—	—
1×10	166.6	93.0	347.6	265.4	—	—
1×16	233.3	132.2	432.4	331.3	—	—
1×25	344.9	185.4	574.3	414.8	333	175
1×35	449.8	228.7	698.9	477.8	438	218
1×50	590.5	289.8	870.1	569.4	599	284

续一

型号 芯数×截面/mm²	0.6kV/1kV					
	VV,单芯	VLV,单芯	VV22,单芯	VLV22,单芯	VY,单芯	VLY,单芯
1×70	807.3	374.2	1118	685.0	798	356
1×95	1102	501.4	1444	843.6	1072	472
1×120	1349	590.3	1719	959.8	1322	565
1×150	1654	721.3	2046	1113	1644	697
1×185	2060	891.6	2672	1503	2023	854
1×240	2651	1114	3353	1816	2597	1082
1×300	3323	1396	4072	2145	3223	1329
1×400	4205	1742	5033	2570	4533	1708
1×500	5359	2181	6277	3099	5243	2087
1×630	6367	2558	—	—		

型号 芯数×截面/mm²	0.6kV/1kV			
	VV,2芯	VLV,2芯	VV22,2芯	VLV22,2芯
2×1.5	118.6	99.5	—	—
2×2.5	150.1	118.4	—	—
2×4	210.3	159.9	424.3	373.9
2×6	263.7	192.0	493.9	425.0
2×10	393.1	241.6	663.9	496.7
2×16	540.5	334.1	844.4	638.0
2×25	794.2	468.5	1154	827.2
2×35	1037	585.3	1431	979.9
2×50	1227	682	1589	945.0
2×70	1650	747	2243	1340
2×95	2213	988	2909	1684
2×120	2733	1186	3475	1928
2×150	3396	1462	4250	2316

续二

型号 芯数×截面/mm²	0.6kV/1kV			
	VV,3芯	VLV,3芯	VV22,3芯	VLV22,3芯
3×1.5	142.1	113.2	—	—
3×2.5	186.5	138.9	—	—
3×4	264.5	189.0	489.1	413.6
3×6	335.1	226.8	577.1	471.8
3×10	514.0	290.1	799.7	558.9
3×16	728.1	418.5	1050	739.9
3×25	1084	595.9	1465	976.3
3×35	1422	744.5	2149	1372
3×50	1801	834	2453	1486
3×70	2415	1061	3116	1763
3×95	3255	1418	4053	2216
3×120	4037	1716	4930	2609
3×150	5028	2127	6075	3174
3×185	6180	2602	7299	3721
3×240	7949	3308	9231	4590

型号 芯数×截面/mm²	0.6kV/1kV			
	VV32,3芯	VLV32,3芯	VV42,3芯	VLV42,3芯
3×4	797.5	722.0	—	—
3×6	907.5	798.8	—	—
3×10	1186	964.6	—	—
3×16	1658	1349	—	—
3×25	2190	1701	—	—
3×35	2635	1957	—	—
3×50	3050	2083	4544	3577
3×70	3755	2401	5338	3985
3×95	5162	3324	6585	4747
3×120	6143	3822	7646	5325
3×150	8025	5124	9045	6144
3×185	9428	5850	10520	6942
3×240	11612	6971	12777	8136

续三

芯数×截面/mm²	0.6kV/1kV			
	VV,3+1芯	VLV,3+1芯	VV22,3+1芯	VLV22,3+1芯
3×4+1×2.5	303.6	211.3	537.9	445.6
3×6+1×4	399.8	265.0	656.6	524.3
3×10+1×6	594.5	333.9	893.7	618.8
3×16+1×10	853.2	467.3	1194	804.1
3×25+1×16	1267	671.4	1668	1072
3×35+1×16	1591	806.2	2243	1458
3×50+1×25	2124	996.0	2852	1723
3×70+1×35	2851	1271	3657	2077
3×95+1×50	3844	1684	4796	2636
3×120+1×70	4833	2060	5912	3139
3×150+1×70	5841	2488	7025	3673
3×185+1×95	7246	3056	8598	4408
3×240+1×120	9216	3801	10631	5216

芯数×截面/mm²	0.6kV/1kV			
	VV,4芯	VLV,4芯	VV22,4芯	VLV22,4芯
4×4	322.4	221.4	564.9	463.9
4×6	422.9	270.8	684.7	532.6
4×10	648.6	387.8	959.6	698.8
4×16	921.8	508.9	1273	859.6
4×25	1373	721.9	1998	1347
4×35	1802	899.1	2505	1602
4×50	2380	1091	3122	1832
4×70	3202	1398	4025	2220
4×95	4315	1866	5291	2842
4×120	5359	2265	6464	3370
4×150	6679	2811	7866	3998
4×185	8190	3420	9542	4772
4×240	10494	4305	11916	5727

3. 清单项目设置

电力电缆在"计算规范"中的项目编码为030408001,其项目特征包括:名称,型号,规格,材质,敷设方式、部位,电压等级(kV),地形。工作内容包括:电缆敷设,揭(盖)盖板。

4. 清单项目计量

电力电缆工程计量单位为"m"。

5. 工程量计算规则

电力电缆工程量按设计图示尺寸以长度计算(含预留长度及附加长度)。

电缆敷设预留及附加长度见表6-6。

表6-6 电缆敷设预留及附加长度

序号	项目	预留(附加)长度	说明
1	电缆敷设弛度、波形弯度、交叉	2.5%	按电缆全长计算
2	电缆进入建筑物	2.0m	规范规定最小值
3	电缆进入沟内或吊架时引上(下)预留	1.5m	规范规定最小值
4	变电所进线、出线	1.5m	规范规定最小值
5	电力电缆终端头	1.5m	检修余量最小值
6	电缆中间接头盒	两端各留2.0m	检修余量最小值
7	电缆进控制、保护屏及模拟盘、配电箱等	高+宽	按盘面尺寸
8	高压开关柜及低压配电盘、箱	2.0m	盘下进出线
9	电缆至电动机	0.5m	从电动机接线盒算起
10	厂用变压器	3.0m	从地坪算起
11	电缆绕过梁柱等增加长度	按实计算	按被绕物的断面情况计算增加长度
12	电梯电缆与电缆架固定点	每处0.5m	规范规定最小值

6. 工程量计算示例

【例 6-1】如图 6-2 所示,电缆自 N_1 电杆(杆高 8m)引下埋设至 Ⅱ 号厂房 N_1 动力箱,动力箱型号为 XL(F)-15-0042,高 1.7m,宽 0.7m,箱距地面高为 0.45m。试计算电缆埋设与电缆沿杆敷设工程量。

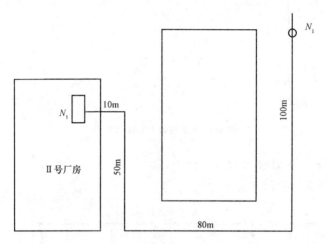

图 6-2 电缆敷设示意图

【解】(1)电缆埋设工程量=10+50+80+100+0.45+1.7+0.7
   =242.85m

(2)电缆沿杆敷设工程量=8+1(杆上预留)=9m

工程量计算结果见表 6-7。

表 6-7　　　　　　　　　　工程量计算表

序号	项目编码	项目名称	项目特征描述	计量单位	工程量
1	030408001001	电力电缆	电缆埋设	m	242.85
2	030408001002	电力电缆	电缆沿杆敷设	m	9

【例 6-2】如图 6-3 所示,某电缆敷设工程采用电缆沟铺砂盖砖直埋并列敷设 8 根 $XV_{29}(3\times35+1\times10)$ 型电力电缆,变电所配电柜(预

留长度2.0m)至室内部分电缆穿 $\phi 40$ 钢管保护,共8m长,室外电缆敷设共120m长,在配电间有13m穿 $\phi 40$ 钢管保护,试计算其工程量(配电箱高1.8m,宽0.8m)。

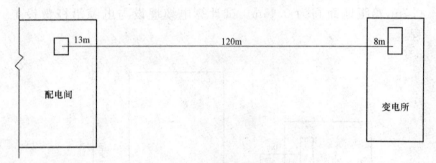

图6-3 某电缆敷设工程示意图

【解】电缆敷设工程量=$(8+120+13) \times 8 = 1128$m

工程量计算结果见表6-8。

表6-8　　　　　　　　　工程量计算表

序号	项目编码	项目名称	项目特征描述	计量单位	工程量
1	030408001001	电力电缆	$XV_{29}(3 \times 35+1 \times 10)$型电力电缆,直埋并列敷设	m	1128

三、控制电缆

1. 控制电缆的结构

控制电缆是自控仪表工程中应用较多的一种电缆,在配电装置中传输操作电流、连接电气仪表、继电保护和自动控制等回路用的,它属于低压电缆,运行电压一般在交流550V或直流1000V以下。控制电缆常用于液压开关信号、报警回路和控制电磁阀信号连锁系统回路中。

控制电缆的种类比较丰富,仅以部分聚氯乙烯绝缘控制电缆为例,说明其结构情况。

(1)聚氯乙烯绝缘护套控制电缆结构,如图6-4所示,其导电线芯结构,见表6-9。

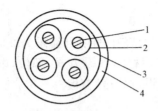

图 6-4 聚氯乙烯绝缘控制电缆导电线芯结构(4 芯)
1—铜导体;2—聚氯乙烯绝缘;3—填料;4—聚氯乙烯护套

表 6-9　　　聚氯乙烯绝缘护套控制电缆线芯结构

标称截面/mm²	0.75	1.0	1.5	2.5	4	6
根数/直径/mm	1/0.97	1/1.13	1/1.38	1/1.78	1/2.25	1/2.76

(2)聚氯乙烯绝缘护套控制软电缆结构,如图 6-5 所示,其导电线芯结构,见表 6-10。

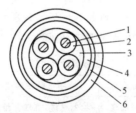

图 6-5 聚氯乙烯绝缘控制软电缆导电线芯结构
1—铜导体;2—聚氯乙烯绝缘;3—填料
4—聚氯乙烯内护套;5—钢带;6—聚氯乙烯护套

表 6-10　　　聚氯乙烯绝缘护套控制软电缆线芯结构

标称截面/mm²	0.75	1.0	1.5	2.5	4	6
根数/直径/mm	7/0.37	7/0.43	7/0.52	7/0.68	7/2.85	7/1.04

(3)聚氯乙烯绝缘护套钢带铠装控制电缆结构,如图 6-5 所示,其导电线芯结构,见表 6-9。

控制电缆的规格,根据使用需要来选择。线芯截面为 0.5~6.0mm²,线芯数为 2~61 芯。

2. 清单项目设置

控制电缆在"计算规范"中的项目编码为 030408002，其项目特征包括：名称，型号，规格，材质，敷设方式、部位，电压等级(kV)，地形。工作内容包括：电缆敷设，揭(盖)盖板。

3. 清单项目计量

控制电线敷设工程计量单位为"m"。

4. 工程量计算规则

控制电缆敷设工程量按设计图示尺寸以长度计算(含预留长度及附加长度)。

5. 工程量计算示例

【例 6-3】 某电力工程需要直埋控制电缆，全长 260m，单根埋设时下口宽 0.4m，深 1.5m，现若同沟并排埋设 8 根电缆，试计算电缆敷设工程量。

【解】 电缆敷设工程量 = (1.5+260)×8 = 2092m

电缆敷设工程量计算结果见表 6-11。

表 6-11　　　　　　　　工程量计算表

序号	项目编码	项目名称	项目特征描述	计量单位	工程量
1	030408002001	控制电缆	控制电缆，直埋并排敷设	m	2092

四、电缆保护管

1. 电缆保护管的特点与分类

电缆保护管是为了防止电缆受到损伤，敷设在电缆外层，具有一定机械强度的金属保护管。

(1)电缆保护管具备以下特点：

1)电缆保护管载流量高、热阻系数低。

2)电缆保护管使用时，与电缆间的摩擦系数低，电缆穿过时更方便。

3)电缆保护管加长了井距，减低了工井数量，降低了工程成本。

(2)电缆保护管按适用范围不同分为 A 类、B 类、C 类三类：

1) A类适用城乡电力电缆建设、交通路桥、工业园区电缆工程地下电缆保护管。

2) B类适用人行道和绿化带等非机动车道直埋敷设,也适用于有重载车辆通过的机动车道混凝土包封敷设。

3) C类适用高速公路,一、二级公路和重载车辆通过路段的直埋敷设。

2. 电缆保护管的规格与技术要求

(1)电缆保护管规格。A类、B类、C类电缆保护管的规格见表6-12。

表6-12　　　　　　　　电缆保护管规格　　　　　　　　mm

类别	公称直径	内径 d	壁厚	长度	电缆管车削面		接头		
					d_1	L_1	d_2	壁厚	L_2
A类	100	100	10.5		117		126	16	
	125	125	11.5		145		151		
	150	150	12		170		181	18	
	175	175			195		208		
	200	200	13		222		235		
B类	100	100	14	3.4	124	45	135	16	150
	125	125			149		159		
	150	150			174		181	18	
	175	175			199		208		
	200	200	15		226		235		
C类	100	100	16		128		135	16	
	125	125			153		159		
	150	150	17		180		185	18	
	175	175	18		207		216		
	200	200	19		234		240	22	

注:经供需双方协议,也可生产其他规格尺寸的电缆管和接头。

(2) 电缆保护管技术要求。电缆保护管技术要求见表 6-13。

表 6-13 电缆保护管技术要求

序号	项目	要 求
1	外观质量	内外表面无伤痕、脱皮、起层、裂纹、粘块
2	长度	误差范围<10mm
3	弯曲长度	<5mm
4	椭圆度	≤2
5	抗外压载荷	ϕ150>10000N 钢筋水泥电缆管>240000N
6	抗折载荷	ϕ150 及以下>20000N,ϕ150 以上>30000N 钢筋水泥电缆管>240000N
7	抗冲性能	达到相关规范规定的最高等级要求
8	内表面摩擦系数	<0.30
9	热阻系数	≤1.0m·K/W
10	管子敷设系数	>0.96
11	耐热防水性能	可承受 500℃以上高温不变形,阻燃,瞬间 1000℃不破坏
12	抗渗性	A 类在 0.1MPa 下,B 类在 0.2MPa 水压下持续 60s,水压无渗漏
13	耐腐蚀性	耐酸碱腐蚀,埋入地下,随时间增长,强度有所提高
14	使用寿命	100 年以上无粉化,腐蚀
15	抗冻性	反复 25 次交替冻融无起层和龟裂

3. 清单项目设置

电缆保护管在"计算规范"中的项目编码为 030408003,其项目特征包括:名称,材质,规格,敷设方式。工作内容包括:保护管敷设。

4. 清单项目计量

电缆保护管敷设工程计量单位为"m"。

5. 工程量计算规则

电缆保护管敷设工程量按设计图示尺寸以长度计算。

6. 工程量计算示例

【例 6-4】试计算【例 6-2】中电缆保护管敷设工程量。

【解】电缆保护管工程量＝8＋13＝21m

电缆保护管敷设工程量计算结果见表 6-14。

表 6-14　　　　　　　　工程量计算表

序号	项目编码	项目名称	项目特征描述	计量单位	工程量
1	030408003001	电缆保护管	ϕ40 钢管	m	21

五、电缆槽盒

1. 电缆槽盒简介

电缆槽盒是一种新型的电缆敷设配套设施，具有耐火、耐高温等保护功能。电缆槽盒一般由盒体、隔热垫块、盒体外围捆扎带等组成，新型的电缆槽盒侧板或盖板上还带有扣夹。

2. 清单项目设置

电缆槽盒在"计算规范"中的项目编码为 030408004，其项目特征包括：名称，材质，规格，型号。工作内容包括：槽盒安装。

3. 清单项目计量

电缆槽盒安装工程计量单位为"m"。

4. 工程量计算规则

电缆槽盒安装工程量按设计图示尺寸以长度计算。

六、铺砂、盖保护板(砖)

1. 铺砂、盖保护板(砖)简介

铺砂、盖保护板(砖)是直埋电缆敷设不可缺少的工艺流程，直埋电缆敷设工艺流程如下：

测量放线→电缆沟开挖→电缆敷设→覆软土或细砂→盖电缆保

护盖板→回填土→设电缆标志桩

由于电缆沟的地质不均匀,铺砂是为了使电缆在砂上均匀受力,以免在地基下沉时受到集中应力。盖砖的目的是让电缆沟增加承受地面上对电缆沟的压力。总之,电缆沟铺砂盖砖可以保护电缆不受各种不均匀的外力作用,延长电缆的使用寿命。

2. 清单项目设置

铺砂、盖保护板(砖)在"计算规范"中的项目编码为030408005,其项目特征包括:种类,规格。工作内容包括:铺砂,盖板(砖)。

3. 清单项目计量

铺砂、盖保护板(砖)工程计量单位为"m"。

4. 工程量计算规则

铺砂、盖保护板(砖)工程量按设计图示尺寸以长度计算。

5. 工程量计算示例

【例6-5】某电缆敷设工程采用电缆沟铺砂、盖保护砖直埋并列敷设8根$XV_{29}(3\times35+1\times10)$电力电缆,变电所配电柜至室内部分电缆穿$\phi40$钢管保护,共12m长,试计算铺砂、盖保护砖工程量。

【解】铺砂、盖保护砖工程量=12m

铺砂、盖保护砖工程量计算结果见表6-15。

表6-15 工程量计算表

序号	项目编码	项目名称	项目特征描述	计量单位	工程量
1	030408005001	铺砂、盖保护砖	铺砂、盖保护砖直埋并列敷设	m	12

七、电缆头

1. 电缆头的概念和类型

(1)电缆头是指电缆线路两端与其他电气设备连接的装置,集防水、应力控制、屏蔽、绝缘于一体,具有良好的电气性能和机械性能,能在各种恶劣的环境条件下长期使用。电缆终端头广泛应用于电力、石油化工、冶金、铁路港口和建筑各个领域。

(2) 电缆头的类型如下：
1) 按安装材料可分为热缩电缆头和冷缩电缆头；
2) 按工作电压可分为 1kV 电缆头、10kV 电缆头、27.5kV 电缆头、35kV 电缆头、66kV 电缆头、110kV 电缆头、138kV 电缆头、220kV 电缆头；
3) 按使用条件可分为户内电缆头和户外电缆头；
4) 按芯数可分为单芯终端头、两芯终端头、三芯终端头、四芯终端头（又分为四等芯和 3＋1）、五芯终端头（又分为五等芯、3＋2 和 4＋1）。

2. 清单项目设置

电力电缆头和控制电缆头在"计算规范"中的清单项目设置见表6-16。

表 6-16　　　　电力电缆头和控制电缆头清单项目设置

项目编码	项目名称	项目特征	工作内容
030408006	电力电缆头	1. 名称 2. 型号 3. 规格 4. 材质、类型 5. 安装部位 6. 电压等级(kV)	1. 电力电缆头制作 2. 电力电缆头安装 3. 接地
030408007	控制电缆头	1. 名称 2. 型号 3. 规格 4. 材质、类型 5. 安装方式	

3. 清单项目计量

电力电缆头和控制电缆头安装工程计量单位为"个"。

4. 工程量计算规则

电力电缆头和控制电缆头安装工程量按设计图示数量计算。

5. 工程量计算实例

【例6-6】 某电缆敷设工程采用直埋并列敷设 12 根 XV_{29}($3\times35+1\times10$)电力电缆,变电所配电柜至室内部分电缆穿 $\phi40$ 钢管保护,共 15m 长,需用户内电力电缆头 36 个,户外电力电缆头 48 个,试计算电力电缆头安装工程量。

【解】 电力电缆头安装工程量 $=36+48=84$ 个

电力电缆头安装工程量计算结果见表 6-17。

表 6-17　　　　　　　　　工程量计算表

序号	项目编码	项目名称	项目特征描述	计量单位	工程量
1	030408006001	电力电缆头	户内电缆头、户外电缆头	个	84

八、防火设施

1. 防火设施简介

为减少因电线电缆老化和过载使用引起的火灾事故的发生,电缆敷设工程中应采取防火堵洞或防火材料(包括防火隔板、防火涂料)等。

电缆防火堵洞可根据不同情况分别采用防火胶泥、防火隔板等方式、方法。防火隔板也称不燃阻火板等,是由多种不燃材料经科学调配压制而成,具有阻燃性能好,遇火不燃烧(时间可达 3 小时以上),机械强度高,不爆,耐水、油,耐化学防腐蚀性强,无毒等特点。

电缆防火涂料一般由叔丙乳液水性材料添加各种防火阻燃剂、增塑剂等组成,涂料涂层受热时能生成均匀致密的海绵状泡沫隔热层,能有效地抑制、阻隔火焰的传播与蔓延,对电线、电缆起到保护作用。其主要适用于电厂、工矿、电信和民用建筑电线电缆的阻燃处理,也可用于木结构、金属结构建筑物等可燃烧性基材等物体的防火保护。

2. 清单项目设置

电缆敷设工程的防火设施在"计算规范"中的清单项目设置见表6-18。

表 6-18　　　　　电缆敷设清单项目设置

项目编码	项目名称	项目特征	工作内容
030408008	防火堵洞	1. 名称 2. 材质 3. 方式 4. 部位	安装
030408009	防火隔板		
030408010	防火涂料		

3. 清单项目计量

(1)防火堵洞项目计量单位为"处"。
(2)防火隔板项目计量单位为"m^2"。
(3)防火涂料项目计量单位为"kg"。

4. 工程量计算规则

(1)防火堵洞工程量按设计图示数量计算。
(2)防火隔板工程量按设计图示尺寸以面积计算。
(3)防火涂料工程量按设计图示尺寸以质量计算。

九、电缆分支箱

1. 电缆分支箱的作用

随着配电网电缆化进程的发展,当容量不大的独立负荷分布较集中时,可使用电缆分支箱进行电缆多分支的连接,因为分支箱不能直接对每路进行操作,仅作为电缆分支使用,电缆分支箱的主要作用是将电缆分接或转接,具体内容见表 6-19。

表 6-19　　　　　电缆分支箱的作用

序号	项目	内容
1	分接	在一条距离比较长的线路上有多根小面积电缆,往往会造成电缆使用浪费,于是在出线到用电负荷中,往往使用主干大电缆出线,然后在接近负荷的时候,使用电缆分支箱将主干电缆分成若干小面积电缆,由小面积电缆接入负荷。这样的接线方式广泛用于城市电网中的路灯等供电、小用户供电

续表

序号	项目	内容
2	转接	在一条比较长的线路上,电缆的长度无法满足线路的要求,那就必须使用电缆接头或者电缆转接箱,通常短距离时候采用电缆中间接头,但线路比较长的时候,根据经验在1000m以上的电缆线路上,如果电缆中间有多中间接头,为了确保安全,会在其中考虑电缆分支箱进行转接

2. 电缆分支箱的应用

电缆分支箱广泛用于户外。随着科学技术的进步,现在农村带开关的电缆分支箱也不断增加,而城市电缆往往都采用双回路供电方式,于是有人直接把带开关的分支箱称为户外环网柜。但目前这样的环网柜大部分无法实现配网自动化,不过已经有厂家推出可以配网自动化的户外环网柜,这也使得电缆分支箱和环网柜的界限开始模糊。

随着电力工业现代化建设事业的迅速发展,电网改造已全方位启动。地下主线电缆在一定的距离需要实现多回路分支配电时,采用电缆分支箱作为配电的重要配套设备是既经济又方便安全的一种办法。

3. 10kV 电缆分支箱的类型及其选用

(1)橡塑外套为主材作为防护型的电缆分支箱。在长期运行中易发生内界面分离及外露端头龟裂,使绝缘和密封受损,因此该产品的发展受到限制。

(2)三元乙丙橡胶(EPDM)为主材的电缆接头密封型电缆分支箱。其材质偏硬,而 EPDM 为可燃性材料,易发生爬电或起弧容易燃烧,同时,防潮、防水及抗老化的性能也较弱,达不到长期运行免维护的要求。EPDM 为有毒物质,对环保也存在不利因素。

(3)带电可拔插式电缆接头型电缆分支箱。我国供电系统为三相变压器供电,在拔插时不可能做到同时带电拔插,这样拔插将会造成中性点严重偏移,短时间内形成两相供电,严重造成大面积停电事故,对供电及设备带来不必要的经济损失。

(4)硅橡胶为主材电缆接头防洪型电缆分支箱。其材质柔软,具有高弹性、高密度、全绝缘,材料密封性能良好,达到防潮、防水、抗老化、抗阻燃、耐电晕和长期运行免维护等优点。因为硅橡胶与电缆采取过盈配合,径向收缩均匀度高,不会因热胀冷缩使内界面分离而产生内爬电击穿,同时对电缆本体有径向的持久压力,使内界面结合紧密可靠。同时,硅橡胶本质是无毒材料,对环保也有利。

(5)带 SF_6 负荷开关分断的电缆分支箱。由于该产品可实现环网柜的功能,而且价格又低于环网柜,在户外起到代替开关站的重要作用,又便于维护试验和检修分支线路,减少停电经济损失的特点,特别是在线路走廊和建配电房较困难的情况下,更显现其优越性。

4. 清单项目设置

电缆分支箱在"计算规范"中的项目编码为 030408011,其项目特征包括:名称、型号、规格、基础形式、材质、规格。工作内容包括:本体安装、基础制作、安装。

5. 清单项目计量

电缆分支箱计量单位为"台"。

6. 工程量计算规则

电缆分支箱工程量按设计图示数量计算。

第二节 滑触线装置安装工程

一、滑触线及其装置概述

1. 滑触线的规格及要求

滑触线是移动设备,主要由角钢、扁钢、圆钢、铜车电线等制成。角钢滑触线的规格是角钢的边长×厚度;扁钢滑触线的规格是扁钢截面长×宽;圆钢滑触线的规格是圆钢的直径;工字钢、轻轨滑触线的规格是以每米质量(kg/m)表述。滑触线拉紧装置是指可用来调节圆形滑触线的伸缩。一般要求长 25m 以内的滑触线,调节距离不应小于 100mm;超过 25m 时,调节距离不应小于 200mm。

2. 滑触线支架形式

滑触线支架的形式很多,一般是根据设计要求或现场实际需要,选用现行国家标准图集中的某一种支架或自行加工。E 形支架是角钢滑触线最常用的一种托架,用角钢焊接而成。支架的固定采用双头螺栓。滑触线伸缩器是一种温度补偿装置。当滑触线跨越建筑物伸缩缝或长度超过 50m 时,应设伸缩器。在伸缩器的两根角钢滑触线之间,应留有 10~20mm 的间隙,间隙两侧的滑触线应加工至圆滑,接触面安装在同一水平面上,其两端高低差不应大于 1mm。

挂式滑触线是一种悬吊式滑触线。挂式滑触线支持器一般是铁制构件,用角钢或其他钢材制作而成,用双头螺栓固定。

二、滑触线清单项目设置及计量单位

1. 清单项目设置

滑触线在"计算规范"中的项目编码为 030407001,其项目特征包括:名称、型号、规格、材质、支架形式、材质、移动软电缆材质、规格、安装部位、拉紧装置类型、伸缩接头材质、规格。工作内容包括:滑触线安装,滑触线支架制作、安装,拉紧装置及挂式支持器制作、安装,移动软电缆安装,伸缩接头制作、安装。

2. 清单项目计量

滑触线装置安装工程计量单位为"m"。

三、工程量计算规则及计算示例

1. 工程量计算规则

滑触线装置安装工程量按设计图示尺寸以单相长度计算(含预留长度)。

滑触线安装预留长度见表 6-20。

表 6-20　　　　　　　　滑触线安装预留长度　　　　　　　m/根

序号	项　目	预留长度	说　明
1	圆钢、铜母线与设备连接	0.2	从设备接线端子接口算起
2	圆钢、铜滑触线终端	0.5	从最后一个固定点算起
3	角钢滑触线终端	1.0	从最后一个支持点算起
4	扁钢滑触线终端	1.3	从最后一个固定点算起
5	扁钢母线分支	0.5	分支线预留
6	扁钢母线与设备连接	0.5	从设备接线端子接口算起
7	轻轨滑触线终端	0.8	从最后一个支持点算起
8	安全节能及其他滑触线终端	0.5	从最后一个固定点算起

2. 工程量计算示例

【例 6-7】如图 6-6、图 6-7 所示为某工程电气动力滑触线安装工程图,滑触线支架∟50×50×5,每米重 3.77kg,采用螺栓固定;滑触线∟40×40×4,每米重 2.422kg,两端设置指示灯。试计算滑触线安装工程量。

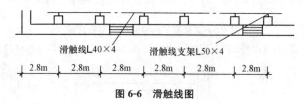

图 6-6　滑触线图

【解】滑触线安装工程量＝(2.8×5＋1＋1)×3＝48m

滑触线安装工程量计算结果见表 6-21。

表 6-21　　　　　　　　　　工程量计算表

序号	项目编码	项目名称	项目特征描述	计量单位	工程量
1	030407001001	滑触线	∟40×40×4,每米重 2.422kg	m	48

【例 6-8】某单层厂房触滑线平面布置图如图 6-8 所示。柱间距为 3.0m,共 6 跨,在柱高 7.5m 处安装滑触线支架(60mm×60mm×6mm,每米重 4.12kg),如图 6-9 所示,采用螺栓固定,滑触线(50mm×50mm×5mm,每米重 2.63kg)两端设置指示灯,试计算滑触线安装工程量。

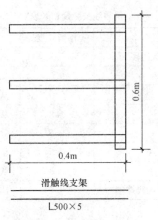

图 6-7 滑触线支架图

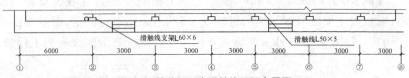

图 6-8 某单层厂房滑触线平面布置图

(说明：室内外地坪标高相同(±0.01)，图中尺寸标注均以 mm 计。)

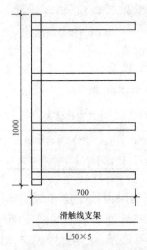

图 6-9 滑触线支架安装示意图

【解】 滑触线安装工程量=(3×6+1+1)×4=80m

滑触线安装工程量计算结果见表6-22。

表6-22　　　　　　　　工程量计算表

序号	项目编码	项目名称	项目特征描述	计量单位	工程量
1	030407001001	滑触线	滑触线安装∟50×50×5,滑触线支架∟60×60×6	m	80

第三节　10kV以下架空配电线路工程

一、架空线路概述

架空配电线路是指直接接向用户供电的电力线路,是用电杆将导线悬空架设的,按电压等级不同可分为1kV及以下的低压架空配电线路和1kV以上的高压架空配电线路。

架空线路主要由电杆、导线、横担、瓷瓶、拉线、金具等部分组成。配电线路导线主要有绝缘线和裸线,在市区或居民区人口较为聚集地应尽量用绝缘线,以保证其安全。

架空线路的优点是：设备材料简单、成本低,容易发现故障,维修方便；缺点是容易受外界环境的影响,如气温、风速、雨雪、覆冰等机械损伤,供电可靠性较差,占地表面积较大,而且影响市容美观。

二、电杆组立

1. 电杆组立形式

电杆组立是电力线路架设中的关键环节,可分为整体起立和分解起立两种形式。整体起立是大部分组装工作可在地面进行,高空作业量相对较少；而分解起立是要先立杆,再登杆进行铁件的组装。

架空配电线均应尽可能采用整体起立的方法。因为整体起立可在地面上进行大部分组建的组装工作,高空作业量少,比较安全方便。所谓组装,就是根据图纸及杆型装置杆塔本体、横担、金具、绝缘子等。

2. 电杆组立内容

电杆组立包括电杆、底盘、电杆坑、横担、拉线。

(1) 电杆。电杆是架空配电线路的重要组成部分,是用来安装横担、绝缘子和架设导线的。电杆应具有足够的机械强度,同时,还应具备造价低、寿命长的特点。

用于架空配电线路的电杆通常有木杆、钢筋混凝土杆和金属杆。

金属杆一般使用在线路的特殊位置,木杆由于木材供应紧张且易腐烂,除部分地区个别线路外,新建线路均已不再使用,所以普遍使用的是钢筋混凝土电杆。

电杆在配电线路中所处的位置不同,它的作用和受力情况就不同,杆顶的结构形式也就有所不同。一般按其在配电线路中的作用和所处位置不同可将电杆分为直线杆、耐张杆、转角杆、终端杆、分支杆和跨越杆等,具体内容见表 6-23。

表 6-23 电杆分类

序号	项目	作用与受力情况
1	直线杆	直线杆也称中间杆,即两个耐张杆之间的电杆,位于线路的直线段上,仅作支持导线、绝缘子及金具用。在正常情况下,电杆只承受导线的垂直荷重和风吹导线的水平荷重,而不承受顺线路方向的导线的拉力。 对直线杆的机械强度要求不高,杆顶结构也较简单,造价较低。 在架空配电线路中,大多数为直线杆,一般约占全部电杆数的 80% 左右
2	耐张杆	为了防止架空配电线路在运行时,因电杆两侧受力不平衡而导致的倒杆、断线事故,应每隔一定距离装设一机械强度比较大,能够承受导线不平衡拉力的电杆,这种电杆称为耐张杆。 在线路正常运行时,耐张杆所承受的荷重与直线杆相同,但在断线事故情况下则要承受一侧导线的拉力。所以,耐张杆上的导线一般用悬式绝缘子串或蝶式绝缘子固定,其杆顶结构要比直线杆杆顶结构复杂得多

续表

序号	项目	作用与受力情况
3	转角杆	架空配电线路所经路径,由于种种实际情况的限制,不可避免的会有一些改变方向的地点,即转角。设在转角处的电杆通常称为转角杆。 转角杆杆顶结构形式要视转角大小、档距长短、导线截面等具体情况决定,可以是直线型的,也可以是耐张型的
4	终端杆	设在线路的起点和终点的电杆统称为终端杆。由于终端杆上只在一侧有导线(接户线只有很短的一段,或用电缆接户),所以在正常情况下,电杆要承受线路方向全部导线的拉力。其杆顶结构和耐张杆相似,只是拉线有所不同
5	分支杆	分支杆位于分支线路与干线相连接处,有直线分支杆和转角分支杆。在主干线上多为直线型和耐张型,尽量避免在转角杆上分支;在分支线路上,相当于终端杆,能承受分支线路导线的全部拉力
6	跨越杆	当配电线路与公路、铁路、河流、架空管道、电力线路、通信线路交叉时,必须满足规范规定的交叉跨越要求。一般直线杆的导线悬挂较低,大多不能满足要求,这就要适当增加电杆的高度,同时适当加强导线的机械强度,这种电杆就称为跨越杆

各种杆塔型号及规格见表 6-24。

表 6-24 各种杆塔型号及规格

杆塔编号	杆塔简图	杆塔型号	电杆	第一层横担 第二层横担 第三层横担	路灯	底盘/卡盘	拉线
N_1	4500　　　　　　　　 1700　5950　600 600　150 9000	442D.1	φ150-9-A	4DIIV1/ 2J3II1/-	LD1-A-I 2-100W	DP6/kP8	GJ-35-4I_1

续表

杆塔编号	杆塔简图	杆塔型号	电杆	第一层横担 第二层横担 第三层横担	路灯	底盘/卡盘	拉线
N_2、N_3、N_4	(见图)	442Z	φ150-9-A	4ZII1/- 4ZII1/- 2ZII1/-	LD1-A-I2-100W	—	—
N_5	(见图)	44NJ2	φ150-9-A	4J3IV1/4J3IV1 4D2IV1-2J3II1/2J3-II1	LD1-A-I-100W	DP6/KP8	—
N_6	(见图)	42D1	φ150-8-A	4DIIV/1- 2J3II1/-	LD1-A-I2-100W	DP6/KP8	GJ-35-3-I

(2)底盘。底盘是指在电杆底部用以固定电杆的抱铁。

(3)电杆坑。电杆坑是指已浇筑基础、为固定电杆而挖的坑。

(4)横担。架空配电线路的横担比较简单,是指装在电杆上端用来安装绝缘子、固定开关设备及避雷器等的装置。横担应具有一定的长度和机械强度。

(5)拉线。在架空线路的承力杆上,均需装设拉线,来平衡电杆各方向的拉力,防止电杆弯曲或倾斜,有时为了防止电杆被强大的风力刮倒或受冰凌荷载的破坏影响,或为了在土质松软地区增强线路电杆的稳定性,也在直线杆上每隔一定距离装设抗风拉线或四方拉线。有时,由于地形限制无法装设拉线时,也可以用撑杆代替。拉线长度见表6-25,拉线的类型见表6-26。

表 6-25　　　　　　　　　　　拉线长度　　　　　　　　　　　m/根

项目		普通拉线	V(Y)形拉线	弓形拉线
杆高/m	8	11.47	22.94	9.33
	9	12.61	25.22	10.10
	10	13.74	27.48	10.92
	11	15.10	30.20	11.82
	12	16.14	32.28	12.62
	13	18.69	37.38	13.42
	14	19.68	39.36	15.12
水平拉线		26.47	—	—

表 6-26　　　　　　　　　　　拉线的类型

序号	类型	示意图	位置与作用
1	普通拉线		用在线路的终端杆、转角杆、分支杆及耐张杆等处,主要起平衡拉力的作用
2	两侧拉线		横线路方向装设在直线杆的两侧,由两组普通拉线组成,用以增强电杆的抗风能力
3	四方拉线	—	一般装设于耐张杆或处于土质松软地点的电杆上,用以增强电杆稳定性

续表

序号	类型	示意图	位置与作用
4	共同拉线		当在直线路的电杆上产生不平衡拉力,又因地形限制没有地方装设拉线时,可采用共同拉线,即把拉线固定在相邻的一根电杆上,用以平衡拉力
5	水平拉线		当电杆距离道路太近,不能就地安装拉线或需跨越其他障碍物时,采用水平拉线。即在道路的另一侧立一根拉线杆,在此杆上做一道过道拉线和一条普通拉线。过道拉线保持一定的高度,以免妨碍行人和车辆通行
6	V形拉线		该种形式的拉线分垂直V形和水平V形两种。主要用在电杆较高,横担层数较多,架设导线根数较多的电杆上,在拉力的合力点上、下两处各安装一条拉线,其下部则合为一条,称为垂直V形。在H形杆上则应安装成水平V形
7	弓形拉线		为防止电杆弯曲,但又因地形限制而不能安装普通拉线时,则可采用弓形拉线

3. 清单项目设置

电杆组立在"计算规范"中的项目编码为030410001,其项目特征包括:名称、材质、规格、类型、地形、土质、底盘、拉盘、卡盘规格,拉线材质、规格、类型,现浇基础类型,钢筋类型、规格,基础垫层要求,电杆防腐要求。工作内容包括:施工定位,电杆组立,土(石)方挖填,底盘、拉盘、卡盘安装,电杆防腐,拉杆制作、安装,现浇基础、基础垫层,工地运输。

4. 清单项目计量

电杆组立工程工程量计量单位为"根(基)"。

5. 工程量计算规则

电杆组立工程量按设计图示数量计算。

6. 工程量计算示例

【例6-9】某新建工厂架设300/500V三相四线线路,需10m高水泥杆10根,杆距为60m,试计算其工程量。

【解】电杆组立工程量计算结果见表6-27。

表6-27　　　　　　　　　工程量计算表

序号	项目编码	项目名称	项目特征描述	计量单位	工程量
1	030410001001	电杆组立	10m高水泥杆,杆距60m	根	10

【例6-10】某外线工程平面图如图6-10所示,混凝土电杆高12m,间距45m,属于丘陵地区架设施工,选用BLX-(3×70+1×35)电缆,室外杆上变压器容量为320kV·A。试计算电杆组立工程量。

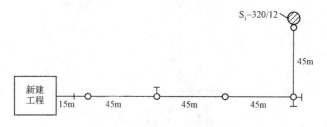

图6-10　外线工程平面图

【解】电杆组立工程量计算结果见表 6-28。

表 6-28　　　　　　　　工程量计算表

序号	项目编码	项目名称	项目特征描述	计量单位	工程量
1	030410001001	电杆组立	12m 高混凝土电杆,杆距 45m	根	4

三、横担组装

1. 横担用途与组装形式

横担是杆塔中重要的组成部分,其作用是用于安装绝缘子及金具,以支承导线、避雷线,并使之按规定保持一定的安全距离。

横担一般安装在距杆顶 300mm 处,直线横担应装在受电侧,转角杆、终端杆、分支杆的横担应装在拉线侧。

(1)横担按使用用途可分为:

1)直线横担,只考虑在正常未断线情况下,承受导线的垂直荷重和水平荷重;

2)耐张横担,除承受导线垂直和水平荷重外,还将承受导线的拉力差;

3)转角横担,除承受导线的垂直和水平荷重外,还将承受较大的单侧导线拉力。

(2)横担组装形式如图 6-11 所示。

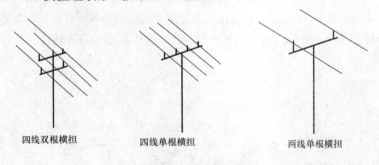

图 6-11　横担组装形式

2. 清单项目设置

横担组装在"计算规范"中的项目编码为030410002,其项目特征包括:名称,材质,规格,类型,电压等级(kV),瓷瓶型号、规格,金具品种、规格。工作内容包括:横担安装,瓷瓶、金具组装。

3. 清单项目计量

横担安装工程计量单位为"组"。

4. 工程量计算规则

横担安装工程量按设计图示数量计算。

5. 工程量计算示例

【例6-11】某新建工厂需架设380/220V三相四线线路,使用裸铜10m高水泥杆10根,杆距为60m,杆上铁横担水平安装1根,试计算横担安装工程量。

【解】横担安装工程量=10×1=10 组

横担安装工程量计算结果见表6-29。

表6-29　　　　　　　　　工程量计算表

序号	项目编码	项目名称	项目特征描述	计量单位	工程量
1	030410002001	横担组装	铁横担水平安装	组	10

四、导线架设

1. 导线的分类

导线架设就是将金属导线按设计要求,敷设在已组立好的线路杆塔上。通常包括放线、导线连接、紧线、弛度观测以及导线在绝缘子上的固定。

常用的导线分为裸线及绝缘导线。

(1)裸线。裸线是没有绝缘层的电线,包括铜铝平线,架空绞线,各种型材如芯线、母线、铜排、铝排等,主要用于户外架空、室内汇流排和开关箱。

(2)绝缘导线。绝缘导线按芯线材料可分为铜芯和铝芯两种;按其外皮的绝缘材料可分为橡皮绝缘和塑料绝缘两种。

1)橡皮绝缘导线。橡皮绝缘导线适用于交流 500V 以下或直流 1000V 及以下的电气设备与照明装置配线,线芯长期允许工作温度应不超过 65℃。橡皮绝缘导线主要有棉纱编织橡皮绝缘线、玻璃丝编织橡皮绝缘线和氯丁橡皮绝缘线,见表 6-30。

表 6-30　　　　　　　　　常用的橡皮绝缘导线

序号	项目	内容
1	棉纱编织橡皮绝缘线	棉纱编织橡皮绝缘线有铝芯和铜芯两种,铝芯的型号为 BLX,铜芯型号为 BX。导线的最里面是芯线,在芯线的外层包一层橡胶,作为绝缘层。橡胶外层编织棉纱,并在编织层上涂蜡(主要是沥青、石蜡及蒙旦蜡等)
2	玻璃丝编织橡皮绝缘线	玻璃丝编织橡皮绝缘线的结构与棉纱编织橡皮绝缘线基本相同,但是用玻璃丝编制的,生产这种导线能节省大量的棉纱。但玻璃丝耐气候性差,容易破裂。 这种导线分为铝芯和铜芯两种,铝芯型号为 BBIJX,铜芯型号为 BBX,其用途和棉纱编织橡皮线相同
3	氯丁橡皮绝缘线	氯丁橡皮绝缘线的型号:铝芯为 BLXF,铜芯为 BXF,芯线外包一层氯丁橡皮作为绝缘层,外层不再加编织物。氯丁橡皮绝缘线具有很好的绝缘电气性能和良好的耐气候老化性能,并有一定的耐油、耐腐蚀性能,可以代替以上两种橡皮绝缘线,特别适用于户外敷设。使用寿命比 BLX(BX)导线高三倍左右。因氯丁橡皮线无护套,所以在搬运和敷设时要注意避免接触利、尖、刀等器具,以防止刺伤绝缘,降低其性能

2)塑料绝缘导线。塑料绝缘导线适用于各种交直流电器装置、电工仪表、仪器、电信设备、动力及照明线路固定敷设,长期允许工作温度一般不应超过 65℃,其安装温度应不低于-15℃。塑料绝缘导线性能良好,价格较低,而且节约大量橡胶和棉纱,在室内明敷或穿管敷设中可取代橡皮绝缘导线,但塑料绝缘在低温时会变硬变脆,高温时又易软化,因此,不宜在室外使用。导线有单股和多股两种,一般截面较小的导线多制成单股线,但是和经常移动的电器连接所用的导线,虽

然导线截面不大,也采用多股线,这样的导线易弯曲而不易折断。截面较大的导线,多制成多股绞线。塑料绝缘导线主要有聚氯乙烯绝缘导线、聚氯乙烯绝缘软线、聚氯乙烯绝缘和护套线及丁腈聚氯乙烯复合物绝缘软线,见表 6-31。

表 6-31　　　　　　　　　常用的塑料绝缘导线

序号	项目	内容
1	聚氯乙烯绝缘导线	聚氯乙烯绝缘导线是用聚乙烯作为绝缘层的,分铜芯和铝芯两种。铜芯型号为 BV,铝芯型号为 BLV。这种导线具有表面光滑、色泽鲜艳、外径小、不易燃等优点,且生产工艺简单,能节省大量的橡胶和棉纱
2	聚氯乙烯绝缘软线	聚氯乙烯绝缘软线适用于交流 250V 及以下的各种移动电器、电信设备、自动化装置及照明用连接软线(灯头线)。线芯为多股铜芯。其型号有 RVB(双芯平型软线)、RVS(双芯型软线)
3	聚氯乙烯绝缘和护套线	聚氯乙烯绝缘和护套线与 BV 和 BLV 型导线不同之处是在聚氯乙烯绝缘层外又加一层聚氯乙烯护套。其型号铜芯为 BLVV,分为单芯、双芯、三芯
4	丁腈聚氯乙烯复合物绝缘软线	丁腈聚氯乙烯复合物绝缘软线适用于交流 250V 及以下的各种移动电器、无线电设备和照明灯接线,其型号有 RFS(双绞型复合软线)和 RFB(平型复合软线)

2. 清单项目设置

导线架设在"计算规范"中的项目编码为 030410003,其项目特征包括:名称,型号,规格,地形,跨越类型。工作内容包括:导线架设,导线跨越及进户线架设,工地运输。

3. 清单项目计量

导线架设工程量计量单位为"km"。

4. 工程量计算规则

导线架设工程量按设计图示尺寸以单线长度计算(含预留长度)。

架空导线预留长度见表 6-32。

表 6-32　　　　　　　架空导线预留长度　　　　　　　m/根

项目		预留长度
高压	转角	2.5
	分支、终端	2.0
低压	分支、终端	0.5
	交叉跳线转角	1.5
与设备连接		0.5
进户线		2.5

5. 工程量计算示例

【例 6-12】某新建工厂需架设 380/220V 三相四线线路,导线使用裸铜绞线(3×120+1×70),10m 高水泥杆 10 根,杆距为 60m,杆上铁横担水平安装 1 根,末根杆上有阀型避雷器 5 组,试计算导线架设工程量。

【解】导线架设工程量计算:

10 根电杆的总长度 = 9×60 = 540m

$120mm^2$ 导线长度 = 3×540+3×0.5(预留长度) = 1621.5m = 1.6215km ≈ 1.62km

$70mm^2$ 导线长度 = 1×540+0.5 = 540.5m = 0.5405km ≈ 0.54km

导线架设工程量计算结果见表 6-33。

表 6-33　　　　　　　　工程量计算表

序号	项目编码	项目名称	项目特征描述	计量单位	工程量
1	030410003001	导线架设	380V/220V,裸铜绞线,$120mm^2$	km	1.62
2	030410003002	导线架设	380V/220V,裸铜绞线,$70mm^2$	km	0.54

【例 6-13】 某外线工程平面图如图 6-10 所示,混凝土电杆高 12m,间距 45m,属于丘陵地区架设施工,选用 BLX-(3×70+1×35) 导线,室外杆上变压器容量为 320kV·A。试计算导线架设工程量。

【解】 $70mm^2$ 的导线长度 $=(45×4+15+0.5)×3=586.5m=0.5865km≈0.59km$

$35mm^2$ 的导线长度 $=(45×4+15+0.5)×1=195.5m=0.1955km≈0.2km$

导线架设工程量计算结果见表 6-34。

表 6-34　　　　　　　　　工程量计算表

序号	项目编码	项目名称	项目特征描述	计量单位	工程量
1	030410003001	导线架设	$70mm^2$	km	0.59
2	030410003002	导线架设	$35mm^2$	km	0.20

五、杆上设备

1. 杆上设备构成及质量要求

(1)杆上设备主要包括绝缘子、拉线盘、高压瓷件等。杆上设备安装所采用的设备、器材及材料应符合国家相应标准,并应有合格证件,设备应有铭牌。设备安装应牢固可靠。电气连接应接触紧密,不同金属连接应有过渡措施,瓷件表面光滑,无裂缝、破损等现象。

(2)杆上主要设备质量要求如下:

1)高压绝缘子的交流耐压试验结果和高压电气设备的实验结果必须符合施工规范的规定;

2)高压瓷件表面严禁有裂纹、缺损、瓷釉烧坏等缺陷;

3)导线连接必须紧密、牢固,连接处严禁有断股和损伤;导线的接续管在压接或校直后严禁有裂纹;

4)钢圈连接的钢筋混凝土电杆,钢圈焊缝的焊接必须符合施工规范的规定。

2. 清单项目设置

杆上设备在"计算规范"中的项目编码为030410004，其项目特征包括：名称，型号，规格，电压等级(kV)，支撑架种类、规格，接线端子材质、规格，接地要求。工作内容包括：支撑架安装，本体安装，焊压接线端子、接线，补刷(喷)油漆，接地。

3. 清单项目计量

杆上设备计量单位为"台(组)"。

4. 工程量计算规则

杆上设备安装工程量按设计图示数量计算。

第四节 配管、配线工程

一、配管

1. 配管方式

配管即线管敷设，配管包括电线管、钢管、防爆管、塑料管、软管、波纹管等。

配管可分为明配管和暗配管。明配管是将线管显露地敷设在建筑物表面。明配管应排列整齐、固定点间距均匀，一般管路是沿着建筑物水平或垂直敷设，其允许偏差在 2m 以内均为 3mm，全长不应超过管子内径的 1/2，当管子是沿墙、柱或屋架处敷设时，应用管卡固定；暗配管是将线管敷设在现浇混凝土构件内，可用铁线将管子绑扎在钢筋上，也可以用钉子钉在模板上，但应将管子用垫块垫起，用铁线绑牢。

除明配、暗配外，配管配置形式包括吊顶内、钢结构支架、钢索配管、埋地敷设、水下敷设、砌筑沟内敷设等。

2. 配管规格及敷设场所

(1)配管规格。常见穿线钢管的种类及规格见表 6-35；常见塑料管管材种类及规格见表 6-36。

表 6-35　　　　　常见穿线钢管种类及规格

种类	公称直径/mm	外径/mm	壁厚/mm	内径/mm	内孔总截面面积/mm²	参考质量/kg·m⁻¹
电线管(TC)	16	15.87	1.5	12.87	130	0.536
	20	19.05	1.5	16.05	202	0.647
	25	25.40	1.5	22.40	394	0.869
	32	31.75	1.5	28.75	649	1.13
	40	38.10	1.5	35.10	967	1.35
	50	50.80	1.5	47.80	1794	1.85
焊接钢管(SC)	15	20.75	2.5	15.75	194	1.21
	20	26.25	2.5	21.25	355	1.45
	25	32.00	2.5	27.00	573	1.51
	32	40.75	2.5	35.75	1003	2.37
	40	46.00	2.5	41.00	1320	2.68
	50	58.00	2.5	53.00	2206	2.99
	70	74.00	3.0	68.00	3631	5.40
	80	86.50	3.0	80.50	5089	6.36
	100	112.00	3.0	106.50	8824	8.21
水煤气钢管(RC)	15	21.25	2.75	15.75	195	1.25
	20	26.75	2.75	21.25	355	1.63
	25	33.50	3.25	27.00	573	2.42
	32	42.25	3.25	35.75	1003	3.13
	40	48.00	3.50	41.00	1320	3.84
	50	60.00	3.50	53.00	2206	4.88
	70	75.50	3.75	68.00	3631	6.64
	80	88.50	4.00	80.50	5089	8.34
	100	114.00	4.00	106.00	8824	10.85
	125	140.00	4.50	131.00	13478	15.04
	150	165.00	4.50	156.00	19113	17.81

表 6-36　　　　　常见塑料管管材种类及规格

管材种类	公称直径/mm	外径/mm	壁厚/mm	内径/mm	内孔总截面面积/mm²
聚氯乙烯半硬质电线管(FPC)	16	16	2	12	113
	18	18	2	14	154
	20	20	2	16	201
	25	25	2.5	20	314
	32	32	3	26	531
	40	40	3	34	908
	50	50	3	44	1521
聚氯乙烯硬质电线管(PC)	16	16	1.9	12.2	117
	20	20	2.1	15.8	196
	25	25	2.2	20.6	333
	32	32	2.7	26.6	556
	40	40	2.8	34.4	929
	50	50	3.2	43.2	1466
	63	63	3.4	56.2	2386
聚氯乙烯塑料波纹电线管(KPC)	15	18.7	峰谷间 2.45	13.8	150
	20	21.2	2.60	16.0	201
	25	28.5	2.90	22.7	405
	32	34.5	3.05	28.4	633
	40	45.5	4.95	35.6	995
	50	54.5	3.80	46.9	1728

(2)配管种类及敷设场所见表 6-37。

表 6-37　　　　　配管种类及敷设场所

序号	项目	内容
1	硬塑料管	硬塑料管适用于室内或有酸、碱等腐蚀介质场所的明敷。明配的硬塑料管在穿过楼板等易受机械损伤的地方时应用钢管保护;埋于地面内的硬塑料管,露出地面易受机械损伤段落,也应用钢管保护;硬塑料管不准用在高温、高热的场所(如锅炉房),也不应在易受机械损伤的场所敷设

续表

序号	项目	内容
2	半硬塑料管	半硬塑料管只适用于六层及六层以下的一般民用建筑的照明工程。应敷设在预制混凝土楼板间的缝隙中,从上到下垂直敷设时,应暗敷在预留的砖缝中,并用水泥砂浆抹平,砂浆厚度不小于15mm。半硬塑料管不得敷设在楼板平面上,也不得在吊顶及护墙夹层内及板条墙内敷设
3	薄壁管	薄壁管通常用于干燥场所进行明敷,也可暗敷于吊顶、夹板墙内及墙体与混凝土层内
4	厚壁管	厚壁管用于防爆场所明敷,或在机械载重场所进行暗敷,也可经防腐处理后直接埋入泥地。镀锌管通常使用在室外,或在有腐蚀性的土层中暗敷

3. 清单项目设置

配管在"计算规范"中的项目编码是030411001,其项目特征包括:名称,材质,规格,配置形式,接地要求,钢索材质、规格。工作内容包括:电线管路敷设,钢索架设(拉紧装置安装),预留沟槽,接地。

4. 清单项目计量

电气配管工程量计量单位是"m"。

5. 工程量计算规则

电气配管工程量按设计图示尺寸以长度计算。

6. 工程量计算示例

【例6-14】某小区塔楼21层,层高3.2m,配电箱高0.8m,均为暗装在平面同一位置。立管用SC32,试计算立管工程量。

【解】SC32立管工程量$=(21-1)\times 3.2=64$m

工程量计算结果见表6-38。

表6-38　　　　　　　　　工程量计算表

序号	项目编码	项目名称	项目特征描述	计量单位	工程量
1	030411001001	电气配管	SC32,暗装	m	64

【例 6-15】 某配电室建筑层高为 3.3m,配电箱安装高度为 1.8m,安装方式如图 6-12 所示。试求电气配管工程量。

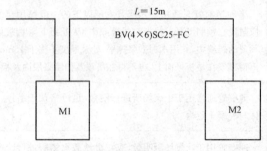

图 6-12 配电箱

【解】 SC25 配管工程量 = 15+(3.3-1.8)×3 = 19.5m

注意:配电箱 M1 有进出两根管,所以垂直部分共 3 根管。电气配管工程量计算结果见表 6-39。

表 6-39 工程量计算表

序号	项目编码	项目名称	项目特征描述	计量单位	工程量
1	030411001001	电气配管	SC25	m	19.5

【例 6-16】 如图 6-13 所示,已知两配电箱之间线路采用 BV(3×104-1×4)-SC32-DQA,配电箱 M1、M2 规格均为 800×800×150(宽×高×厚),悬挂嵌入式安装,配电箱底边距地高度 1.0m,水平距离 12m。试计算电气配管工程量。

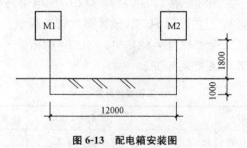

图 6-13 配电箱安装图

【解】 电气配管工程量＝(1.8＋1)×2＋12＝17.6m

工程量计算结果见表6-40。

表6-40 工程量计算表

序号	项目编码	项目名称	项目特征	计量单位	工程量
1	030411001001	电气配管	BV(3×104-1×4)-SC32-DQA	m	17.6

二、线槽

1. 线槽的分类

线槽配线是指将绝缘导线敷设在槽板的线槽内的一种配线方式。

在建筑电气工程中，常用的线槽按材质分主要有木线槽、金属线槽和塑料线槽（金属线槽的型号为XC，塑料线槽的型号为PXC）；按接线方式分主要有插接式母线槽和封闭式母线槽。

(1)木线槽。

1)角弯。用钉子将木条钉成一定的夹角形状（或将钢条、钢管等用一定的机械做成夹角形状）。

2)木槽板。用木质材料做成的槽板，其上刻有线槽，可供在配线时安放导线。

(2)金属线槽。金属线槽配线一般适用于正常环境的室内场所明敷，由于金属线槽多由厚度为0.4～1.5mm的钢板制成，其构造特点决定了在对金属线槽有严重腐蚀的场所不应采用金属线槽配线。具有槽盖的封闭式金属线槽，有与金属导管相当的耐火性能，可用在建筑物天棚内敷设。

为适应建筑物电气线路复杂多变的需要，金属线槽也可采取地面内暗装的布线方式，将电线或电缆穿在经过特制的壁厚为2mm的封闭式矩形金属线槽内，直接敷设在混凝土地面、现浇钢筋混凝土楼板或预制混凝土楼板的垫层内。

(3)塑料线槽。塑料线槽由槽底、槽盖及附件组成，是由难燃型硬质聚氯乙烯工程塑料挤压成型的，规格较多，外形美观，可起到装饰建筑物的作用。塑料线槽一般适用于正常环境的室内场所明敷,也用于科研实验室或预制板结构无法暗敷的工程,还适用于旧工程改造更换线路。同时,也用于弱电线路吊顶内暗敷场所。在高温和易受机械损伤的场所不宜采用塑料线槽布线。用 PVC 材料制成的线槽的编号、规格见表 6-41。

表 6-41　　　　　　　PVC 线槽编号、规格

线槽编号	规格(宽×高)/(mm×mm)
SA1001	15×10
SA1002	25×14
SA1003	40×18
SA1004	60×22
SA1005	100×27
SA1006	100×40
SA1007	40×18(双坑)
SA1008	40×18(三坑)

(4)插接式母线槽。插接式母线槽的种类很多,其中 MC-1 型插接式母线槽广泛用于工厂企业、车间,作为电压 500V 以下,额定电流 1000A 以下,用电设备较密集的场所作配电用。MC-1 型插接式母线槽每段长 3m,前后各有 4 个插孔,其孔距为 700mm。金属外壳用 1mm 厚的钢板压成槽后,再合成封闭型,具有防尘、散热等优点。

(5)封闭式母线槽。输送较大的安全载流量,用普通的导线容量不够,通常采用封闭式母线槽的形式输送大电流。

2. 清单项目设置

线槽在"计算规范"中的项目编码为 030411002,其项目特征包括:名称,材质,规格。工作内容包括:本体安装,补刷(喷)油漆。

3. 清单项目计量

线槽配线工程计量单位为"m"。

4. 工程量计算规则

线槽配线工程量按设计图示尺寸以长度计算。

三、桥架

1. 桥架的特点与组成

桥架是支撑和放置电缆的支架。桥架在工程上应用很普遍,只要铺设电缆就要用桥架。电缆桥架作为布线工程的一个配套项目,具有品种全、应用广、强度大、结构轻、造价低、施工简单、配线灵活、安装标准、外形美观等特点。

桥架分为槽式、托盘式、梯架式、网格式等结构,由支架、托臂和安装附件等组成,选用时应注意桥架的所有零部件是否符合系列化、通用化、标准化的成套要求。建筑物内桥架可以独立架设,也可以附设在各种建(构)筑物和管廊支架上,应体现结构简单、造型美观、配置灵活和维修方便等特点,全部零件均需进行镀锌处理,安装在建筑物外露天的桥架,如果是在邻近海边或属于腐蚀区,则材质必须具有防腐、耐潮气、附着力好、耐冲击强度高的特点。

2. 清单项目设置

桥架在"计算规范"中的项目编码为030411003,其项目特征包括:名称,型号,规格,材质,类型,接地方式。工作内容包括:本体安装,接地。

3. 清单项目计量

桥架工程计量单位为"m"。

4. 工程量计算规则

桥架工程量按设计图示尺寸以长度计算。

四、配线

1. 配线方式

工程设计时,选择何种类型配线应综合考虑配电导线的额定电压、配电方式、电力负荷的种类和大小、敷设环境、敷设方式以及与附近电气装置、设施之间能否产生有害电磁感应等因素。既要满足可靠性的要求,又要兼顾经济性,并要考虑施工和维修方便。

配线方式有很多种,具体内容见表 6-42。

表 6-42　　　　　　　　　　　配线方式

序号	项目	内容
1	瓷夹配线	瓷夹配线是一种沿建筑物表面敷设、比较经济的配线方式。常用的瓷夹有两线式和三线式两种。一般用于照明工程
2	塑料夹配线	塑料夹配线是先将塑料夹底座粘于建筑物表面,敷线后将塑料夹盖拧入。一般用于照明工程
3	木槽板配线	木槽板配线比瓷夹、塑料夹配线整齐美观,但由于木槽板吸收水分后易于变形,不宜用于潮湿场所。其配线方法是将导线放于线槽内,每槽内只允许敷设一根导线,最大截面为 $6mm^2$。外加盖板把导线盖住。 木槽板有两线式和三线式。一般用于照明工程
4	塑料槽板配线	塑料槽板配线具有体积小、可防潮的优点。其配线方法与木槽板配线相同。一般用于照明工程
5	塑料护套线敷设	塑料护套线分两芯线与三芯线两种,按其敷设方式分为铝卡子卡设和沿钢索架设两种。多用于照明工程
6	鼓形绝缘子配线	鼓形绝缘子(瓷柱)配线,按其敷设方式分为沿木结构配线和沿钢支架配线两种。 钢支架可用角钢制作,也可用扁钢制作
7	针式及蝶式绝缘子配线	针式及蝶式绝缘子配线多用于工业建筑中,用钢支架沿屋架、梁柱、墙或跨屋架、梁、柱配线。钢支架一般均用角钢制作
8	母线槽配线	在低压配电系统中,母线槽已广泛用于工业、高压建筑等配电干线中,其具有结构紧凑、占据空间小、能承受较大电流的特点

2. 导线型号、规格及技术参数

(1)绝缘电线型号的组成及含义。绝缘电线型号的表示方法如下,其字母代号及其含义见表 6-43。

第六章 电气线路安装工程计量与计价

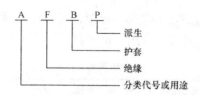

表 6-43　　　　　绝缘电线型号中字母代号及其含义表

分类代号或用途		绝缘		护套		派生	
符号	含义	符号	含义	符号	含义	符号	含义
A	安装线缆	V	聚氯乙烯	V	聚氯乙烯	P	屏蔽
B	布电线	F	氟塑料	H	橡胶套	R	软
F	飞机用低压线	Y	聚乙烯	B	编织套	S	双绞
Y	一般工业移动电器用线	X	橡皮	L	蜡克	B	平行
T	天线	ST	天然丝	N	尼龙套	D	带形
HR	电话软线	SE	双丝包	SK	尼龙丝	T	特种
HP	配线	VZ	阻燃聚氯乙烯	VZ	阻燃聚氯乙烯	P_1	缠绕屏蔽
J	电子计算机电缆	R	辐照聚乙烯	ZR	具有阻燃性	W	耐气候耐油
SB	无线电装置用电缆	B	聚丙烯	—	—	—	—

（2）聚氯乙烯绝缘电线型号、规格及技术参数。聚氯乙烯绝缘电线主要用于交流额定电压 450/750V 及以下的动力装置的固定敷设。其主要型号为：

　　BV——铜芯聚氯乙烯绝缘电线；

　　BLV——铝芯聚氯乙烯绝缘电线；

　　BVR——铜芯聚氯乙烯绝缘软电线；

　　BVV——铜芯聚氯乙烯绝缘聚氯乙烯护套圆型电线；

　　BLVV——铝芯聚氯乙烯绝缘聚氯乙烯护套圆型电线；

　　BVVB——铜芯聚氯乙烯绝缘聚氯乙烯护套平型电线；

　　BLVVB——铝芯聚氯乙烯绝缘聚氯乙烯护套平型电线；

BV-105——铜芯耐热105℃聚氯乙烯绝缘电线。

聚氯乙烯绝缘电线的常用规格及技术参数见表6-44～表6-52。

表 6-44　　　　　　　　BV300/500V 规格及技术参数

标称截面积 /mm²	线芯结构 根数/直径/mm	最大外径 /mm	20℃时导体电阻 /(Ω/km), ≤	质量 /(kg/km)
0.5	1/0.80	2.4	36.0	8.5
0.75	1/0.97	2.6	24.5	11.1
0.75	7/0.37	2.8	24.5	12.0
1.0	1/1.13	2.8	18.1	13.9
1.0	7/0.43	3.0	18.1	15.0

表 6-45　　　　　　　　BV450/750V 规格及技术参数

标称截面积 /mm²	线芯结构 根数/直径/mm	最大外径 /mm	20℃时导体电阻 /(Ω/km), ≤	质量 /(kg/km)
1.5	1/1.38	3.3	12.1	20.3
1.5	7/0.52	3.5	12.1	21.6
2.5	1/1.78	3.9	7.41	31.6
2.5	7/0.68	4.2	7.41	34.8
4	1/2.25	4.4	4.61	47.1
4	7/0.85	4.8	4.61	50.3
6	1/2.76	4.9	3.08	67.1
6	7/1.04	5.4	3.08	71.2
10	7/1.35	7.0	1.83	119
16	7/1.70	8.0	1.15	179
25	7/2.14	10.0	0.727	281
35	7/2.52	11.5	0.524	381
50	19/1.78	13.0	0.387	521
70	19/2.14	15.0	0.268	734
95	19/2.52	17.5	0.193	962
120	37/2.03	19.0	0.153	1180
150	37/2.25	21.0	0.124	1470
185	37/2.52	23.5	0.0991	1810
240	61/2.25	26.5	0.0754	2350
300	61/2.52	29.5	0.0601	2930
400	61/2.85	33.0	0.0470	3870

表 6-46　　　　　BLV450/750V 规格及技术参数

标称截面积 /mm²	线芯结构 根数/直径/mm	最大外径 /mm	20℃时导体电阻 /(Ω/km),⩽	质量 /(kg/km)
2.5	1/1.78	3.9	11.80	17
4	1/2.25	4.4	7.39	22
6	1/2.76	4.9	4.91	29
10	7/1.35	7.0	3.08	62
16	7/1.70	8.0	1.91	78
25	7/2.14	10.0	1.20	118
35	7/2.52	11.5	0.868	156
50	19/1.78	13.0	0.641	215
70	19/2.14	15.0	0.443	282
95	19/2.52	17.5	0.320	385
120	37/2.03	19.0	0.253	431
150	37/2.25	21.0	0.206	539
185	37/2.52	23.5	0.164	666
240	61/2.25	26.5	0.125	857
300	61/2.52	29.5	0.100	1070
400	61/2.85	33.0	0.0778	1390

表 6-47　　　　　BVR450/750V 规格及技术参数

标称截面积 /mm²	线芯结构 根数/直径/mm	最大外径 /mm	20℃时导体电阻 /(Ω/km),⩽	质量 /(kg/km)
2.5	19/0.41	4.2	7.41	34.7
4	19/0.52	4.8	4.61	51.4
6	19/0.64	5.6	3.08	73.6
10	49/0.52	7.6	1.83	129
16	49/0.64	8.8	1.15	186
25	98/0.58	11.0	0.727	306
35	133/0.58	12.5	0.524	403
50	133/0.68	14.5	0.387	553
70	189/0.68	16.5	0.268	764

表 6-48　　BVV300/500V 规格及技术参数

标称截面芯数×面积/mm²	线芯结构芯数×根数/直径/mm	外径/mm 下限	外径/mm 上限	20℃时导体电阻/(Ω/km),≤	质量/(kg/km)
1×0.75	1×1/0.97	3.6	4.3	24.5	23
1×1.0	1×1/1.13	3.8	4.5	18.1	26.4
1×1.5	1×1/1.38	4.2	4.9	12.1	34.6
1×1.5	1×7/0.52	4.3	5.2	12.1	36.5
1×2.5	1×1/1.78	4.8	5.8	7.41	46.4
1×2.5	1×7/0.68	4.9	6.0	7.41	51.5
1×4	1×1/2.25	5.4	6.4	4.61	65.9
1×4	1×7/0.85	5.4	6.8	4.61	73.3
1×6	1×1/2.76	5.8	7.0	3.08	91.6
1×6	1×7/1.04	6.0	7.4	3.08	97.6
1×10	1×7/1.35	7.2	8.8	1.83	152.0
2×1.5	2×1/1.38	8.4	9.8	12.1	109
2×1.5	2×7/0.52	8.6	10.5	12.1	123
2×2.5	2×1/1.78	9.6	11.5	7.41	157
2×2.5	2×7/0.68	9.8	12.0	7.41	172
2×4	2×1/2.25	10.5	12.5	4.61	205
2×4	2×7/0.85	10.5	13.0	4.61	222
2×6	2×1/2.76	11.5	13.5	3.08	265
2×6	2×7/1.04	11.5	14.5	3.08	286
2×10	2×7/1.35	15.0	18.0	1.83	471
3×1.5	3×1/1.38	8.8	10.5	12.1	136
3×1.5	3×7/0.52	9.0	11.0	12.1	146
3×2.5	3×1/1.78	10.0	12.0	7.41	190
3×2.5	3×7/0.68	10.0	12.5	7.41	207
3×4	3×1/2.25	11.0	13.0	4.61	252
3×4	3×7/0.85	11.0	14.0	4.61	272

续表

标称截面芯数×面积/mm²	线芯结构芯数×根数/直径/mm	外径/mm 下限	外径/mm 上限	20℃时导体电阻/(Ω/km),≤	质量/(kg/km)
3×6	3×1/2.76	12.5	14.5	3.08	344
3×6	3×7/1.04	12.5	15.5	3.08	369
3×10	3×7/1.35	15.5	19.0	1.83	574
4×1.5	4×1/1.38	9.6	11.5	12.1	164
4×1.5	4×7/0.52	9.6	12.0	12.1	174
4×2.5	4×1/1.78	11.0	13.0	7.41	228
4×2.5	4×7/0.68	11.0	13.5	7.41	252
4×4	4×1/2.25	12.5	14.5	4.61	321
4×4	4×7/0.85	12.5	15.5	4.61	346
4×6	4×1/2.76	14.0	16.0	3.08	439
4×6	4×7/1.04	14.0	17.5	3.08	470
5×1.5	5×1/1.38	10.0	12.0	12.1	192
5×1.5	5×7/0.52	10.5	12.5	12.1	205
5×2.5	5×1/1.78	11.5	14.0	7.41	272
5×2.5	5×7/0.68	12.0	14.5	7.41	292
5×4	5×1/2.25	13.5	16.0	4.61	379
5×4	5×7/0.85	14.0	17.0	4.61	418
5×6	5×1/2.76	15.0	17.5	3.08	518
5×6	5×7/1.04	15.5	18.5	3.08	550

表 6-49　BLVV300/500V 规格及技术参数

标称截面积/mm²	线芯结构根数/直径/mm	外径/mm 下限	外径/mm 上限	20℃时导体电阻/(Ω/km),≤	质量/(kg/km)
2.5	1/1.78	4.8	5.8	11.8	31.1
4	1/2.25	5.4	6.4	7.39	41.0
6	1/2.76	5.8	7.0	4.91	50.6
10	1/1.35	7.2	8.8	3.08	81.1

表 6-50　　　　　　　　BVVB300/500V 规格及技术参数

标称截面芯数×面积/mm²	线芯结构芯数×根数/直径/mm	外径/mm 下限	外径/mm 上限	20℃时导体电阻/(Ω/km) ≤	质量/(kg/km)
2×0.75	2×1/0.97	3.8×5.8	4.6×7.0	24.5	43.7
2×1.0	2×1/1.13	4.0×6.2	4.8×7.4	18.1	51.0
2×1.5	2×1/1.38	4.4×7.0	5.4×8.4	12.1	65.9
2×2.5	2×1/1.78	5.2×8.4	6.2×9.8	7.41	95.7
2×4	2×7/0.85	5.6×9.6	7.2×11.5	4.61	146.0
2×6	2×7/1.04	6.4×10.5	8.0×13.0	3.08	200.0
2×10	2×7/1.35	7.8×13.0	9.6×16.0	1.83	323.0
2×0.75	3×1/0.97	3.8×8.0	4.6×9.4	24.50	62.6
2×1.0	3×1/1.13	4.0×8.4	4.8×9.8	18.10	74.3
2×1.5	3×1/1.38	4.4×9.8	5.4×11.5	12.10	95.6
2×2.5	3×1/1.78	5.2×11.5	6.2×13.5	7.41	140
2×4	3×7/0.85	5.8×13.5	7.4×16.5	4.61	220
2×6	3×7/1.04	6.4×15.0	8.0×18.0	3.08	295
2×10	3×7/1.35	7.8×19.0	9.6×22.5	1.83	485

表 6-51　　　　　　　　BLVVB300/500V 规格及技术参数

标称截面芯数×面积/mm²	线芯结构芯数×根数/直径/mm	外径/mm 下限	外径/mm 上限	20℃时导体电阻/(Ω/km) ≤	质量/(kg/km)
2×2.5	2×1/1.78	5.2×8.4	6.2×9.8	11.8	64.9
2×4	2×1/2.25	5.6×9.4	6.8×11.0	7.39	80.7
2×6	2×1/2.76	6.2×10.5	7.4×12.0	4.91	104
2×10	2×7/1.35	7.8×13.0	9.6×16.0	3.08	177
3×2.5	3×1/1.78	5.2×11.5	6.2×13.5	11.8	93.9
3×4	3×1/2.25	5.8×13.0	7.0×15.0	7.39	123
3×6	3×1/2.76	6.2×14.5	7.4×17.0	4.91	153
3×10	3×7/1.35	7.8×19.0	9.6×22.5	3.08	261

表6-52　　　　　BV-105-450/750V 规格及技术参数

标称截面积 /mm²	线芯结构 根/直径/mm	最大外径 /mm	20℃时导体电阻 /(Ω/km) ≤	质量 /(kg/km)
0.5	1/0.80	2.7	36	9.5
0.75	1/0.97	2.8	24.5	12.2
1.0	1/1.13	3.0	18.1	15.1
1.5	1/1.38	3.3	12.1	20.3
2.5	1/1.78	3.9	7.41	32.0
4	1/2.25	4.4	4.60	47.1
6	1/2.76	4.9	3.08	67.1

(3)聚氯乙烯绝缘软电线型号、规格及技术参数。聚氯乙烯绝缘软导线主要用于交流额定电压450/750V以下小型电动工具、仪器仪表、动力照明及常用电器的连接。其主要型号为：

RV——铜芯聚氯乙烯绝缘连接软电线；

RVB——铜芯聚氯乙烯绝缘平型连接软电线；

RVS——铜芯聚氯乙烯绝缘绞型连接软电线；

RVV——铜芯聚氯乙烯绝缘聚氯乙烯护套圆型连接软电线；

RVVB——铜芯聚氯乙烯绝缘聚氯乙烯护套平型连接软电线；

RV-105——铜芯耐热105℃聚氯乙烯绝缘连接软电线。

聚氯乙烯绝缘软电线的常用规格及技术参数见表6-53～表6-61。

表6-53　　　　　RV300/500V 规格及技术参数

标称截面积 /mm²	线芯结构 根数/直径/mm	最大外径 /mm	20℃时导体电阻 /(Ω/km),≤	质量 /(kg/km)
0.3	16/0.15	2.3	69.2	6.4
0.4	23/0.15	2.5	48.2	8.1
0.5	16/0.2	2.6	39.0	9.1
0.75	24/0.2	2.8	26.0	12.2
1.0	32/0.2	3.0	19.5	15.1

表 6-54　　　RV450/750V 规格及技术参数

标称截面积 /mm²	线芯结构 根数/直径/mm	最大外径 /mm	20℃时导体电阻 /(Ω/km),≤	质量 /(kg/km)
1.5	30/0.25	3.5	13.3	21.4
2.5	49/0.25	4.2	7.98	24.5
4	56/0.30	4.8	4.95	51.8
6	84/0.30	6.4	3.30	74.1
10	84/0.40	8.0	1.91	124

表 6-55　　　RVB300/300V 规格及技术参数

标称截面芯数× 面积/mm²	线芯结构芯数× 根数/直径/mm	外径/mm		20℃时导体电阻 /(Ω/km) ≤	质量 /(kg/km)
		下限	上限		
2×0.3	2×16/0.15	1.8×3.6	2.3×4.3	69.2	12.5
2×0.4	2×23/0.15	1.9×3.9	2.5×4.6	48.2	15.5
2×0.5	2×28/0.15	2.4×4.8	3.0×5.8	39.0	22.3
2×0.75	2×42/0.15	2.6×5.2	3.2×6.2	26.0	28.9
2×1.0	2×32/0.20	2.8×5.6	3.4×6.6	19.5	34.7

表 6-56　　　RVS300/300V 规格及技术参数

标称截面芯× 面积/mm²	线芯结构 芯×根数/直径 /mm	外径/mm		20℃时导体电阻 /(Ω/km) ≤	质量 /(kg/km)
		下限	上限		
2×0.3	2×16/0.15	3.6	4.3	69.2	12.8
2×0.4	2×23/0.15	3.9	4.6	48.2	16.2
2×0.5	2×28/0.15	4.8	5.8	39.0	22.9
2×0.75	2×42/0.15	5.2	6.2	26.0	29.6

表 6-57　　　　　　　RVV300/300V 规格及技术参数

标称截面芯×面积/mm²	线芯结构 芯×根数/直径 /mm	外径/mm 下限	外径/mm 上限	20℃时导体电阻 /(Ω/km) ≤	质量 /(kg/km)
2×0.5	2×16/0.2	4.8	6.2	39	31.5
2×0.75	2×24/0.2	5.2	6.6	26	40.0
3×0.5	3×16/0.2	5.0	6.6	39	40.6
3×0.75	3×24/0.2	5.6	7.0	26	51.8

表 6-58　　　　　　　RVV300/500V 规格及技术参数

标称截面芯×面积/mm²	线芯结构 芯×根数/直径 /mm	外径/mm 下限	外径/mm 上限	20℃时导体电阻 /(Ω/km) ≤	质量 /(kg/km)
2×0.75	2×24/0.2	6.0	7.6	26	50
2×1.0	2×32/0.2	6.4	7.8	19.5	57.8
2×1.5	2×30/0.25	7.2	8.8	13.3	74.7
2×2.5	2×49/0.25	8.8	11.0	7.98	120
3×0.75	3×24/0.2	6.4	8.0	26.0	63.1
3×1.0	3×32/0.2	6.8	8.4	19.5	74.0
3×1.5	3×30/0.25	7.8	9.6	13.3	102.0
3×2.5	3×49/0.25	9.6	11.5	7.98	162.0
4×0.75	4×24/0.2	7.0	8.6	26.0	78.5
4×1.0	4×32/0.2	7.6	9.2	19.5	97.2
4×1.5	4×30/0.25	8.8	11.0	13.3	133.0
4×2.5	4×49/0.25	10.5	12.5	7.98	204.0
5×0.75	5×24/0.2	7.8	9.4	26	96.9
5×1.0	5×32/0.2	8.2	11.0	19.5	115
5×1.5	5×30/0.25	9.8	12.0	13.3	158
5×2.5	5×49/0.25	11.5	14.0	7.98	249

表 6-59　　　　　　　　RVVB300/300V 规格及技术参数

标称截面芯×面积/mm²	线芯结构芯×根数/直径/mm	外径/mm 下限	外径/mm 上限	20℃时导体电阻/(Ω/km) ≤	质量/(kg/km)
2×0.5	2×16/0.2	3.0×4.8	3.8×6.0	39	27.7
2×0.75	2×24/0.2	3.2×5.2	3.9×6.4	26	34.5

表 6-60　　　　　　　　RVVB300/500V 规格及技术参数

标称截面芯×面积/mm²	线芯结构芯×根数/直径/mm	外径/mm 下限	外径/mm 上限	20℃时导体电阻/(Ω/km) ≤	质量/(kg/km)
2×0.75	2×24/0.2	3.8×6.0	5.0×7.6	26	43.3

表 6-61　　　　　　　　RV-105-450/750V 规格及技术参数

标称截面积/mm²	线芯结构根数/直径/mm	最大外径/mm	20℃时导体电阻/(Ω/km),≤	质量/(kg/km)
0.5	16/0.2	2.8	39.0	10.2
0.75	24/0.2	3.0	26.0	13.5
1.0	32/0.2	3.2	19.5	16.4
1.5	30/0.25	3.5	13.3	21.4
2.5	49/0.25	4.2	7.98	34.5
4	56/0.30	4.8	4.95	51.8
6	84/0.30	6.4	3.30	74.1

(4)户外用聚氯乙烯绝缘电线型号、规格及技术参数。户外用聚氯乙烯绝缘电线主要用于交流额定电压450/750V以下户外架空输配电线路。其主要型号为：

BVW——户外用铜芯聚氯乙烯绝缘电线；

BLVW——户外用铝芯聚氯乙烯绝缘电线。

户外用聚氯乙烯绝缘电线的常用规格及技术参数见表6-62。

表 6-62　　户外用聚氯乙烯绝缘电线规格及技术参数

标称截面积 /mm²	线芯结构 根数/直径 /mm	绝缘标称厚度 /mm	最大外径/mm	20℃时导体电阻 /(Ω/km),≤ 铜芯	20℃时导体电阻 /(Ω/km),≤ 铝芯	质量 /(kg/km)
1.5	1/1.38	0.7	3.3	12.10		18.79
(1.5)	7/0.52	0.7	3.5	12.10		19.18
2.5	1/1.78	0.8	3.9	7.21	11.8	29.90
(2.5)	7/0.68	0.8	4.2	7.41		31.17
4	1/2.25	0.8	4.4	4.61	7.39	44.55
(4)	7/0.85	0.8	4.8	4.61		45.42
6	1/2.76	0.8	4.9	3.08	4.91	63.92
(6)	7/1.04	0.8	5.4	3.08		64.69
10	7/1.35	1.0	7.0	1.83	3.08	108.11
16	7/1.70	1.0	8.0	1.15	1.91	164.25
25	7/2.14	1.2	10.0	0.727	1.20	258.30
35	7/2.52	1.2	11.5	0.524	0.868	350.01
50	19/1.78	1.4	13.0	0.387	0.641	474.69
70	19/2.14	1.4	15.0	0.268	0.443	671.40
95	19/2.52	1.6	17.5	0.193	0.320	928.11
120	37/2.03	1.6	19.0	0.153	0.253	1159.96
150	37/2.25	1.8	21.0	0.124	0.206	1426.94
185	37/2.52	2.0	23.5	0.099	0.164	1788.65

3. 导线的选择

室内布线用电线、电缆应按低压配电系统的额定电压、电力负荷、敷设环境及其附近电气装置、设施之间能否产生有害的电磁感应等要求,选择合适的型号和截面。

(1)对电线、电缆导体的截面大小进行选择时,应按其敷设方式、环境温度和使用条件确定,其额定载流量不应小于预期负荷的最大计算电流,线路电压损失不应超过允许值。单相回路中的中性线应与相线等截面。

(2) 室内布线若采用单芯导线作固定装置的 PEN 干线时,其截面对铜材不应小于 $10mm^2$,对铝材不应小于 $16mm^2$;当用多芯电缆的线芯作 PEN 线时,其最小截面可为 $4mm^2$。

(3) 当 PE 线所用材质与相线相同时,按热稳定要求,截面不应小于表 6-63 所列规定。

表 6-63　　　　　保护线的最小截面　　　　　mm^2

装置的相线截面 S	S≤16	16＜S≤35	S＞35
接地线及保护线最小截面	S	16	S/2

(4) 导线最小截面应满足机械强度的要求,不同敷设方式导线线芯的最小截面不应小于表 6-64 的规定。

表 6-64　　　　不同敷设方式导线线芯的最小截面

敷设方式			线芯最小截面/mm^2		
			铜芯软线	铜　线	铝　线
敷设在室内绝缘支持件上的裸导线			—	2.5	4.0
敷设在室内绝缘支持件上的绝缘导线其支持点间距 L/m	$L≤2$	室　内	—	1.0	2.5
		室　外	—	1.5	2.5
	$2＜L≤6$		—	2.5	4.0
	$6＜L≤12$		—	2.5	6.0
穿管敷设的绝缘导线			1.0	1.0	2.5
槽板内敷设的绝缘导线			—	1.0	2.5
塑料护套线明敷			—	1.0	2.5

(5) 当用电负荷大部分为单相用电设备时,其 N 线或 PEN 线的截面不宜小于相线截面;以气体放电灯为主要负荷的回路中,N 线截面不应小于相线截面;采用可控硅调光的三相四线或三相三线配电线

路,其 N 线或 PEN 线的截面不应小于相线截面的 2 倍。

4. 导线的布置要求

在室内布线中,为了保证某一区域内的线路和各类器具达到整齐美观,施工前必须设立统一的标高。

室内布线与各种管道的最小距离不应小于表 6-65 的规定。

表 6-65　　　　　　电气线路与管道间最小距离　　　　　　mm

管道名称	配线方式		穿管配线	绝缘导线明配线	裸导线配线
蒸汽管	平行	管道上	1000	1000	1500
		管道下	500	500	1500
	交叉		300	300	1500
暖气管、热水管	平行	管道上	300	300	1500
		管道下	200	200	1500
	交叉		100	100	1500
通风、给排水及压缩空气管	平行		100	200	1500
	交叉		50	100	1500

注:1. 对蒸汽管道,当在管外包隔热层后,上下平行距离可减至 200mm。
　　2. 暖气管、热水管应设隔热层。
　　3. 对裸导线,应在裸导线处加装保护网。

5. 清单项目设置

电气配线在"计算规范"中的项目编码为 030411004,其项目特征包括:名称,配线形式,型号,规格,材质,配线部位,配线线制和钢索材质、规格。工作内容包括:配线,钢索架设(拉紧装置安装),支持体(夹板、绝缘子、槽板等)安装。

6. 清单项目计量

电气配线工程计量单位为"m"。

7. 工程量计算规则

电气配线工程量按设计图示尺寸以单线长度计算(含预留长度)。
配线进入箱、柜、板的预留长度见表 6-66。

表 6-66　　　　　　　配线进入箱、柜、板的预留长度　　　　　　　m/根

序号	项　目	预留长度	说　明
1	各种开关箱、柜、板	高+宽	盘面尺寸
2	单独安装(无箱、盘)的铁壳开关、闸刀开关、启动器、线槽进出线盒等	0.3	从安装对象中心算起
3	由地面管子出口引至动力接线箱	1.0	从管口计算
4	电源与管内导线连接(管内穿线与软、硬母线接点)	1.5	从管口计算
5	出户线	1.5	从管口计算

8. 工程量计算示例

【例 6-17】某配电箱安装方式如图 6-12 所示。已知该配电室层高为 3.3m，配电箱安装高度为 1.8m，宽度为 0.8m，试求电气配线工程量。

【解】BV6 电气配线工程量 = $[15+(3.3-1.8)\times 3+1.8+0.8]\times 4$
　　　　　　　　　　　= 88.4m

工程量计算结果见表 6-67。

表 6-67　　　　　　　　　　工程量计算表

序号	项目编码	项目名称	项目特征描述	计量单位	工程量
1	030411004001	电气配线	BV(4×6)SC25-FC	m	88.4

五、接线箱、接线盒

1. 接线箱、接线盒的组成分类及要求

接线箱和接线盒都是电工辅料之一，电气工程中电线是穿过电线管的，而在电线的接头部位(比如线路比较长，或者电线管要转角)就采用接线箱、接线盒作为过渡，电线管与接线箱、接线盒连接，线管里面的电线在接线箱、接线盒中连起来，起到保护和连接电线的作用。

(1)接线盒组成。一般接线盒由盒盖、盒体、接线端子、二极管、连接线、连接器几部分组成。

1)外壳要具有较强的抗老化、耐紫外线能力,符合室外恶劣环境条件下的使用要求;

2)自锁功能使连接方式更加便捷、牢固;

3)必须有防水密封设计、防触电绝缘保护,以便具有更好的安全性能;

4)接线端子安装要牢固,与汇流带有良好的焊接性。

5)二极管的主要功能是单向导通功能。

6)连接器、连接线具有良好的绝缘性能,公母插头带有自锁功能。

(2)接线盒分类。包括电气设备接线盒、端子接线盒、防爆接线盒及太阳能接线盒等。

2. 清单项目设置

接线箱、接线盒在"计算规范"中的项目编码分别是 030411005 和 030411006,其项目特征包括:名称,材质,规格,安装形式。工作内容包括:本体安装。

3. 清单项目计量

接线箱、接线盒工程计量单位为"个"。

4. 工程量计算规则

接线箱、接线盒工程量按设计图示数量计算。

第七章　电机、控制设备及照明器具安装工程计量与计价

第一节　电机工程

一、发电机

1. 发电机的组成

发电机是指将机械能转化为电能的机器,是工程建设机械的主要工具。

发电机本体包括转子和定子两大部分。

转子由转子铁芯和转子线圈组成,转子铁芯由整块的优质合金钢锻成,具有良好的导磁特性,从而使转子铁芯变成电磁铁,形成发电机的磁场。

定子也称为静子,主要由静子铁芯和定子线圈组成,定子铁芯由导磁性较好的硅钢片叠装组成,用以构成发电机的磁路。定子线圈也叫定子绕组,用以产生感应电动势并流通定子电流。如三相交流发电机共有三个独立绕组,分别称为 A 相、B 相、C 相绕组。

2. 发电机类型与型号

发电机有直流发电机和交流发电机两大类。因直流发电机的结构决定了它满足不了现代工程建设的要求而被淘汰。交流发电机的优点包括:单机输出功率大,体积小,质量轻,节省材料;由于传动比大,又采用他激式建立电动势,所以低速充电性能好——低速运转时也能向蓄电池充电;结构简单,故障少,维修方便,使用寿命长;电枢绕组是一个很大的电抗,有限制最大电流的作用;无换向器,对无线通信设备的干扰小。

(1)交流发电机的型号组成如下:

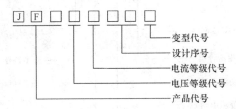

1)产品代号。交流发电机的产品代号有四种:JF 表示普通交流发电机;JFZ 表示整体式交流发电机;JFB 表示带泵式交流发电机;JFW 表示无刷式交流发电机。

2)电压等级代号和电流等级代号。交流发电机电压等级代号和电流等级代号分别用 1 位阿拉伯数字表示,其含义见表 7-1 和表 7-2。

表 7-1　　　　　　　　交流发电机电压等级代号

电压等级代号	1	2	3	4	5	6
电压等级/V	12	24	—	—	—	6

表 7-2　　　　　　　　交流发电机电流等级代号

电流等级/A　　电流等级代号　　　　　　　产品	1	2	3	4	5	6	7	8	9
交流发电机 整体交流发电机 带泵交流发电机 无刷交流发电机 电磁交流发电机	～19	≥20 ～29	≥30 ～39	≥40 ～49	≥50 ～59	≥60 ～69	≥70 ～79	≥80 ～89	≥90

3)设计代号。按产品设计先后顺序,由 1~2 位阿拉伯数字组成。

4)变型代号。以调整臂位置作为变型代号,从交流发电机的驱动端看,调整臂在中间的不加标记;在右边的用 Y 表示,在左边的用 I 表示。

(2)柴油发电机组的型号具体表示如下:

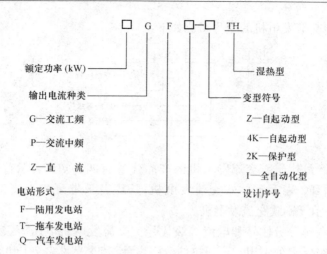

3. 发电机的冷却方式

(1) 发电机的冷却方式及方法见表 7-3。

表 7-3　　　　　发电机的冷却方式及方法

序号	冷却方式	冷却方法
1	空气冷却	空气冷却(简称空冷),即用空气作冷却介质,带走热量
2	氢气冷却	氢气冷却(简称氢冷),即用氢气作冷却介质,带走热量
3	氢、水或油等冷却	氢、水或油等冷却,即把氢、水或油等冷却介质流过导线,把热量带走

(2) 发电机的大小不同,其冷却方式也不同,见表 7-4。

表 7-4　　　　　常用发电机冷却方式

容量/kW	电压/V	功率因数	冷却方式
0.6	6300	0.8	空冷
1.2	10500	0.8	空冷
2.5	6300,10500	0.8	空冷
5.0	10500	0.8	氢冷或双水内冷
10.0	10500	0.85	转子氢内冷,静子氢冷或双水内冷

续表

容量/kW	电压/V	功率因数	冷却方式
12.5	13800	0.85	双水内冷
20.0	15750	0.85	转了氢内冷,静子水内冷
30.0	18000	0.85	双水内冷

4. 清单项目设置

发电机在"计算规范"中的项目编码为030406001,其项目特征包括:名称,型号,容量(kV),接线端子材质、规格,干燥要求。工作内容包括:检查接线,接地,干燥,调试。

5. 清单项目计量

发电机安装工程计量单位为"台"。

6. 工程量计算规则

发电机安装工程量按设计图示数量计算。

二、调相机

1. 同步调相机型号与技术参数

调相机是指一种能够改变电路中接入线路的装置,它的作用是改变接入电路的相数。

同步调相机是运行于电动机状态,但不带机械负载,只向电力系统提供无功功率的同步电机,又称同步补偿机,它作无功功率发电机运行,供改善电网功率因数及调整电网电压之用。

(1)同步调相机的型号。同步调相机的结构为卧式,闭路循环空气冷却,座式轴承,B级绝缘,型号含义如下:

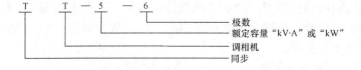

(2)同步调相机的规格。同步调相机技术参数见表7-5。

表 7-5　　　　　　　　　　　同步调相机技术参数

型号	额定功率/(kV·A)	额定电压/kV	额定电流/A	额定转速/(τ/min)	结构形式	励磁装置 电压/V	励磁装置 电流/A	外形尺寸（长×宽×高）/(mm×mm×mm)	总重/t
TT-5-6	5000	6.6	438	1000	—	ZA2.3 90	15-5 360	—	—
TT-7.5-6	7500	11	394	1000	—	ZA2.3 115	15-5 392	—	—
TT-30-6	30000	11	1650	1000	—	ZA9.3 120	22-5 675	—	—
TT-30-11	30000	11	1575	1000		Z112 135	830	5315×3760×3300	86
TT-15-2	15000	6.6/11	1312/788	750	凸极	ZA.3 115	22-5 527		
TT-15-6.35	15000	6.35	1360	750		88	540	7082×30200×2800	63
TT-15-11	15000	11	788	750					
TT-30-11	30000	11	1575	1000		140	637	7024×3780×3175	94

2. 清单项目设置

调相机在"计算规范"中的项目编码为 030406002，其项目特征包括：名称，型号，容量(kV)，接线端子材质、规格，干燥要求。工作内容包括：检查接线，接地，干燥，调试。

3. 清单项目计量

调相机安装工程计量单位为"台"。

4. 工程量计算规则

同步调相机安装工程量按设计图示数量计算。

三、电动机

电动机是能够把一种形式的能转化为另一种能的机器，通常是把化学能转化为机械能。发电机既适用于动力发生装置，又适用于动力装置的整个机器。

1. 清单项目设置

电动机在"计算规范"中的清单项目设置见表 7-6。

表 7-6　　　　　　　　　电动机清单项目设置

项目编码	项目名称	项目特征	工作内容
030406003	普通小型直流电动机	1. 名称 2. 型号 3. 容量(kW) 4. 接线端子材质、规格 5. 干燥要求	1. 检查接线 2. 接地 3. 干燥 4. 调试
030406004	可控硅调速直流电动机	1. 名称 2. 型号 3. 容量(kW) 4. 类型 5. 接线端子材质、规格 6. 干燥要求	
030406005	普通交流同步电动机	1. 名称 2. 型号 3. 容量(kW) 4. 启动方式 5. 电压等级(kV) 6. 接线端子材质、规格 7. 干燥要求	
030406006	低压交流异步电动机	1. 名称 2. 型号 3. 容量(kW) 4. 控制保护方式 5. 接线端子材质、规格 6. 干燥要求	
030406007	高压交流异步电动机	1. 名称 2. 型号 3. 容量(kW) 4. 保护类别 5. 接线端子材质、规格 6. 干燥要求	

续表

项目编码	项目名称	项目特征	工作内容
030406008	交流变频调速电动机	1. 名称 2. 型号 3. 容量(kW) 4. 类别 5. 接线端子材质、规格 6. 干燥要求	1. 检查接线 2. 接地 3. 干燥 4. 调试
030406009	微型电机、电加热器	1. 名称 2. 型号 3. 规格 4. 接线端子材质、规格 5. 干燥要求	
030406010	电动机组	1. 名称 2. 型号 3. 电动机台数 4. 联锁台数 5. 接线端子材质、规格 6. 干燥要求	
030406011	备用励磁机组	1. 名称 2. 型号 3. 接线端子材质、规格 4. 干燥要求	
030406012	励磁电阻器	1. 名称 2. 型号 3. 规格 4. 接线端子材质、规格 5. 干燥要求	1. 本体安装 2. 检查接线 3. 干燥

(1)普通小型直流电动机。

普通小型直流电动机是将直流电能转换成机械能的电机,主要由定子和转子两部分组成。定子包括主磁极、机座、换向极、电刷装置等;转子包括电枢铁芯、电枢绕组、换向器、轴和风扇等。

小型电动机轴中心高度 H 为 89~315mm 及以下,或定子铁芯外径 D 为 100~500mm,或机座号在 10 号及以下者。

1)直流电动机的铭牌。每台直流电动机的机座上都有一块铭牌,它标明了正确合理使用电动机的各项技术数据。这些数据是直流电动机的额定值,额定值又叫铭牌值,表 7-7 是一台直流电动机的铭牌。

表 7-7　　　　　　　　直流电动机的铭牌

型　号	Z2-92
功率/kW	22
电压/V	220
电流/A	116
转速/(r/min)	1500
产品编号	××××
励磁	并励
励磁电压/V	220
励磁电流/A	2.06
定额	连续
温升/℃	80
出厂日期	2013 年 9 月

直流电机铭牌上标注的额定数据,有几项对于发电机和电动机来说具有不同的意义,使用时必须注意。例如:额定功率 P_e,对于发电机来说指的是在额定条件下的输出电功率,是额定电压 U_e 与额定电流 I_e 的乘积;额定电压 U_e,对于发电机来说指的是在额定条件下的输出电压。

①额定功率 P_e。直流电动机的额定功率是指在额定条件下电动机轴上输出的机械功率。

②额定电压 U_e。直流电动机的额定电压是指在额定条件下加在

电动机两端上的电源电压。有的铭牌上电压项目中标有 185/220/320V,表示正常工作电压为 220V,但在 185V 和 320V 时都能工作。

③额定电流 I_e。直流电动机的额定电流是指轴上带有额定机械负载时的输入电流,直流电动机的额定电压 U_e 与额定电流 I_e 的乘积是它的输入功率 P_i。

④额定转速。指电压 U_e、电流 I_e 和输出功率 P_e 均为额定值时转子的转速。

⑤励磁。指定子的励磁方式。

⑥励磁电压。指建立定子磁场所需要的额定电压。

⑦励磁电流。指在输出额定功率的情况下,建立定子固定磁场所需要的磁场电流。

⑧定额。指电机的运行方式,一般分连续、断续和暂时三种。

⑨温升。指电机绕组和环境温度的差值。

2)直流电动机型号。我国常见的直流电动机的型号,均采用大写汉语拼音字母和阿拉伯数字组合在一起来表示。直流电动机型号的含义如下:

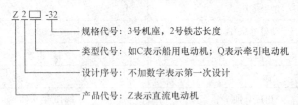

直流电动机的型号字母代号的意义见表 7-8。

表 7-8　　　　　直流电动机的型号字母代号的意义

汉语拼音字母	代号意义	汉语拼音字母	代号意义
Z	直流	O	封闭
G	发电机	C	船用、测速、机床
M	电动机	K	高速
W	卧式	Q	牵引

续表

汉语拼音字母	代号意义	汉语拼音字母	代号意义
L	立式	Y	冶金
B	防爆	T	电梯
G、GB	蓄电池	R	内燃

(2)可控硅调速直流电动机。可控硅调速直流电动机是靠可控硅来调节电动机速率,将直流电能转换成机械能的电机。可控硅调速直流电动机有一般可控硅调速直流电动机、全数字式控制可控硅调速直流电动机等类型。

可控硅调速直流电动机的特点:

1)调速性能好。所谓"调速性能",是指电动机在一定负载的条件下,根据需要,人为地改变电动机的转速。直流电动机可以在重负载条件下,实现均匀、平滑的无级调速,而且调速范围较宽。

2)启动力矩大。可以均匀而平滑地实现转速调节。因此,凡是在重负载下启动或要求均匀调节转速的机械,例如大型可逆轧钢机、卷扬机、电力机车、电车等,都用直流电动机拖动。

(3)普通交流同步电动机。普通交流同步电动机是一种转速不随负载变化的恒转速电动机。同步电动机的转速不随负载变化而变化,功率因数较高,可以通过调节励磁电流,使功率因数等于1或在超前情况下运行,从而改善整个电网的功率因数。这种电动机通常是高电压6kV以上,大容量250kW以上。

同步电动机广泛用于拖动大容量恒定转速的机械负载。

普通交流同步电动机一般包括永磁同步电动机、磁阻同步电动机和磁滞同步电动机三种。永磁同步电动机能够在石油、煤矿、大型工程机械等比较恶劣的工作环境下运行,这不仅加速了永磁同步电机取代异步电机的速度,同时,也为永磁同步电机专用变频器的发展提供了广阔的空间。磁阻同步电动机,也称反应式同步电动机,是利用转子交轴和直轴磁阻不等而产生磁阻转矩的同步电动机。磁阻同步电动机也分为单相电容运转式、单相电容启动式、单相双值电容式等多种类型。磁滞同步电动机是利用磁滞材料产生磁滞转矩而工作的同步电动机。它分为内转子式磁滞同步电动机、外转子式磁滞同步电动机和单相罩极式磁滞同步电动机。

同步电动机广泛采用异步起动，就是在转子磁极的磁掌上嵌入铜条而使其相互短接，类似于异步电动机的部分短路绕组。启动按下列步骤进行，如图 7-1 所示：

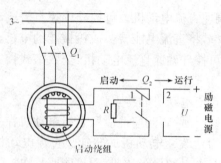

图 7-1 同步电动机启动原理线路图

1）首先把开关 Q_2 与启动侧 1 合上，使励磁绕组与电阻 R（R 约 10 倍于励磁绕组的电阻），串联成闭合通路，用以防止启动时，转子绕组两端产生很大的开路电压。

2）合上开关 Q_1，接通三相电源，电枢形成旋转磁场，启动绕组像异步电动机的笼型转子那样受电磁力矩驱动而启动。

3）等转子的转速升高到接近同步转速的 95% 左右时，将开关 Q_2 扳到运行侧 2 合上，即给转子励磁，使转子产生恒定磁场。这时转子磁极和定子旋转磁场之间有吸引力，转子就被拉到与旋转磁场相同的转速，即所谓"拉入同步，启动完毕"。

同步电动机稳定运行时，启动绕组与旋转磁场转速相同。无相对运动，因此在启动绕组内不产生感应电流，无电磁转矩，所以启动之后，启动绕组自动失去作用。

同步电动机的启动过程比异步电动机复杂，这是它的缺点。不过现代同步电动机启动普遍采用自动控制。

（4）低压交流异步电动机。低压交流异步电动机是所有电动机中应用最广泛的一种,由定子、转子、轴承、机壳、端盖等构成,具有构造简单、结实耐用、稳定可靠、价格便宜、维护和操作方便等优点。

1)异步电动机分类。异步电动机分为三相异步电动机和单相异步电动机。三相异步电动机分为笼型电动机和绕线型电动机;单相异步电动机分为分相式电动机(包括电阻分相式电动机和电容分相式电动机)、电容运转式电动机、电容启动运转式电动机和罩极电动机(包括突极式罩极电动机和隐极式罩极电动机)。

2)异步电动机型号。单相异步电动机的型号组成如下:

①系列代号。表示电机结构特征、使用特征的类别,见表7-9。

表 7-9　　　　　　单相异步电动机系列产品代号

系列产品名称	新系列	老系列
单相电阻分相式电机	YU	BO、BO_2、JZ、JLOE
单相电容分相式电机	YC	CO、CO_2、JY、JDY
单相电容运转式电机	YY	DO、DO_2、JX、JLOY
单相电容启动和运转电机	YL	E
单相罩极异步电机	YJ	F

②设计代号。表示产品为第几次设计,用数字表示,无数字为第一次。

③机座代号。以电机轴心高(mm)表示,规格有:45、50、56、63、71、80、90、100。

④特征代号。表示电机的铁芯长度和极数,铁芯长度号有L、M、S及数字1、2。特征代号的后面一位为奇数。

⑤特征环境代号。表示产品适用的环境,一般环境不标注,见表7-10。

表 7-10　　　　　　单相异步电动机特殊环境代号

热带用	湿热带用	干热带用	高原用	船(海)用	化工防腐用
T	TH	A	G	H	F

例如：CO_28022，CO 表示单相电容启动电动机，下标"2"表示是 CO 系列第二次设计，80 表示机座尺寸（中心高）80mm，22 表示 2 号铁芯长和 2 极。

(5)高压交流异步电动机。高压交流异步电动机的结构与低压交流异步电动机相似，其定子绕组接入三相交流电源后，绕组电流产生的旋转磁场，在转子导体中产生感应电流，转子在感应电流和气隙旋转磁场的相互作用下，又产生电磁转矩（即异步转矩），使电动机旋转。

异步电动机可分为鼠笼式和绕线式两种，其中鼠笼式应用较为广泛。异步电动机具有结构简单、价格便宜、工作稳定可靠、操作和维修方便等优点。

(6)交流变频调速电动机。交流变频调速电动机是指运用变频（改变电源频率）的方式进行调速的交流电动机。

调速是指用人为的方法，在同一负载下，使电动机的转速从一个数值改变到另一个数值，以满足工作的需要。

交流变频调速电动机是先将原来的交流电源整流为直流，然后利用具有自关断能力的功率开关元件在控制电路的控制下高频率依次导通或关断，从而输出一组脉宽不同的脉冲波。通过改变脉冲的占空比，可以改变输出电压；改变脉冲序列则可改变频率。最后通过一些惯性环节和修正电路，即可把这种脉冲波转换为正弦波输出。

(7)微型电机、电加热器。

1)微型电机。微型电机是指体积、容量较小，输出功率一般在数百瓦以下的电机和用途、性能及环境条件要求特殊的电机。全称微型特种电机，简称微型电机。微型电机常用于控制系统中，实现机电信号或能量的检测、解算、放大、执行或转换等功能，或用于传动机械负载，也可作为设备的交、直流电源。

微型电机共分为三大类：驱动微型电机、控制微型电机和电源微型电机。其中，驱动微型电机包括微型异步电动机、微型同步电动机、微型交流换向器电动机、微型直流电动机等；控制微型电机包括自整角机、旋转变压器、交直流测速发电机、交直流伺服电动机、步进电动机、力矩电动机等；电源微型电机包括微型电动发电机组和单枢交流机等。

2)电加热器。电加热器是指通过电阻元件将电能转换为热能的空气加热设备。

(8)电动机组。电动机是指承担不同工艺任务且具有连锁关系的多台电动机的组合。

小型发电设备常以水力、风力或燃料燃烧做功等作为动力。按动力分为水轮发电机组、风力发电机组和柴油发电机组等不同类型。

1)水轮发电机组。包括混流式水轮发电机组、轴流式水轮发电机组、斜击式水轮发电机组等不同类型。

2)柴油发电机组。柴油发电机组设备中部分常用同步发电机的技术特性见表7-11。

表7-11 柴油发电机组设备中部分常用同步发电机技术特性

型号	10NS	16NS	24NS	30NS	50SG
额定功率/kW	10	16	24	30	50
额定电压/V	400	400	400	400	400
额定电流/A	18.1	28.9	43.3	54.1	90
额定频率/Hz	50	50	50	50	50
相数与接法	Y_0	Y_0	Y_0	Y_0	Y_0
功率因数	0.8	0.8	0.8	0.8	0.8
励磁方式	无刷三次谐波	无刷三次谐波	无刷三次谐波	无刷三次谐波	无刷三次谐波
额定转速/(r/min)	1500	1500	1500	1500	1500
燃油消耗率/[g/(kW·h)]	257	251.6	251.6	257	250
柴油机型号	295AD	395AD	495AD	495AZD	4135D-1
型号	10NS	16NS	24NS	30NS	50SG
发电机型号	SB-W$_6$-10-Q.34	SB-W$_6$-16-Q.34	SB-W$_6$-24-Q.34	SB-W$_6$-30-WC.34	MPF-50-4
控制箱型号				PW83-30A	WFM-50-A

(9)备用励磁机组。备用励磁机组是指将多台励磁电机并在一起的电机设备。直流发电机和直流电动机按励磁方式的不同都可以分为他励、并励、串励和复励四种。

(10)励磁电阻器。励磁电阻器是连接在发电机或电动机的励磁电路内,用以控制或限制其电流的电阻器。

2. 清单项目计量

普通小型直流发电机、可控硅调速直流发电机、普通交流同步电动机、低压交流异步电动机、高压交流异步电动机、交流变频调速电动机、微型电机、电热加热器和励磁电阻安装工程计量单位为"台"。

电动机组和备用励磁机组安装工程计量单位为"组"。

3. 工程量计算规则

普通小型直流电动机、可控硅调速直流电动机、普通交流同步电动机、低压交流异步电动机、高压交流异步电动机、交流变频调速电动机、微型电机、电加热器、电动机组、备用励磁机组和励磁电阻器安装工程量按设计图示数量计算。

4. 工程量计算示例

【例7-1】如图7-2所示,各设备由HHK、QC、QZ控制,试计算其工程量。

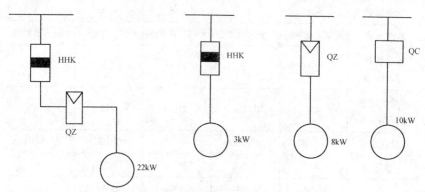

图7-2 低压交流异步电动机示意图

【解】电动机控制调试工程量计算结果见表7-12。

表 7-12　　　　　　　　　工程量计算表

序号	项目编码	项目名称	项目特征描述	计量单位	工程量
1	030406006001	低压交流异步电动机	电动机磁力启动器控制调试	台	1
2	030406006002	低压交流异步电动机	电动机刀开关控制调试	台	1
3	030406006003	低压交流异步电动机	电动机磁力启动器控制调试	台	1
4	030406006004	低压交流异步电动机	电动机磁力启动器控制调试	台	1

第二节　控制设备及低压电器安装工程

一、控制设备

电气控制设备是指能对电能进行分配、控制和调节的控制系统。控制设备的种类繁多，通常按其工作电压以 1kV 为界，划分为高压控制设备和低压控制设备两大类。包括各种控制屏、继电信号屏、模拟屏、配电屏、整流柜、电气屏、成套配电箱、控制箱、控制开关、控制器、接触器、启动器及现阶段大量使用的集装箱式配电室等。

1. 清单项目设置

控制设备在"计算规范"中的清单项目设置见表 7-13。

表 7-13　　　　　　　　　控制设备清单项目设置

项目编码	项目名称	项目特征	工作内容
030404001	控制屏	1. 名称 2. 型号 3. 规格	1. 本体安装 2. 基础型钢制作、安装 3. 端子板安装
030404002	继电、信号屏	4. 种类 5. 基础型钢形式、规格 6. 接线端子材质、规格	4. 焊、压接线端子 5. 盘柜配线、端子接线 6. 小母线安装
030404003	模拟屏	7. 端子板外部接线材质、规格 8. 小母线材质、规格 9. 屏边规格	7. 屏边安装 8. 补刷(喷)油漆 9. 接地

续一

项目编码	项目名称	项目特征	工作内容
030404004	低压开关柜(屏)	1. 名称 2. 型号 3. 规格 4. 种类	1. 本体安装 2. 基础型钢制作、安装 3. 端子板安装 4. 焊、压接线端子 5. 盘柜配线、端子接线 6. 屏边安装 7. 补刷(喷)油漆 8. 接地
030404005	弱电控制返回屏	5. 基础型钢形式、规格 6. 接线端子材质、规格 7. 端子板外部接线材质、规格 8. 小母线材质、规格 9. 屏边规格	1. 本体安装 2. 基础型钢制作、安装 3. 端子板安装 4. 焊、压接线端子 5. 盘柜配线、端子接线 6. 小母线安装 7. 屏边安装 8. 补刷(喷)油漆 9. 接地
030404006	箱式配电室	1. 名称 2. 型号 3. 规格 4. 质量 5. 基础规格、浇筑材质 6. 基础型钢形式、规格	1. 本体安装 2. 基础型钢制作、安装 3. 基础浇筑 4. 补刷(喷)油漆 5. 接地
030404007	硅整流柜	1. 名称 2. 型号 3. 规格 4. 容量(A) 5. 基础型钢形式、规格	1. 本体安装 2. 基础型钢制作、安装 3. 补刷(喷)油漆 4. 接地
030404008	可控硅柜	1. 名称 2. 型号 3. 规格 4. 容量(kW) 5. 基础型钢形式、规格	

续二

项目编码	项目名称	项目特征	工作内容
030404009	低压电容器柜	1. 名称 2. 型号 3. 规格 4. 基础形式、材质、规格 5. 接线端子材质、规格 6. 端子板外部接线材质、规格 7. 小母线材质、规格 8. 屏边规格	1. 本体安装 2. 基础型钢制作、安装 3. 端子板安装 4. 焊、压接线端子 5. 盘柜配线、端子接线 6. 小母线安装 7. 屏边安装 8. 补刷(喷)油漆 9. 接地
030404010	自动调节励磁屏		
030404011	励磁灭磁屏		
030404012	蓄电池屏(柜)		
030404013	直流馈电屏		
030404014	事故照明切换屏		
030404015	控制台	1. 名称 2. 型号 3. 规格 4. 基础型钢形式、规格 5. 接线端子材质、规格 6. 端子板外部接线材质、规格 7. 小母线材质、规格	1. 本体安装 2. 基础型钢制作、安装 3. 端子板安装 4. 焊、压接线端子 5. 盘柜配线、端子接线 6. 小母线安装 7. 补刷(喷)油漆 8. 接地
030404016	控制箱	1. 名称 2. 型号 3. 规格 4. 基础型钢形式、规格 5. 接线端子材质、规格 6. 端子板外部接线材质、规格 7. 安装方式	1. 本体安装 2. 基础型钢制作、安装 3. 焊、压接线端子 4. 补刷(喷)油漆 5. 接地
030404017	配电箱		
030404018	插座箱	1. 名称 2. 型号 3. 规格 4. 安装方式	1. 本体安装 2. 接地

续三

项目编码	项目名称	项目特征	工作内容
030404019	控制开关	1. 名称 2. 型号 3. 规格 4. 接线端子材质、规格 5. 额定电流(A)	1. 本体安装 2. 焊、压接线端子 3. 接线
030404020	低压熔断器	1. 名称 2. 型号 3. 规格 4. 接线端子材质、规格	1. 本体安装 2. 焊、压接线端子 3. 接线
030404021	限位开关		
030404022	控制器		
030404023	接触器		
030404024	励磁启动器		
030404025	Y-△自耦减压启动器		
030404026	电磁铁 (电磁制动器)		
030404027	快速自动开关		
030404030	分流器	1. 名称 2. 型号 3. 规格 4. 容量(A) 5. 接线端子材质、规格	

(1)控制屏。控制屏是装有控制和显示变电站运行或系统运行所需设备的屏,是建筑电气设备安装工程中不可缺少的重要设备。控制屏里面装有控制设备、保护设备、测量仪表和漏电保护器等。它在电气系统中起分配和控制各支路的电能,并保障电气系统安全运行的作用。

PK-1 型、PTK-1 型中央控制屏、台用于发电厂、变电站作为遥控、保护发变电中央控制屏、台。其外形尺寸见表 7-14。

表 7-14　　PK-1 型、PTK-1 型中央控制屏、台外形尺寸

型号	外形尺寸/mm			总质量/kg
	宽	长	高	
PK-1	600 800	550	2360	220~250
PTK-1	$R=12000$ $R=8000$	1395	2360	300~350

(2)继电、信号屏。继电、信号屏是控制和保护各支路的电能及运行安全的工作台面。继电、信号屏中装设有控制设备、保护设备、测量仪表和漏电保安器等。

信号屏分事故信号和预告信号两种,具有灯光、音响报警功能,有事故信号、预告信号的试验按钮和解除按钮。信号屏有带冲击继电器和不带冲击继电器两种。

信号屏技术要求见表 7-15。

表 7-15　　　　　　　　信号屏技术要求

	项　目	技　术　要　求
环境条件	海拔高度	≤1000m
	环境温度	-5~+40℃
	日温度	20℃
	相对湿度	≤90%(相对环境温度 20℃±5℃)
	抗震能力	地面水平加速度:0.38g;地面垂直加速度 0.15g;同时作用持续三个正弦波,安全系数≥1.67
基本参数	直流系统电压、电流	额定电压:220V;额定电流:10A;单模块额定电流:10A
	模块数量	2 只
	充电屏型号	100AH/220V

项　目		技　术　要　求
基本参数	控制馈出回路数	2 路 20A
	合闸馈出回路数	4 路 20A
	交流系统电压、工作频率	额定电压:380V;工作频率:50Hz±1Hz
	绝缘和耐压	直流母线对地绝缘电阻应小于 10MΩ,所有二次回路对地绝缘电阻应小于 2MΩ。整流模块和直流母线和绝缘强度,应能承受工频 2kV 试验电压,耐压 1min,无绝缘击穿和闪络现象
	蓄电池	电池类型阀控式密封铅酸蓄电池(合资以上产品免维护型)

(3)模拟屏。模拟屏是利用高科技技术来模拟控制电路电能及有效保护电路安全正常运行的模拟电气控制设备。

模拟屏的使用场所不允许有超过产品标准规定的振动和冲击;不得有爆炸危险的介质,周围介质中不应含有腐蚀性和破坏电气绝缘的气体及导电介质,不允许充满水蒸气及有较严重的霉菌;不允许有较强的外磁场感应强度,其任一方向不超过 0.5mT。

模拟屏的设计与组合应考虑元器件安装、布线、运行以及维修的方便,屏面模块的组合应能任意组装,并能在相应的位置上安装仪器、仪表或其他元器件,屏的金属零件均应有防腐层,防腐层应平整光滑,色泽一致,无气孔、砂眼、裂纹、伤痕、锈斑等。

模拟屏门应保证在不小于 90°内灵活地开启与关闭,并不碰撞、顶伤其他零部件。

模拟屏应有足够的强度和刚度,大型元器件的安装应有加强措施,且屏应具备固定用构件。

(4)低压开关柜(屏)。低压开关柜(屏)是一种低压开关配电控制屏,内配低压开关组、电路保护系统等。低压开关柜(屏)适用于发电厂、石油、化工、冶金、纺织、高层建筑等行业,作为输电、配电及电能转换之用。

1)按结构形式不同低压开关柜(屏)可分为固定式低压开关柜(屏)和抽出式低压开关柜(屏)。

①固定式低压开关柜(屏)能满足各电器元件可靠地固定于柜体中确定的位置。柜体外形一般为立方体,如屏式、箱式等,也有棱台体,如台式等。常用的固定式低压开关柜的常用型号和技术参数,见表 7-16~表 7-18。

表 7-16　　PGL-1 型、PGL-2 型固定式低压开关柜技术参数

项　　目	技　术　参　数	
额定绝缘电压/V	660	
额定工作电压/V	380	
辅助电路工作电压/V	交流 380、220,直流 110、220	
分支电路额定电流/A	6、10、15、20、25、30、40、50 63、80、100、125、160、200、250	
	315、400、500、630、800 1000、1250、1600、2000、2500	
主变压器容量	水平母线额定短时承载电流 1s(有效值)	额定峰值承载电流
1600kV・A	50kA10×100TMY 双片	105kA
1250kA・A	39kA10×10TMY 双片	V90kA
1000kV・A 及以下	32kA10×100TMY 双片	70kA

表 7-17　　　　　　GGD 型固定式低压开关柜技术参数

型号	额定电压/V	额定电流/A		额定短路开断电流/kA	额定短时耐受电流/(kA/s)	峰值耐受电流/kA
GGD1	380	A	1000	15	15	30
		B	600(630)			
		C	400			
GGD2	380	A	1500(1600)	30	30	63
		B	1000			
		C	—			
GGD3	380	A	3150	50	50	105
		B	2500			
		C	2000			

表 7-18　　　　　　GBD 型固定式低压开关柜技术参数

项目		技术参数
额定工作电压/V		380~660
额定绝缘电压/V		660
额定工作电流/kA	水平母线	630~2500
	垂直母线	600~800
额定短时耐受电流/kA	水平母线	35~50　70~105
	垂直母线	30~50
外壳防护等级		IP30
外形尺寸(高×宽×深)/(mm×mm×mm)		2000×(600,800,1000)×800

②抽出式低压开关柜是由固定的柜体和装有开关等主要电器元件的可移装置部分组成,可移部分移换时要轻便,移入后定位要可靠,

并且相同类型和规格的抽屉能可靠互换,抽出式中的柜体部分加工方法基本和固定式中柜体相似。常用抽出式低压开关柜的常用型号和技术参数见表 7-19 和表 7-20。

表 7-19　　GCL 型、GCK2 型抽出式低压开关柜技术参数

型号	项目		技术参数
GCL1、GCK2	符合标准		IEC439NEMA ICS-2-322
	防护等级		IECIP40,NEMA TFPE-1
	额定工作电压/V		交流 380
	频率/Hz		50
	额定绝缘电压/V		660
	工作条件	环境	室内
		海拔高度	不高于 2000m
		环境温度	−50~+40℃在储存、运输条件下,最低温度为−30℃
		相对湿度	不超过 85%
	控制电动机容量/kW		0.45~155
	机械寿命/次		500
	额定工作电流	水平母线/kA	1600、3150
		垂直母线	630
		主电路触头接插件	200、400
		辅助电路触头接插件	20
		馈电电路量大电流	400
		受电电路	1000、1600、2000、2500
	额定短时耐受电流/(kA/s)	有效值	50、80
		峰值	105、176
	耐压/(V/10min)		2500

表 7-20　　　　GCS 型抽出式低压开关柜技术参数

项目		技术参数
额定工作电压/V	主电路	380(660)
	辅助电路	交流 220、380；直流 110、220
额定绝缘电压/V	主电路	660(1000)
额定电流/A	水平母线	≤4000
	垂直母线	1000
装置内母线额定短时耐受电流/(kA/s)		30、50、80
装置内母线额定峰值耐受电流/(kA/0.1s)		65、105、176
装置外壳防护等级		IP30L0、LP4L0
装置的外形尺寸(宽×深)/(mm×mm)		高 2200mm 1000×1000　800×1000 1000×800　800×800　400×1000 400×800　1000×600　800×600
抽屉单元高度	1/2	160
	1	160
	1.5	240
	2	320
	3.5	480

2) 按连接方式不同低压开关柜可分为焊接式低压开关柜和坚固件连接式低压开关柜。

① 焊接式低压开关柜的优点是加工方便、坚固可靠；缺点是误差大、易变形、难调整、欠美观，而且工件一般不能预镀。

② 坚固件连接式低压开关柜的优点是适用于工件预镀，易变化调节，易美化处理，零部件可标准化设计，并可预生产库存，构架外形尺寸误差小；缺点是不如焊接坚固，要求零部件的精度高，加工成本相对

增加。

(5)弱电控制返回屏。弱电控制返回屏具有小型化设备的优点,控制屏面积较少,监视面集中,便于操作。

所谓弱电是针对建筑物的动力、照明所用强电而言的。一般把动力、照明这样输送能量的电力称为强电;而把以传播信号、进行信息交换的电能称为弱电。建筑弱电系统主要包括火灾自动报警和自动灭火系统、共用天线电视系统、闭路电视系统、电话通信系统、广播音响系统等。

(6)箱式配电室。配电室是交换电能的场所,它装备有各种受、配电设备,但不装备变压器等变电设备。箱式配电室的使用条件如下:

1)周围空气温度不高于+40℃,不低于-25℃,24小时平均温度不高于+35℃。

2)户外安装使用,使用地点的海拔高度不超过2000m。

3)周围空气相对湿度在最高温度为+50℃时不超过50%,在较低温度时允许有较大的相对湿度(例如+20℃时为90%),但应考虑到温度的变化可能会偶然产生凝露影响。

4)配电室安装时与垂直面的倾斜度不超过10°。

5)配电室应安装在无剧烈振动和冲击的地方。

(7)硅整流柜。硅整流柜是指柜内的硅整流器已由厂家安装好,柜的安装为整体吊装,柜的名字由其内装设备而得名,是将交流电转化为直流电的装置。

硅整流柜具有体积小、寿命长、整流效率高、整流效能好等优点。

硅整流柜的使用环境要求如下:

1)海拔高度不超过2000m。

2)环境温度户内不低于+5℃,不高于+45℃;户外不低于-30℃、不高于+45℃。

3)冷却水温度:主冷却水进口水温不低于+5℃,不高于+35℃。

4)周围空气最大相对湿度不超过90%。

5)无剧烈振动冲击以及安装垂直斜度不超过5°的场所。

(8)可控硅柜。可控硅柜是硅整流的一个组成部分,包括交流电源的一次开关、整流变压器、调压设备、整流器、直流输出开关等。

可控硅整流柜是一种大功率直流输出装置,可以用于给发电机的转子提供励磁电压和电流,其输出的直流电压和直流电流是可以调节的。其内部基本原理是将输入的交流电流经过由可控硅组成的全波桥式整流电路,通过移相触发改变可控硅导通角大小的方式控制输出的直流电的大小。

(9)低压电容器柜。低压电容器柜是在变压器的低压侧运行,一般受功率因素控制而自动运行。按所带负载的种类不同而确定电容的容量及电容组的数量,当供用电系统正常时,由控制器捕捉功率因素来控制投入的电容组的数量。

电容器屏可分为开启式和保护式两种,电容器屏用薄钢板和角钢制作而成,保护式外形尺寸与开启式相同,其屏体加有顶盖、侧壁及后门,侧壁及后门上冲有通风孔,顶盖上有敲落孔,供进线用,并列柜间无侧板。低压电容器柜型号表示方法如下:

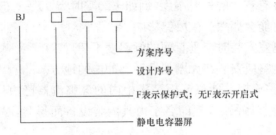

常用低压电容器柜及其适用场所见表 7-21。

表 7-21　　　　　常用低压电容器柜及其适用场所

序号	常用电容器柜	适用场所
1	BJ-3 型电容器屏	适用于工矿企业的配电室或车间,作交流 50Hz、电压 380V 以下线路改善功率因数之用
2	BJ-32 型无功功率自动补偿屏	适用于工矿企业的配电室或车间,其交流频率为 50Hz、电压 380V 的三相电力系统中

(10)自动调节励磁屏。励磁灭磁屏是一种励磁装置,可以进行自动调节。自动调节励磁屏主要用于励磁机励磁回路中,用于对励磁调节器的控制。励磁调节器其实就是一个滑动变阻器,用来改变回路中电阻的大小从而改变回路的电流大小。

(11)励磁灭磁屏。励磁装置是指同步发电机的励磁系统中除励磁电源以外的对励磁电流能起控制和调节作用的电气调控装置。

励磁系统是电站设备中不可缺少的部分。励磁系统包括励磁电源和励磁装置,其中励磁电源的主体是励磁机或励磁变压器;励磁装置则根据不同的规格、型号和使用要求,分别由调节屏、控制屏、灭磁屏和整流屏几部分组合而成。

励磁灭磁屏是一种灭磁装置,励磁灭磁屏作用主要是灭磁。

(12)蓄电池屏。蓄电池屏(柜)采用反电势充电法实现其整流充电功能,是专门安装蓄电池的屏(柜),可作为电话通信、开关操作、继电保护、信号控制、事故照明等直流电源。

蓄电池屏(柜)的主要特性为:额定容量 $50kV \cdot A$,输入三相交流,输出脉动直流,最大充电电流 $100A$,充电电压 $250 \sim 350V$,可调,具有缺相保护、输出短路保护、蓄电池充满转浮充限流等保护功能。

(13)直流馈电屏。直流馈电屏是一种直流馈电控制电气装置,作为操作电源和信号显示报警,为较大较复杂的高低压(高压更常用)配电系统的自动或电动操作提供电能源,可以与中央信号屏综合设计在一起。

直流馈电屏由交流电源、整流装置、充电(稳流+稳压)机、蓄电池组、直流配电系统组成。

(14)事故照明切换屏。事故照明切换屏是一种自动切换的电气装置,指当正常照明电源出现故障时,由事故照明电源来继续供电,以保证发电厂、变电所和配电室等重要部门的照明,从而保证事故出现时的人员疏散及救灾工作顺利进行。

(15)控制台。控制台是安装各种控制电气设备的台面,是指自调光器输出控制信号,进行调光控制的工作台。控制台主要由各种控制器组成，控制器是一种多位置的转换电器。可由手动、脚踏传动或电动操作，在结构上常用鼓形和凸轮式两种，但前者已趋于淘汰。控制器常用来改变电动机的绕组接法，或改变外加电阻使电动机起动调速、反转或停止。

将各种控制设备集中安装在一起，进行集中控制管理的电气装置称为集中控制台，主要由各种控制器组成，控制器是指一种多位置的转换电器，可以改变电动机的绕组接法或改变外加电阻使电动机调速等。$JT_1 \sim JT_9$ 系列控制台供工矿企业生产车间、主控制室在安装电气设备后作为控制、信号及测量之用，其特征见表 7-22。

表 7-22 JT_1-JT_9 系列控制台特征

结构代号	结构特征	可安装的电气设备	主要使用场合
JT_1	台面可打开，台前有门	台面可装测量仪表，控制开关和信号指示元件如信号灯、按钮、转换开关等	冶金和重型机械部门
JT_2			
JT_3	台面固定，下部可打开	同上，台内可装变阻器、调压器，手柄装在固定台面上	同上
JT_5	台面可打开，台前有门	台面可装主令控制器，还可装少量操作开关和信号指示元件	同上
JT_6	同上	台面和固定板上均可装主令控制器，还可装少量元件	同上
JT_7	台面可打开，台后有门	台面可装电器同 JT_1，台内可装变阻器、调压器等	同上
JT_8	台面可打开，面板固定，台后有门，台内有安装板	台面上可装操作开关和信号指示元件，面板上装温度计毫伏计等仪表，台内可装启动器、熔断器、继电器等	一般工矿企业
JT_9	同上	同上，面板上还可装蒸汽压力表	同上

第七章 电机、控制设备及照明器具安装工程计量与计价

(16)控制箱。控制箱是指包含电源开关、保险装置、继电器(或者接触器)等装置,可以用于指定的设备控制的装置。

同期小屏控制箱主要由控制器组成,用来控制用电设备,可以起调速、反转、反接、停止等操作。

(17)配电箱。

1)配电箱是指专为供电用的箱,内装断路器、隔离开关、空气开关或刀开关、保险器以及检测仪表等设备元件。

①电力配电箱。电力配电箱过去被称为动力配电箱,由于后一种名称不太确切,所以在新编制的各种国家标准和规范中,统一称为电力配电箱。

电力配电箱型号很多,如 XL-3 型、XL-4 型、XL-10 型、XL-11 型、XL-12 型、XL-14 型和 XL-15 型均属于老产品,目前仍在继续生产和使用,其型号表示方法如下:

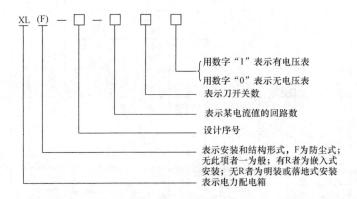

②照明配电箱。照明配电箱适用于工业及民用建筑在交流50Hz、额定电压 500V 以下的照明和小动力控制回路中,作线路的过载、短路保护以及线路的正常转换之用。照明配电箱的技术参数见表7-23。

2)按其结构分为柜式、台式、箱式和板式等。

3)按功能分有动力配电箱、照明配电箱、插座箱、电话组线箱、电视天线前端设备箱、广播分线箱等。

表 7-23　照明配电箱的技术参数

代号	名称	A	B	C	D	G	H	J	K	L	M	P	Q	R	S	T	U	W	X	Y	Z
H	刀开关和转换开关				刀开关		封闭式负荷开关		开启式负荷开关					熔断器式刀开关	刀形转换开关					其他	组合开关
R	熔断器			插入式			汇流排式			螺旋式	密闭管式				快速	有填料管式			限流	其他	
D	自动开关									照明	灭磁				快速			框架式	限流	其他	塑料外壳式
K	控制器					鼓形						平面				凸轮				其他	
C	接触器					高压		交流				中频			时间					其他	直流
Q	起动器		磁力					减压		电流			起动		手动	油浸		星三角	其他	综合
J	控制继电器													热	时间	通用		温度		其他	中间
L	主令电器	按钮						接近开关	主令控制器						主令开关	足踏开关	旋转	万能转换开关	行程开关	其他	
Z	电阻器	板形元件	冲片元件		管形元件										烧结元件	铸铁开井			电阻器	其他	
B	变压器			旋臂式						助磁		频敏	起动			起动调整	油浸	液体起动	滑线式	其他	
T	调整器				电压								牵引					起重		其他	
M	电磁铁		插销																		制动
A	其他						接线盒														

4)按材质分为木制、铁制、塑料制品。

5)按产品生产方式分为定型产品、非定型产品和现场组装配电箱。在建筑工程中应尽可能用定型产品,如高、低压配电柜,控制屏、台、箱。如果设计采用非标准配电箱,则要用设计的配电系统图和二次接线图到工厂加工订制。

(18)插座箱。插座箱是用于检修电源箱的配电箱。非标准插座箱主要由工程塑料箱体、工业插头、工业插座、防水保护窗口、电器元组成,适用于电力行业、铁路工业、化学工业、煤炭工业、汽车工业、造船工业、集装箱码头、飞机场、大型游乐场、钢铁工业、电气工业、建筑业、食品行业等。

插座箱的产品特性如下:
1)造型美观、结构新颖、高防护等级。
2)具有过载、短路、漏电保护等功能。
3)箱体带有观察窗的保护开关室,便于操作观察。
4)箱体材料阻燃、自熄、耐老化、热稳定性好。
5)耐化学介质、大气介质、耐冲击。
6)电气方案灵活、组合方便。
7)安装简便,性能稳定。

(19)控制开关。控制电路闭合和断开的开关称为控制开关,包括:自动空气开关、刀开关、铁壳开关、胶盖刀闸开关、组合控制开关、万能转换开关、漏电保护开关等。

1)铁壳开关。也称为封闭式负荷开关。主要由闸刀、夹座、熔断器、速断弹簧、转轴及手柄等组成,装在一个钢板外壳或铸铁外壳内。

2)万能转换开关。由多组相同结构的触点组件叠装而成的多回路控制电器。它触点挡数多、换接的线路多、用途广泛。

3)低压刀开关。低压刀开关是一种简单的低压开关,只能手动接通或切断电路。通常用来作低压线路的隔离开关,因为它有明显可见的断路点。根据闸刀的构造,可分为开启式负荷开关(又称胶盖刀开关)和封闭式负荷开关(又称铁壳刀开关)两种。如果按极数分为单极、双极、三极三种,每种又有单投和双投之分。

①开启式负荷开关的主要特点是容量小,常用的有 15A、30A,最大为 60A,没有灭弧能力,容易损伤刀片,只用于不频繁操作。

②半封闭式负荷开关的主要特点是灭弧能力强,有铁壳保护和联锁装置(即带电时不能开门),有短路保护能力,只能用于不频繁操作的场合。

常用的刀开关有 HD 系列(HD11~HD14)单投刀开关和 HS/系列(HS/11~HS/13)双投刀开关,用于交流 50Hz、额定电压为 380V、直流额定电压为 440V、额定电流为 1500A 及以下配电系统中,作为不频繁地手动接通和切断用,或作电源的隔离开关用。

它们都是开启式刀开关,主要用于低压成套配电装置中。其中带有各种杠杆操作的单投和双投开关,多配有灭弧罩,可用于切断电流为其额定电流及其以下的带负荷电路。而中央手柄式的单投和双投开关,主要用于隔离开关,不能切断带负荷电路。

封闭式负荷开关采用侧面手柄操作,并设有机械弹簧联锁装置,保证铁壳打开时开关不能闭合,或开关闭合后铁壳不能打开,所以开关通断动作迅速(与操作速度无关)、灭弧性能好、能切断负载电流,并有短路保护功能,使用安全,能工作于粉尘飞扬的场所。

交流频率 50Hz、电压 380V、电流为 60A 及以下的铁壳开关,可用于电动机的直接起动,作不频繁起动用。

常用万能转换开关的型号有 LW5 系列和 LW6 系列两种,它们的定位特征及手柄转动位置分别见表 7-24、表 7-25。

(20)低压熔断器。熔断器是指接在电路里的一种电器,当电流超过一定限度时,熔断器中的熔丝(又称保险丝)就会熔化甚至烧断,将电路切断以保护电器装置的安全。

熔断器大致可分为以下几类:插入式熔断器、螺旋式熔断器、封闭式熔断器、快速熔断器、管式熔断器、高分断力熔断器和限流线。

熔断器的技术参数:

第七章 电机、控制设备及照明器具安装工程计量与计价

表7-24　LW5系列万能转换开关定位特征及手柄转动位置

操作方式	序号	操作手柄定位角度/(°)											
自复式	A						0	45					
	B					45	0	45					
	C						0	45					
定位式	D					45	0	45					
	E					45	0	45	90				
	F				90	45	0	45	90				
	G				90	45	0	45	90	135			
	H			135	90	45	0	45	90	135			
	I			135	90	45	0	45	90	135	180		
	J		120	90	60	30	0	30	60	90	120		
	K	120	90	60	30	0	30	60	90	120	150		
	L	150	120	90	60	30	0	30	60	90	120	150	
	M	150	120	90	60	30	0	30	60	90	120	150	180

表7-25　LW6系列万能转换开关定位特征代号及手柄定位角度

定位特征代号	手柄定位角度/(°)							
A				0	30			
B			30	0	30			
C			30	0	30	60		
D		60	30	0	30	60		
E		60	30	0	30	60	90	
F	90	60	30	0	30	60	90	
G	90	60	30	0	30	60	90	120

续表

定位特征代号	手柄定位角度/(°)									
H		120	90	60	30	0	30	60	90	120	
I		120	90	60	30	0	30	60	90	120	150
G	150	120	90	60	30	0	30	60	90	120	150
K	210	240	270	300	330	0	30	60	90	120	150	180
L						0	60				
M					60	0	60				
N					60	0	60	120			
O				120	60	0	60	120			
P				240	300	0	60	120	180		

1)额定电压。熔断器的额定电压取决于线路的额定电压,其值一般等于或大于电气设备的额定电压。

2)额定电流。熔断器的额定电流等级比较少,而熔体的额定电流等级比较多,即在一个额定电流等级的熔断管内可以分装不同额定电流等级的熔体。

3)安秒特性。安秒特性也称保护特性,表示流过熔体的电流大小与熔断时间关系。熔断器安秒特性数值关系见表7-26。

表7-26　　　　　熔断器安秒特性数值关系

熔断电流	$(1.25 \sim 1.30)I_N$	$1.6I_N$	$2I_N$	$2.5I_N$	$3I_N$	$4I_N$
熔断时间	∞	1h	40s	8s	4.5s	2.5s

(21)限位开关。限位开关属于保护电器,又称为极限开关,其作用与按钮相同,也是用来接通和断开控制电路。限位开关上装有一弹簧"碰臂",当机械碰到它时,开关就会断开,主要用于刨床的台面行走极限和桥式起重机的大车行走极限。当机械运动到一定位置时,开关

就会断开,使机器停下来。按结构分类,限位开关大致可分为按钮式、滚轮式、微动式和组合式等,具体特点见表7-27。

表7-27　　　　　　　　限位开关的类型及特点

序号	类型	特点	序号	类型	特点
1	按钮式	结构与按钮相仿 优点:结构简单价格便宜 缺点:通断速度受操作速度影响	3	微动式	由微动开关组成 优点:体积小,质量轻,动作灵敏 缺点:寿命较短
2	滚轮式	挡块撞击滚轮,常动触点瞬时动作 优点:开断电流大,动作可靠 缺点:体积大,结构复杂,价格高	4	组合式	几个行程开关组装在一起 优点:结构紧凑,接线集中,安装方便 缺点:专用性强

选择限位开关时,首先要考虑使用场合,才能确定限位开关的形式,然后根据外界环境选择防护形式。选择触头数量时,如果触头数量不够,可采用中间断电器加以扩展,切忌过负荷使用。

常用的限位开关有JLXK1-111型,它是单滚轮、自动复位式组合电器。

(22)控制器。控制器是一种具有多种切换线路的控制元件,可由手动、脚踏、传动或电动操作,其作用是改变电动机的绕组接法,或改变外加电阻使电动机启动、调速、反转或停止。

目前,应用最普遍的有主令控制器和凸轮控制器。

1)主令控制器。主令控制器型号表示方法如下:

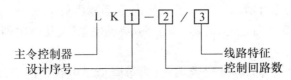

2) 凸轮控制器。凸轮控制器是一种大型手动控制器。主要用于起重设备中直接控制中小型绕线式异步电动机的起动、停止、调速、换向和制动,也适用于有相同要求的其他电力拖动场合。凸轮控制器主要由触头、转轴、凸轮、杠杆、手柄、灭弧罩及定位机构等组成。凸轮控制器中有多组触点,并由多个凸轮分别控制,以实现对一个较复杂电路中的多个触点进行同时控制。由于凸轮控制器可直接控制电动机工作,所以其触头容量大并有灭弧装置。凸轮控制器的优点为控制线路简单、开关元件少、维修方便等;缺点为体积较大、操作笨重,不能实现远距离控制。

(23) 接触器。接触器是指工业用电中利用线圈流过电流产生磁场,使触头闭合,以达到控制负载的电器,用来控制电动机、电热设备、电焊机、电容器组等。

接触器具有操作频率高、使用寿命长、工作可靠、性能稳定、成本低廉、维修简便等优点,是电力拖动自动控制线路中应用广泛的控制电器之一。

接触器按其触头通过电流的种类可分为交流接触器和直流接触器两种。接触器的线圈电流种类一般与主触点相同,但在重要场合,交流接触器可采用直流控制线圈。

按主触点的极数区分时,直流接触器分单、双极两种;交流接触器则有三极、四极和五极,通常为三极。四极交流接触器常用于单相双回路控制;五极则常用于多速电动机的控制和笼型异步电动机串自耦调压器的降压起动。

(24) 磁力启动器。磁力启动器是指开关电动机的力是由电磁力产生的启动装置,俗称电磁开关,现在称为电磁启动器,由作闭合和断开电动机电路用的交流接触器和作电动机过载保护用的热继电器两部分组成。

(25) Y-△自耦减压启动器。Y-△自耦减压启动器是一种电器开关,一般由变压器,开关的静、动触头,热继电器、欠压继电器及启动按钮构成。

在动力设备的容量比较大时,为了降低供电线路的启动电流,需要用降压启动设备,Y-△自耦减压启动器就是常用的一种。自耦降压启动器触头参数见表 7-28。

表 7-28　　　　　　　　自耦降压启动器触头参数

电动机功率/kW	开断距离/mm	超程/mm	触头终压力/N
20	不小于 17	3.5±0.5	5±0.7
40	不小于 17	3.5±0.5	14.5±1.4
75	不小于 17	4±0.5	32±3.2

(26)电磁铁(电磁制动器)。电磁铁是指接通电源能产生电磁力的装置,主要由电磁线圈和铁芯组成,当线圈通电后使铁芯磁化,产生电磁吸力,吸引铁芯(或称衔铁),达到驱动、牵引机械装置动作。

电磁铁通常制成条形或蹄形。电磁铁有许多优点:电磁铁磁性的有无可以用通、断电流控制;磁性的大小可以用电流的强弱或线圈的匝数来控制;也可以改变电阻控制电流大小来控制磁性大小。

电磁铁可以分为直流电磁铁和交流电磁铁两大类型。

如果按照用途来划分电磁铁,主要可分成以下五种:

1)牵引电磁铁——主要用来牵引机械装置、开启或关闭各种阀门,以执行自动控制任务。

2)起重电磁铁——用作起重装置来吊运钢锭、钢材、铁砂等铁磁性材料。

3)制动电磁铁——主要用于对电动机进行制动以达到准确停车的目的。

4)自动电器的电磁系统——如电磁继电器和接触器的电磁系统、自动开关的电磁脱扣器及操作电磁铁等。

5)其他用途的电磁铁——如磨床的电磁吸盘以及电磁振动器等。

常用电磁铁的类型和适用范围见表 7-29。

表 7-29　　　　　　　　常用电磁铁的类型和适用范围

名称	型号及含义	适用范围
起重电磁铁	MW 5-□L/□ 电磁铁 / 起重 / 设计序号 / 吸盘直径 规格：1：标准型；1-75：高频型；2：高温型	用于与各种起重机械配合，在钢铁厂、造船厂、重型机械制造厂、仓库、港口等地代替人力搬运钢铁重物
三相交流制动电磁铁	MZS 1-□ 电磁铁 / 制动 / 三相 / 设计序号 / 牵引力(N)	用于 50Hz，电压 380V 电路中，与闸瓦式制动器配套，作驱动装置
牵引电磁铁	MQZ 1-□ 电磁铁 / 牵引 / 直流 / 设计序号 / 额定吸力	用于复印机、办公机械、仪器、仪表、轻工业中牵引机械装置
电力液压推动器	MYT 3-□ 电磁铁 / 电力液压推动器 / 设计序号 / 额定推力(N/10)	用于 50Hz，电压 380V 电路中，用作外抢块式制动器的驱动装置或操作其他机械和机构

(27) 快速自动开关。快速自动开关是自动开关的一种，主要是用来对汞弧整流器和半导体整流器作过载、短路及逆流保护，其特点是：切断电流的容量大，其规格为 1000～4000A，带有分项隔离的消弧罩。切断电流的速度比一般自动开关快，故称快速自动开关。

自动空气开关的种类及主要用途见表 7-30。

表 7-30　　　　　　　　自动空气开关的种类及主要用途

序号	分类方法	种类	主要用途
1	按用途分	保护配电线路自动开关	做电源点开关和各支路开关
		保护电动机自动开关	可装在近电源端,保护电动机
		保护照明线路自动开关	用于生活建筑内电气设备和信号二次线路
		漏电保护自动开关	防止因漏电造成的火灾和人身伤害
2	按结构分	框架式自动开关	开断电流大,保护种类齐全
		塑料外壳自动开关	开断电流相对较小,结构简单
3	按极数分	单极自动开关	用于照明回路
		两极自动开关	用于照明回路或直流回路
		三极自动开关	用于电动机控制保护
		四极自动开关	用于三相四线制线路控制
4	按限流性能分	一般型不限流自动开关	用于一般场合
		快速型限流自动开关	用于需要限流的场合
5	按操作方式分	直接手柄操作自动开关	用于一般场合
		杠杆操作自动开关	用于大电流分断
		电磁铁操作自动开关	用于自动化程度较高的电路控制
		电动机操作自动开关	用于自动化程度较高的电路控制

常用的快速自动开关有塑料外壳式自动开关和限流式自动开关。塑料外壳式自动开关具有安全保护用的塑料外壳,适用于保护设备的过电流,除了用于与框架式自动开关相同的场合外,还用于公共建筑和住宅宿舍中的照明电路;限流式自动开关的特点是快速动作,能将交流短路电流限制在第一个半波的峰值以内。

(28)分流器。分流器是根据直流电流通过电阻时在电阻两端产生电压的原理制成。

分流器上一般注明额定电压和额定电流。额定电压统一规定为 30V、45V、75V、100V、150V、300V。当电流表测量机构的电压量程与分流器的额定电压值相等时即可配用。此时电流表的量程等于分流器上的额定电流值。量程较大的直流电流表一般都附有外附分流器，并在表盘上注明"外附分流器字样"。

用于直流电流测量的分流器有插槽式和非插槽式。分流器有锰镍铜合金电阻棒和铜带，并镀有镍层。其额定压降是 60mV，但也可被用作 75mV、100mV、120mV、150mV 及 300mV。

插槽式分流器额定电流有以下几种：5A、10A、15A、20A 和 25A。非插槽式分流器的额定电流从 30A～15kA 标准间隔均有。

分流器广泛用于扩大仪表测量电流范围，有固定式定值分流器和精密合金电阻器，均可用于通信系统、电子整机、自动化控制的电源等回路作限流、均流取样检测。

2. 清单项目计量

控制屏，继电、信号屏，模拟屏，低压开关柜，弱电控制返回屏，硅整流柜，可控硅柜，低压电容器柜，自动调节励磁屏，励磁灭磁屏，蓄电池屏(柜)，直流馈电屏，事故照明切换屏，控制台，控制箱，配电箱，插座箱，控制器，接触器，磁力启动器，Y-△自耦减压启动器，电磁铁(电磁制动器)及快速自动开关安装工程计量单位为"台"；箱式配电室安装工程计量单位为"套"；控制开关、低压熔断器、限位开关及分流器安装工程计量单位为"个"。

3. 工程量计算规则

控制屏，继电、信号屏，模拟屏，低压开关柜，弱电控制返回屏，箱式配电室，硅整流柜，可控硅柜，低压电容器柜，自动调节励磁屏，励磁灭磁屏，蓄电池屏(柜)，直流馈电屏，事故照明切换屏，控制台，控制箱，配电箱，控制开关，低压熔断器，限位开关，控制器，接触器，磁力启动器，Y-△自耦减压启动器，电磁铁(电磁制动器)，快速自动开关及分流器安装工程量按设计图示数量计算。

盘、箱、柜的外部进出线预留长度应符合表 7-31 的规定。

第七章 电机、控制设备及照明器具安装工程计量与计价

表 7-31　　　　盘、箱、柜的外部进出线预留长度　　　　m/根

序号	项目	预留长度	说明
1	各种箱、柜、盘、板、盒	高+宽	盒面尺寸
2	单独安装的铁索开关、自动开关、刀开关、启动器、箱式电阻器、变阻器	0.5	从安装对象中心算起
3	继电器、控制开关、信号灯、按钮、熔断器等小电器	0.3	从安装对象中心算起
4	分支接头	0.2	分支线预留

4. 工程量计算示例

【例 7-2】现需制作一台供一梯三户使用的嵌墙式木板照明配电箱,设木板厚均为 10mm,电气主结线系统如图 7-3 所示,每户两个供电回路,即照明回路与插座回路,楼梯照明由单元配电箱供电,本照明配电箱不予考虑,试计算其工程量。

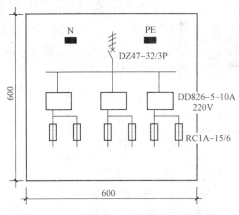

图 7-3　配电箱内电气主结线系统图

【解】三相自动空气开关(DZ47-32/3P)安装工程量=1 个
瓷插式熔断器(RC1A-15/6)安装工程量=3 个
工程量计算结果见表 7-32。

表 7-32　　　　　　　　　　工程量计算表

序号	项目编码	项目名称	项目特征描述	计量单位	工程量
1	030404019001	控制开关	三相自动空气开关(DZ47-32/3P)	个	1
2	030404020001	低压熔断器	瓷插式熔断器(RC1A-15/6)	个	3

【例 7-3】某工程设计内容中,安装一台控制屏,该屏为成品,内部配线已做好,设计要求需做槽钢和进出的接线。试编制控制屏分部分项工程量清单。

【解】控制屏工程量计算结果见表 7-33。

表 7-33　　　　　　　　　　工程量计算表

序号	项目编码	项目名称	项目特征描述	计量单位	工程量
1	030404001001	控制屏	控制屏安装	台	1

【例 7-4】某工程设计要求安装动力配电箱,其中:2 台挂墙安装,型号为 XLX(箱高 0.5m,宽 0.4m,深 0.2m),电源进线为 VV22-1KV4×25(G50),出线为 BV-5×10(G32),共三个回路;1 台落地安装,型号为 XL(F)-15(箱高 1.7m,宽 0.8m,深 0.6m),电源进线为 VV22-1KV4×95(G80),出线为 BV-5×16(G32),共四个回路。配电箱基础采用 10 号槽钢制作。列出工程量计算表。

【解】工程量计算结果见表 7-34。

表 7-34　　　　　　　　　　工程量计算表

序号	项目编码	项目名称	项目特征描述	计量单位	工程量
1	030404017001	配电箱	动力配电箱 XLX 高 0.5m,宽 0.4m,深 0.2m	台	2
2	030404017002	配电箱	动力配电箱 XL(F)-15 高 1.7m,宽 0.8m,深 0.6m	台	1

二、电阻器、变阻器

1. 清单项目设置

电阻器、变阻器的清单项目设置见表7-35。

表7-35　　　　电阻器、变阻器的清单项目设置

项目编码	项目名称	项目特征	工作内容
030404028	电阻器	1. 名称 2. 型号 3. 规格 4. 接线端子材质、规格	1. 本体安装 2. 焊、压接线端子 3. 接线
030404029	油浸频敏变阻器		

(1) 电阻器。电阻器是一个限流元件,是一种将电能转换成热能的耗能电气装置。将电阻接在电路中后,可限制通过它所连支路的电流大小。

如果一个电阻器的电阻值接近 0Ω(例如,两个点之间的大截面导线),则该电阻器对电流没有阻碍作用,串接这种电阻器的回路被短路,电流无限大;如果一个电阻器具有无限大的或很大的电阻,则串接该电阻器的回路可看作开路,电流为零。工业中常用的电阻器介于两种极端情况之间,它具有一定的电阻,可通过一定的电流,但电流不像短路时那样大。电阻器的限流作用类似于接在两根大直径管子之间的小直径管子限制水流量的作用。

电阻器按其结构可分为固定电阻器和半可调电阻器两大类。固定电阻器的电阻值是固定的,一经制成不能再改变;半可调电阻器的电阻值可以在一定范围内调整(但这种调整不应过于频繁)。

(2) 油浸频敏变阻器。油浸频敏变阻器是一种静止的无触点的电磁启动元件,接在电路中能调整电流的大小。一般的油浸频敏变阻器用电阻较大的导线和可以改变接触点以调节电阻线有效长度的装置构成。它随频率的改变而改变电阻值,使电动机获得恒转矩的机械特

性,减少电流和机械的冲击,实现电动机的平稳无级启动。主要用于绕线转子异步电动机的短时启动、反复短时启动和转差调节以及同步电动机的制动。

2. 清单项目计量

电阻器安装工程计量单位为"箱"。油浸频敏变阻器安装工程计量单位为"台"。

3. 工程量计算规则

电阻器、油浸频敏变阻器安装工程量按设计图示数量计算。

三、小电器

1. 小电器种类

小电器包括:按钮、电笛、电铃、水位电气信号装置、测量表计、继电器、电磁锁、屏上辅助设备、辅助电压互感器、小型安全变压器等。

(1)按钮。按钮一般由按钮帽、复位弹簧、动触点、常开静触点、常闭静触点等组成。

按钮根据触点的结构不同,分为启动按钮(常开按钮)、停止按钮(常闭按钮)和复合按钮(常开和常闭组合的按钮)三种。

按钮根据结构形式不同,分为开启式、防水式、紧急式、旋钮式、保护式、钥匙式、防腐式、带灯按钮等。

按钮用于交流电压500V或直流电压440V、电流为5A以下的电路中。一般情况下,它不直接操纵主电路的通断,而被用来接通和断开控制电路。

用按钮与接触器相配合来控制电动机启动和停止的优点包括:

1)能对电动机实行远距离和自动控制。

2)以小电流控制大电流,操作安全。

3)减轻劳动强度。

(2)电笛。电笛是指由电动机驱动叶轮使空气快速通过喷口发出声响的装置。

(3)电铃。电铃是利用电磁铁的特性,通过电源开关的反复闭合装置来控制缠绕在主磁芯线圈中的电流通断形成主磁路对弹性悬浮磁芯的磁路吸合与分离交替变化，使连接在弹性悬浮磁芯上的电锤在铃体表面产生振动并发出铃声。

电铃包括交流电铃和直流电铃，其结构如图 7-4 所示。

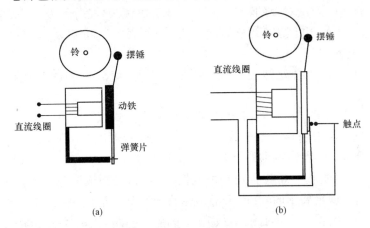

图 7-4　电铃结构示意图
(a)交流电铃；(b)直流电铃

(4)水位电气信号装置。水位电气信号装置是一种反映水位变化的信号元件，主要由变压器、整流桥、小型密封电磁继电器、电容器、电位器等组成。

(5)测量表计。测量表计主要是指电气设备的安装、调试及检修过程中，用于电流、电压、电阻、电能、电功率等的电工仪器仪表。

测量表计的种类繁多，分类方法也各有不同。

1)按照结构和用途，大体上可以分为以下五类：

①指示仪表类：直接从仪表指示的读数来确定被测量的大小。

②比较仪器类：需在测量过程中将被测量与某一标准量比较才能确定其大小。

③数字式仪表类：直接以数字形式显示测量结果，如数字万用表。

④记录仪表和示波器类：如 X-Y 记录仪、光线示波器。

⑤扩大量程装置和变换器：如分流器、附加电阻、电流互感器、电

压互感器。

2)按照工作原理分类,主要有电磁式、电动式和磁电式指示仪表,其他还有感应式、振动式、热电式、热线式、静电式、整流式、光电式和电解式等类型的指示仪表。

3)按照测量对象的种类分类,主要有电流表(又分为安培表、毫安表、微安表)、电压表(又分为伏特表、毫伏表等)、功率表、频率表、欧姆表、电度表等。

4)按被测电流种类分类,有直流仪表、交流仪表、交直流两用仪表。

5)按使用方式分类,有安装式仪表和可携式仪表。

6)按仪表的指示准确度可分为 0.1、0.2、0.5、1.0、1.5、2.5、5.0 七个等级。仪表的级别即仪表准确度的等级。

(6)继电器。继电器是一种电控制器件,是当输入量(激励量)的变化达到规定要求时,在电气输出电路中使被控量发生预定的阶跃变化的一种电器。它具有控制系统(又称输入回路)和被控制系统(又称输出回路)之间的互动关系。通常应用于自动化的控制电路中,它实际上是用小电流去控制大电流运作的一种"自动开关",故在电路中起着自动调节、安全保护、转换电路等作用。

(7)电磁锁。电磁锁也称磁力锁,其设计和电磁铁相同,是利用电生磁的原理,当电流通过硅钢片时,电磁锁会产生强大的吸力紧紧地吸住吸附铁板达到锁门的效果。只要很小的电流电磁锁就会产生很大的磁力,控制电磁锁电源的门禁系统识别人员正确后即断电,电磁锁失去吸力即可开门。

电磁锁的吸力强度以 LB 表示(磅)。

2. 清单项目设置

小电器在"计算规范"中的项目编码为 030404031,其项目特征包括:名称、型号、规格、接线端子材质、规格。工作内容包括:本体安装,焊、压接线端子,接线。

3. 清单项目计量

小电器安装工程计量单位为"个(套、台)"。

4. 工程量计算规则

小电器安装工程量按设计图示数量计算。

5. 工程量计算示例

【例 7-5】 现需制作一台供一梯三户使用的嵌墙式木板照明配电箱,设木板厚均为 10mm,电气主结线系统如图 7-3 所示,每户两个供电回路,即照明回路与插座回路,楼梯照明由单元配电箱供电,本照明配电箱不予考虑,试计算小电器工程量。

【解】 三相交流电度表(DD826-5~10A,220V)安装工程量＝3 个

工程量计算结果见表 7-36。

表 7-36　　　　　　　　　工程量计算表

序号	项目编码	项目名称	项目特征描述	计量单位	工程量
1	030404031001	小电器	三相交流电度表(DD826-5~10A,220V)	个	3

四、端子箱

端子箱是一种转接施工线路,对分支线路进行标注,为布线和查线提供方便的接口装置。在某些情况下,为便于施工及调试,可将一些较为特殊且安装设置较为有规律的产品安装在端子箱内。

端子箱体材料采用优质冷轧钢板和优质不锈钢板,箱体结构按户外防水设计,可适用于各种不同类型的气候条件和运行环境。

1. 清单项目设置

端子箱在"计算规范"中的项目编码为 030404032,其项目特征包括:名称、型号、规格和安装部位。工作内容包括:本体安装、接线。

2. 清单项目计量

端子箱工程计量单位为"台"。

3. 工程量计算规则

端子箱工程量按设计图示数量计算。

五、风扇

风扇是一种用于散热的电器,主要由定子、转子和控制电路构成。

1. 清单项目设置

风扇在"计算规范"中的项目编码为030404033,其项目特征包括:名称,型号,规格和安装方式。工作内容包括:本体安装,调速开关安装。

2. 清单项目计量

风扇工程计量单位为"台"。

3. 工程量计算规则

风扇工程量按设计图示数量计算。

4. 工程量计算实例

【例7-6】某贵宾室安装2套280mm×280mm,1×40W的排风扇,试计算其工程量。

【解】排风扇安装工程量=2套

工程量计算结果见表7-37。

表7-37　　　　　　　　工程量计算表

序号	项目编码	项目名称	项目特征描述	计量单位	工程量
1	030404033001	风扇	排风扇(280mm×280mm,1×40W)	套	2

六、照明开关、插座

1. 照明开关、插座型号与选用及接线方法

照明开关是用来隔离电源或按规定能在电路中接通或断开电流或改变电路接法的一种装置。

插座,又称电源插座、开关插座,是指有一个或一个以上电路接线可插入的座,通过它可插入各种接线,便于与其他电路接通,是为电器提供电源接口的电气设备。

(1)照明开关的型号与选用。

1) 型号编制方法应符合《家用和类似用途控制器 产品型号编制方法》(GB/T 22683)的相关规定。

2) 选用依据。

①根据用电设备电压类别：直流或交流；额定电压和最高工作电压；额定电流。

②根据用电设备功能要求、安装方式及接地结构。

③根据用电设备使用环境：户内、户外及防护等级。

④根据建筑设计时面板样式、颜色和装饰要求。

(2) 开关、插座的接线方法。

1) 先用试电笔找出火线；

2) 关掉插座电源；

3) 将火线接入开关 2 个孔中的一个 A 标记，再从另一个孔中接出一根 2.5mm² 绝缘线接入下面的插座 3 个孔中的 L 孔内接牢；

4) 找出零线直接接入插座 3 个孔中的 N 孔内接牢；

5) 找出地线直接接入插座 3 个孔中的 E 孔内接牢。

注意：零、地线不能接错(一般面对插座左零右火上接地)，否则插上用电设备，一开就会跳闸。

2. 清单项目设置

照明开关、插座在"计算规范"中的清单项目设置见表7-38。

表 7-38　　　　　　　　照明开关、插座清单项目设置

项目编码	项目名称	项目特征	工作内容
030404034	照明开关	1. 名称 2. 材质 3. 规格 4. 安装方式	1. 本体安装 2. 接线
030404035	插座		

3. 清单项目计量

照明开关、插座工程计量单位为"个"。

4. 工程量计算规则

照明开关、插座工程量按设计图示数量计算。

七、其他电器

其他电器指本节中未列出的电器项目。其他电器必须根据电器实际名称确定项目名称,明确描述工作内容、项目特征、计量单位、计算规则。

1. 清单项目设置

其他电器在"计算规范"中的项目编码为 030404036,其项目特征包括:名称,规格和安装方式。工作内容包括:安装,接线。

2. 清单项目计量

其他电器工程计量单位为"个(套、台)"。

3. 工程量计算规则

其他电器工程量按设计图示数量计算。

第三节 照明器具安装工程

一、照明灯具安装要求

在高大的建筑物内,照明器安装高度在 6m 及以下时,宜采用深照明型或配照照明器;安装高度在 6~15m,宜采用特深照明型照明器;安装高度在 15~30m 时,宜采用高纯铝深照型或其他高光强照明器。

常用灯具类型代号见表 7-39,灯具控制或性能代号见表 7-40,光源代号见表 7-41。

表 7-39　　　　　　　　灯具类型代号

普通吊灯	壁灯	花灯	吸顶灯	柱灯	卤钨控制灯	防水防尘灯	隔膜灯	投光灯	工厂一般灯具	剧场及摄影灯	信号标志灯
P	B	H	D	Z	L	F	按专用符号	T	G	W	X

表 7-40 灯具控制或性能代号

开启式	防护式	密闭式	安全型	隔膜型
K	B	M	A	专用型号

表 7-41 光源代号

白炽灯	荧光灯	卤钨灯	汞灯	钠灯	金属卤素灯
B	Y	L	G	N	J

照明灯具的接线形式见表 7-42。

表 7-42 照明灯具接线形式

线路名称和用途	接线图	说明
一只单连开关控制一盏灯		开关应装在相线上
一只单连开关控制一盏灯和插座及其连接		比下面几种线路用线少,但由于线路上有接头,日久易松动,电阻增加会产生高热,有引起火灾的危险,且接头工艺也比较复杂
一只单连开关控制两盏或多盏灯		一只单连开关控制多盏灯时,可按图中所示虚线接线,但应注意开关的容量是否允许
两只单连开关控制两盏灯		多只单连开关控制多盏灯时,可按图中所示虚线接线

线路名称和用途	接线图	说明
用两只双连开关在两个地方控制一盏灯		用于控制楼梯或走廊电灯,可在两端同时控制
用两只双连开关和一只三连开关在三个地方控制一盏灯		与上栏所说明的情况基本相同

二、普通灯具

1. 普通灯具类型

普通灯具可用于各种室内场合,为了更好地保护灯具电光源,一般普通灯具都安装了灯罩。普通灯具包括:

(1)吸顶灯。

1)方形吸顶灯。即外形为方形,吸附在天棚上的灯具。

2)半圆球吸顶灯。即外形为半圆球形,吸附在天棚上的灯具。

(2)吊灯。

1)防水吊灯。一般为密封型的灯具,将透光罩固定处加以密封,与外界完全隔离,内外空气不能流通。防水吊灯一般适用于浴室、厨房、厕所、潮湿或有水蒸气的车间、仓库及隧道、露天堆场等场所。

2)软线吊灯。利用软导线来吊装灯具的一种吊灯。安装软线吊灯通常需要吊线盒和木台两种配件。

(3)一般弯脖灯。指灯具成长圆条弯颈形。弯脖灯一般制作成节源灯,且有一定装饰效果。

(4)壁灯。指直接安装在墙壁上或柱子上的灯。当安装在墙上时,一般在砌墙时应预埋木砖,禁止用木楔代替木砖,也可以预埋金属构件;当安装在柱子上时,一般在柱子上预埋金属构件或用抱箍将金属构件固定在柱子上,然后将壁灯固定在金属构件上,还可以用塑料胀管法把壁灯固定在墙上或柱子上。

(5)成套灯具。指包括灯泡、灯罩、灯座、导线等的一整套照明装置。

2. 清单项目设置

普通灯具在"计算规范"中的项目编码为 030412001,其项目特征包括:名称,型号,规格,类型。工作内容包括:本体安装。

3. 清单项目计量

普通灯具安装工程计量单位为"套"。

4. 工程量计算规则

普通灯具安装工程量按设计图示数量计算。

5. 工程量计算示例

【例 7-7】某房间顶板距地面高度为 35m,室内装置定型照明配电箱(XM-7-3/0)1 台,单管日光灯(40W)8 盏,拉线开关 4 个,试计算其工程量。

【解】照明配电箱(XM-7-3/0)安装工程量=1 台

单管日光灯(40W)安装工程量=8 盏

拉线开关安装工程量=4 个

工程量计算结果见表 7-43。

表 7-43　　　　　　　　　　工程量计算表

序号	项目编码	项目名称	项目特征描述	计量单位	工程量
1	030404017001	配电箱	照明配电箱(XM-7-3/0)	台	1
2	030404034001	照明开关	拉线开关	套	4
3	030412001001	普通灯具	单管日光灯(40W)	套	8

三、工厂灯

1. 工厂灯的类型及照明设计

(1)工厂灯的类型。

通常,工厂灯包括工厂罩灯、防水灯、防尘灯、碘钨灯、投光灯、泛光灯、混光灯、密闭灯。

其中,日光灯作为办公照明,其效率比较高、光线比较柔和;太阳灯价格便宜,亮度高,但效率低,一般作为临时照明;高压水银灯、高压钠灯亮度高,效率高,但价格较贵,电压要求比较高,作为车间照明和场地照明。

高压汞灯、自镇流高压汞灯的型号及主要技术数据分别见表7-44和表7-45。

表7-44　　　　　常用高压汞灯的型号及主要技术数据

灯泡型号	光电参数							寿命/h
	电源电压/V	灯泡功率/W	灯泡电压/V	工作电流/A	启动时间/min	再启动时间/min	配用镇流器阻抗/Ω	
GGY-125	220	125	115±15	1.25	4~8	5~10	134	2500
GGY-250		250	130±15	2.15			70	
GGY-400		400	135±15	3.25			45	5000
GGY-1000		1000	145±15	7.5			18.5	

表7-45　　　　　自镇流高压汞灯的型号及主要技术数据

灯泡型号	电源电压/V	灯泡功率/W	工作电流/A	启动电压/A	再启动时间/min	寿命/h
GLY-250	220	250	1.2	180	3~6	2500
GLY-450		450	2.25			3000
GLY-750		750	3.56			

工厂灯还包括工地上用的镝灯(3.5kW,380V)及机场停机坪用的氙灯。

(2)照明设计选择灯具时,应综合考虑以下几点:

1) 灯具的光学特性：包括灯具的效率、配光、利用系数、表面亮度、眩光等。

2) 经济性：包括价格光通比、电消耗、维护费用等。

3) 灯具使用的环境条件：包括是否需要防水、防潮、防尘等。

4) 灯具的外形与建筑物或室内装修是否协调等。

(3) 工厂照明灯具的选择方案如下：

1) 空气较干燥和少尘的车间，可选用开启型灯具。根据车间的高度、生产设备的位置和照明的要求，选择广照型、配照型、深照型灯具或其他形式灯具。

2) 空气潮湿和多尘的车间，应选用防水、防尘的各种密闭型灯具。

3) 有爆炸危险的车间，应选用防爆灯或隔爆灯。

4) 一般办公室、会议室，可选用开启型或闭合型的各种灯具。

5) 室外广场和露天工作场所，可采用露天用的高压汞灯或高压钠灯，必要时可采用投光灯或氙灯。

6) 工厂的室外道路，亦宜采用高压汞灯或高压钠灯。

(4) 工厂车间照明布置主要有均匀布置和选择布置，几种常见的布置方式如图 7-5 所示。

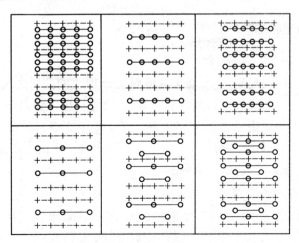

图 7-5 生产车间几种常见的均匀布置方式

2. 清单项目设置

工厂灯在"计算规范"中的项目编码为 030412002,其项目特征包括:名称,型号,规格,类型。工作内容包括:本体安装。

3. 清单项目计量

工厂灯安装工程计量单位为"套"。

4. 工程量计算规则

工厂灯安装工程量按设计图示数量计算。

5. 工程量计算示例

【例 7-8】 某水泵站电气安装工程需安装 3 套工厂灯,安装方式为吸顶式,试计算其工程量。

【解】 工厂灯安装工程量=3 套

工程量计算结果见表 7-46。

表 7-46　　　　　　　　工程量计算表

序号	项目编码	项目名称	项目特征描述	计量单位	工程量
1	030412002001	工厂灯	吸顶式安装	套	3

四、高度标志(障碍)灯

1. 高度标志(障碍)灯设置要求

按国家标准规定,顶部高出其地面 45m 以上的高层建筑必须设置航标灯,包括烟囱标志灯、高塔标志灯、高层建筑屋顶障碍指示等。

为了与一般用途的照明灯有所区别,航标灯不是长亮着而是闪亮,闪光频率不低于每分钟 20 次,不高于每分钟 70 次。高度标志(障碍)灯一般分为低光强、中光强和高光强三种。

2. 清单项目设置

高度标志(障碍)灯在"计算规范"中的项目编码为 030412003,其项目特征包括:名称,型号,规格,安装部位,安装高度。工作内容包括:本体安装。

第七章 电机、控制设备及照明器具安装工程计量与计价

3. 清单项目计量

高度标志(障碍)灯工程计量单位为"套"。

4. 工程量计算规则

高度标志(障碍)灯工程量按设计图示数量计算。

五、装饰灯

1. 装饰照明概述

装饰灯是指为美化和装饰某一特定空间而设置的照明器,用于室内外的美化、装饰、点缀等;室内装饰灯一般包括壁灯、组合式吸顶花灯、吊式花灯等;室外装饰灯一般包括霓虹灯、彩灯、庭院灯等。

装饰照明可以是正常照明或局部照明的一部分。以纯装饰性为目的的照明,不兼做一般照明和局部照明。

(1)装饰灯具适用于新建、扩建、改建的宾馆、饭店、影剧院、商场、住宅等建筑物装饰用灯具安装。

(2)装饰灯具分类。装饰灯具包括:吊式艺术装饰灯具(蜡烛、挂片、串(珠)棒、吊杆、玻璃罩等);吸顶式艺术装饰灯具[串珠(棒)、挂片(碗、吊碟)、玻璃罩等];荧光艺术装饰灯具(组合、内藏组合、发光棚和其他等);几何形状组合艺术装饰灯具;标志、诱导装饰灯具;水下艺术装饰灯具;点光源艺术装饰灯具;草坪灯具;歌舞厅灯具。

(3)建筑装饰照明常用形式。建筑装饰照明常用形式见表 7-47。

表 7-47　　　　　　建筑装饰照明常用形式

序号	项目	释　义
1	发光天棚	在透光吊顶与建筑构造之间装灯,即指将光源安装在天棚上面的夹层中。夹层要有一定的高度,以保证灯之间的距离与灯悬挂高度之比值选得恰当,并可以在夹层中对照明设备进行维护。 发光天棚的优点是工作面上可以获得均匀的照度,可以减小,甚至消除室内的阴影,且天棚明亮,使人觉得敞亮;其缺点是缺乏立体感,显得平淡单调

续表

序号	项目	释义
2	光带	指房间天棚上长条状的照明装置,其光源最常用的是荧光灯,透光部分所用材料可以与发光天棚一样,主要用漫射透光材料或格栅型透光面。用抛光铝合金制成的大格栅透光面使用较多,其特点是既能有效地控制眩光,又能获得较高的灯具效率,还可以克服发光天棚照明的平淡单调,并可在天棚上排列成各种图案,装饰效果好
3	檐板照明装置	利用不透光檐板遮住光源,将墙壁照亮的照明设备就称为檐板照明装置。这种照明装置中的檐板作为建筑装饰构件,可以安装在墙的上部,也可以固定在天棚上。与窗帘盒合为一体的就称为窗帘盒照明装置。无论是檐板照明装置还是窗帘盒照明装置,一般多采用荧光灯作光源
4	暗槽照明装置	利用凹槽遮住光源,并将光主要投向上方和侧方的间接照明装置就称暗槽照明装置。暗槽照明装置种类多种多样。 暗槽照明装置基本上属于间接照明,光线柔和,无阴影。比较多地用于装饰照明,能形成温馨的气氛

2. 清单项目设置

装饰灯在"计算规范"中的项目编码为 030412004,其项目特征包括:名称,型号,规格,安装形式。工作内容包括:本体安装。

3. 清单项目计量

装饰灯安装工程计量单位为"套"。

4. 工程量计算规则

装饰灯安装工程量按设计图示数量计算。

5. 工程量计算示例

【例 7-9】某房间照明系统回路图如图 7-6 所示,试计算有关项目工程量。

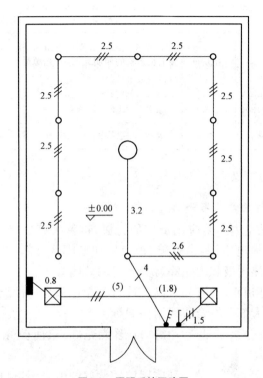

图 7-6　照明系统回路图

说明:1. ■■■■——照明配电箱 AZM,300mm×200mm×120mm(宽×高×厚),电源由本层总配电箱引来,配电箱为嵌入式安装,箱底标高 1.600m;
2. ○——装饰灯 XDCZ-50,8×100W,吸顶安装;
3. ○——装饰灯 FZS-164,1×100W,吸顶安装。

【解】照明配电箱 AZM,300mm×200mm×120mm(宽×高×厚)安装工程量＝1 台
　　装饰灯 XDCZ-50,8×100W 安装工程量＝1 套
　　装饰灯 FZS-164,1×100W 安装工程量＝10 套
　　工程量计算结果见表 7-48。

表 7-48　　　　　　　　　工程量计算表

序号	项目编码	项目名称	项目特征描述	计量单位	工程量
1	030404017001	配电箱	照明配电箱 AZM, 300mm×200mm×120mm, 箱底标高 1.600m	台	1
2	030412004001	装饰灯	装饰灯 XDCZ-50,8×100W	套	1
3	030412004002	装饰灯	装饰灯 FZS-164,1×100W	套	10

六、荧光灯

1. 荧光灯的定义与分类

荧光灯是室内照明应用最广的光源,被称为第二代光源,又称日光灯,是气体放电电源,由灯管、镇流器和启辉器三部分组成,其主要部件是灯头、热阴极和内壁涂有荧光粉的玻璃管。

与白炽灯相比,具有光效高、寿命长、光色和显色性能都比较好等特点,因此在大部分场合取代了白炽灯。

荧光灯可分为普通荧光灯、H 形荧光灯、双曲荧光灯和防爆荧光灯。

(1)普通荧光灯。是一种应用比较普遍的电光源,也称为日光灯,为热阴极预热式低压汞蒸汽放电灯,灯管的形状有直管、环形管、U 形管等。

(2)H 形荧光灯。是一种新颖的节能电光源,H 形荧光灯必须配专用灯座,其镇流器必须根据灯管功率来配置,而勿用普通的直管形,否则勉强使用会缩短 H 形灯管的使用寿命。

(3)双曲荧光灯。是一种新颖的电光源,故有耗电省、光效高、寿命长、安装方便等优点。这种灯是把双曲荧光灯管(即两支 U 形管)和微型镇流器封装在一个玻璃管内。

(4)防爆荧光灯。防爆荧光灯能安全地在有爆炸危险的场所使用。荧光灯应用广泛、发展快。

常见的防爆荧光灯见表 7-49。

表 7-49　　　　　　　　　常见的防爆荧光灯

序号	项目	内容
1	直管型荧光灯	直管型荧光灯作为一般照明用，其产量和使用量均是最大量的。直管荧光灯的品种也很多，按光色分有日光色、(冷)白色、暖白色和三基色。另外还有彩色荧光灯，它们采用不同的荧光粉，可以分别发出蓝、绿、黄、橙和红色光，用作装饰照明或其他特殊用途。 近年来出现了一种新型的直管型荧光灯，新型荧光灯采用高效荧光粉，使光效又提高了 20%，电极灯丝采用三螺旋钨丝，并在灯管两端加装了防止灯管发黑的内防护环，从而使新型荧光灯的寿命比普通荧光灯延长了 30%
2	异形荧光灯	目前常用的异形荧光灯有 U 形和环形两种，它们的优点是改变了原来只有直管一种类型的局面，便于照明布置。但异形荧光灯的价格高、寿命短，所以远不及直管荧光灯普及
3	紧凑型荧光灯	紧凑型荧光灯是近年来发展迅速的光源，已经采用的外形有：双 U 型、双 D 型、H 型、Ⅱ 型等。由于这类灯管具有体积小、光效高、造型美观，又常制成高显色性暖色调荧光灯，所以逐渐代替了低光效的白炽灯，应用范围越来越广
4	吸顶式荧光灯	直接装贴在天棚或天花板上的，不需要灯链或灯杆悬挂，这种形式一般适用于比较低矮的房间。吸顶式有单管、双管和三管之分

2. 清单项目设置

荧光灯在"计算规范"中的项目编码为 030412005，其项目特征包括：名称，型号，规格，安装形式。工作内容包括：本体安装。

3. 清单项目计量

荧光灯安装工程计量单位为"套"。

4. 工程量计算规则

荧光灯安装工程量按设计图示数量计算。

5. 工程量计算示例

【例 7-10】某水泵站电气安装工程需安装 5 套吊链双管荧光灯，

试计算其工程量。

【解】吊链双管荧光灯安装工程量＝5套

工程量计算结果见表7-50。

表7-50 工程量计算表

序号	项目编码	项目名称	项目特征描述	计量单位	工程量
1	030412005001	荧光灯	吊链双管荧光灯安装	套	5

七、医疗专用灯

1. 医疗专用灯的分类

医疗专用灯指安装在医院里使用的一种专业性较强的灯具。它的安装要适用于病人及护士护理、医生手术的要求。

医疗专用灯包括紫外线杀菌灯、病房指示灯、病房暗脚灯、无影灯。

(1)紫外线杀菌灯。医院专用灯,可以利用其发射出的紫外线杀死病菌。

(2)病房指示灯。一种方便病人的指示性灯具。

(3)病房暗脚灯。专为病人安装的既不影响病人休息又方便护士查房的灯具。

(4)无影灯。医院专用灯具,设置在手术室内,医生在为病人做手术时,无论从哪个方面都不会出现阴影,故称无影灯。无影灯由多个灯头组成,一般成圆盘状。

2. 清单项目设置

医疗专用灯在"计算规范"中的项目编码为030412006,其项目特征包括:名称,型号,规格。工作内容包括:本体安装。

3. 清单项目计量

医疗专用灯安装工程计量单位为"套"。

4. 工程量计算规则

医疗专用灯安装工程量按设计图示数量计算。

八、市政工程灯具

市政工程灯具主要包括一般路灯、中杆灯、高杆灯、桥栏杆灯、地道涵洞灯。

1. 清单项目设置

市政工程灯具安装工程的清单项目设置见表 7-51。

表 7-51　　　　　　　市政灯具清单项目设置

项目编码	项目名称	项目特征	工作内容
030412007	一般路灯	1. 名称 2. 型号 3. 规格 4. 灯杆材质、规格 5. 灯架形式及臂长 6. 附件配置要求 7. 灯杆形式（单、双） 8. 基础形式、砂浆配合比 9. 杆座材质、规格 10. 接线端子材质、规格 11. 编号 12. 接地要求	1. 基础制作、安装 2. 立灯杆 3. 杆座安装 4. 灯架及灯具附件安装 5. 焊、压接线端子 6. 补刷（喷）油漆 7. 灯杆编号 8. 接地
030412008	中杆灯	1. 名称 2. 灯杆的材质及高度 3. 灯架的型号、规格 4. 附件配置 5. 光源数量 6. 基础形式、浇筑材质 7. 杆座材质、规格 8. 接线端子材质、规格 9. 铁构件规格 10. 编号 11. 灌浆配合比 12. 接地要求	1. 基础浇筑 2. 立灯杆 3. 杆座安装 4. 灯架及灯具附件安装 5. 焊、压接线端子 6. 铁构件制作、安装 7. 补刷（喷）油漆 8. 灯杆编号 9. 接地

续表

项目编码	项目名称	项目特征	工作内容
030412009	高杆灯	1. 名称 2. 灯杆高度 3. 灯架形式(成套或组装、固定或升降) 4. 附件配置 5. 光源数量 6. 基础形式、浇筑材质 7. 杆座材质、规格 8. 接线端子材质、规格 9. 铁构件规格 10. 编号 11. 灌浆配合比 12. 接地要求	1. 基础浇筑 2. 立灯杆 3. 杆座安装 4. 灯架及灯具附件安装 5. 焊、压接线端子 6. 铁构件安装 7. 补刷(喷)油漆 8. 灯杆编号 9. 升降机构接线调试 10. 接地
030412010	桥栏杆灯	1. 名称 2. 型号 3. 规格 4. 安装形式	1. 灯具安装 2. 补刷(喷)油漆
030412011	地道涵洞灯		

(1)一般路灯。路灯是指为了使各种机动车辆的驾驶者在夜间行驶时,能辨认出道路上的各种情况且不感到过分疲劳,以保证行车安全而设置的灯具。

沿着道路两侧恰当地布置路灯,可以给使用者提供有关前方道路的方向、线型、倾斜度等视觉信息。

常用的路灯包括庭院路灯、工厂厂区内、住宅小区内路灯及大马路弯灯。

1)庭院路灯是指以庭院为中心进行活动或工作所需要的照明器。从效率和维修方面考虑,一般多采用5~12m高的杆头汞灯照明器,也可使用移动式照明器或临时用照明器。

2)工厂厂区内、住宅小区内路灯主要是以庭院式灯具为主,带有美化环境的装饰作用的灯具。

3) 大马路弯灯的灯杆高度一般在 15m 以下,沿道路布置,灯具伸到路面上空,有较好的照明效果。

LD_1、LD_2 路灯安装用料的型号及规格分别见表 7-52、表 7-53。

表 7-52　　　　　　　　　　LD_1 路灯规格

序号	名称	规格								单位
	固定点距杆顶距离	0.9～2.4m 以内			2.4～3.9m 以内			3.9～5.4m 以内		
	电杆梢径	$\phi150$	$\phi170$	$\phi190$	$\phi150$	$\phi170$	$\phi190$	$\phi150$	$\phi170$	$\phi190$	
1	灯具横担Ⅰ	I_1	I_2	I_3	I_2	I_3	I_4	I_3	I_4	I_5	根
2	灯具横担Ⅱ	$Ⅱ_1$	$Ⅱ_2$	$Ⅱ_3$	$Ⅱ_2$	$Ⅱ_3$	$Ⅱ_4$	$Ⅱ_3$	$Ⅱ_4$	$Ⅱ_5$	根
3	U形抱箍	I_2	I_3	I_4	I_3	I_4	I_5	I_4	I_5	I_6	副
4	马路弯灯	白炽灯									套
5	鼓形绝缘子	G-50									个
6	飞保险	—									个
7	沉头螺钉	M8×70									个
8	方螺母	M8									个
9	垫圈	8									个
10	铝芯橡皮绝缘线	BLX-500,6mm²									m

表 7-53　　　　　　　　　　LD_2 路灯规格

序号	名称	规格								单位
	固定点距杆顶距离	0.9～2.4m 以内			2.4～3.9m 以内			3.9～5.4m 以内		
	电杆梢径	$\phi150$	$\phi170$	$\phi190$	$\phi150$	$\phi170$	$\phi190$	$\phi150$	$\phi170$	$\phi190$	
1	灯具横担Ⅰ	I_1	I_2	I_3	I_2	I_3	I_4	I_3	I_4	I_5	根
2	灯具横担Ⅱ	$Ⅱ_1$	$Ⅱ_2$	$Ⅱ_3$	$Ⅱ_2$	$Ⅱ_3$	$Ⅱ_4$	$Ⅱ_4$	$Ⅱ_5$		根
3	U形抱箍	I_2	I_3	I_4	I_3	I_4	I_5	I_4	I_5	I_6	副
4	马路弯灯	高压水银灯									套
5	镇流器	—									个
6	鼓形绝缘子	G-50									个
7	飞保险	—									个
8	沉头螺钉	M8×70									个

续表

序号	名称	规格									单位
	固定点距杆顶距离	0.9~2.4m 以内			2.4~3.9m 以内			3.9~5.4m 以内			
	电杆梢径	$\phi150$	$\phi170$	$\phi190$	$\phi150$	$\phi170$	$\phi190$	$\phi150$	$\phi170$	$\phi190$	
9	半圆头螺钉	M6×14									个
10	方螺母	M8									个
11	方螺母	M6									个
12	垫圈	8									个
13	垫圈	6									个
14	铝芯橡皮绝缘线	BLX-500,6mm^2									m

(2)中杆灯。中杆灯是指安装在高度小于或等于19m的灯杆上的照明器具。

(3)高杆灯。高杆灯是指安装在高度大于19m的灯杆上的照明器具。

高杆灯的适用场所包括：市内广场、公园、站前广场、游泳、网球等体育设施、道路的主体交叉点、高速公路休息站、大型主体道路、停车场、市内街道交叉点、港口、码头、航空港、调车场、铁路枢纽等。

高杆照明是从高处照明路面，路面亮度、均匀度极好，司机在比较远的地方就会感到将要接近汇合处或立体交叉了。

此外，高杆一般位于车道外，易于维修、清扫和换灯，不影响交通秩序。也可兼顾附近建筑物、树木、纪念碑等的照明，以改善环境照明条件，并可兼作景物照明。

(4)桥栏杆灯。桥栏杆灯是指用于桥上照明所用的灯具。

(5)地道涵洞灯。城市道路中的地道涵洞灯主要有荧光灯、低压钠灯，在隧道出入口处的适应性照明宜选用高压钠灯或荧光高压汞灯。

1)日光灯。用于隧道照明的主要优点是表面发光面积大、照度均匀度好，最适合作缓和照明光带用。要求环境温度最好在18~25℃。

2)低压钠灯。常用在长隧道或汽车排烟雾较多的地方。自镇流式和外镇流式高压汞灯可用于烟雾较少的地方。

地道涵洞的布灯还要考虑易于检修或更换灯具，要考虑隧道及立交桥洞结构形式与安全。立交桥洞下灯具通常布置在两侧的墙上与洞顶相交处。隧道内采用点光源时,布灯的距离尽可能小,形成光点的连续性,否则司机感觉光点闪跳而妨碍视觉极不舒服。当隧道线路起伏、弯道、分流、合流时,由于路面的视线受到了限制,这时灯具的排列所起到的诱导作用是很必要的。为此,要研究灯具的安装间距、形状等,使司机能分辨出路线变化趋势。

2. 清单项目计量

市政工程灯具安装工程计量单位是"套"。

3. 工程量计算规则

市政工程灯具安装工程量按设计图示数量计算。

4. 工程量计算示例

【例7-11】某广场兼休息和集会功能,需混合安装白炽灯和荧光灯,其中,15m以下的灯杆顶端安装246套白炽灯,高杆(杆高32m)安装荧光灯84套。试计算其工程量。

【解】中杆灯安装工程量=246套

高杆灯安装工程量=84套

工程量计算结果见表7-54。

表7-54　　　　　工程量计算表

序号	项目编码	项目名称	项目特征描述	计量单位	工程量
1	030412008001	中杆灯	白炽灯,杆高15m以下	套	246
2	030412009001	高杆灯	荧光灯,杆高32m	套	84

【例7-12】某桥涵工程,设计用4套高杆灯照明,杆高为35m,灯架为成套升降型,6个灯头,混凝土基础,试计算其工程量。

【解】高杆灯安装工程量计算结果见表7-55。

表7-55　　　　　工程量计算表

序号	项目编码	项目名称	项目特征描述	计量单位	工程量
1	030412009001	高杆灯	灯杆高度为35m;成套升降型;灯头为6个;混凝土基础	套	4

第八章 防雷及接地工程计量与计价

防雷及接地装置是指建筑物、构筑物、电气设备等为了防止雷击造成危害,以及为了预防人体接触电压及跨步电压,保证电气装置可靠运行等所设的设施。

第一节 接地工程

一、接地装置

接地装置由接地极和接地线组成。接地装置宜用钢材,在腐蚀性较强的场所,应采用热镀锌的钢接地体或适当加大截面,接地装置的导体截面按符合热稳定和机械强度的要求应不小于表 8-1 中所列数值。

表 8-1　　　　　钢接地极和接地线的最小规格

种类及规格		地　上		地　下
		室　内	室　外	
圆钢直径/mm		5	6	8 (10)
扁钢	截　面/mm²	24	48	48
	厚　度/mm	3	4	4 (6)
角钢厚度/mm		2	2.5	4 (6)
钢管管壁厚度/mm		2.5	2.5	3.5 (4.5)

注:1. 表中括号内的数值是指直流电力网中经常流过电流的接地线和接地体的最小规格。
　　2. 电力线路杆塔的接地体引出线的截面不应小于 50mm²,引出线应热镀锌。

常见的接地类型主要有：

(1)工作接地。根据电力系统正常运行的需要而设置的接地,例如三相系统的中性点接地,双极直流输电系统的中点接地等。

(2)保护接地。本来不设保护接地,电力系统也能正常运行,但为了人身安全而将电气设备的金属外壳加以接地,它是在故障条件下才发挥作用的。

(3)防雷接地。用来将雷电流顺利泄入地下,以减少它所引起的过电压,其性质介于前面两种接地之间,是防雷保护装置不可或缺的组成部分,这与工作接地有相同之处。但它又是保障人身安全的措施,只有在故障条件下才发挥作用,这与保护接地有相似处。

二、接地极

1. 接地极设置要求

接地极也称为接地体,是埋入大地以便与大地连接的导体或几个导体的组合。在电气工程中接地极是用多条 2.5m 长,45mm×45mm 镀锌角钢,钉于 800mm 深的沟底,再用引出线引出。

接地极的设置要求如下：

(1)当自然接地体的接地电阻值和连续性符合交流要求时,一般可不另设人工接地极,但不能仅仅利用给水管作为接地体,另有规定者除外。

(2)当人工接地极和自然接地极并用时,应使两者的连接处便于分开,以便测量各自的接地电阻值。

(3)当采用人工接地极和外引接地极并利用自然接地体时,应采用至少两根埋地导体在不同地点与人工接地网相近,但电力线路和其他另有规定除外。

(4)由于裸铝导体易腐蚀,所以在地下不得采用裸铝导体作为接地体或接地线。

2. 清单项目设置

接地极在"计算规范"中的项目编码为 030409001,其项目特征包括：名称、材质、规格、土质、基础接地形式。工作内容包括：接地极

(板、桩)制作、安装,基础接地网安装,补刷(喷)油漆。

3. 清单项目计量

接地极工程计量单位为"根(块)"。

4. 工程量计算规则

接地极工程量按设计图示数量计算。

三、接地母线

1. 接地母线定义与安装

接地母线是指与主接地极连接,供井下主变电所、主水泵房等所用电气设备外壳连接的母线。

接地母线也称层接地端子,从其名字也可以看出,它是一条专门用于楼层内的公用接地端子。它的一端要直接与接地干线连接,另一端是与本楼层配线架、配线柜、钢管或金属线槽等设施所连接的接地线连接。它属于一个中间层次,比接地线高一个层次,而比接地干线又要低一个层次。

接地母线通常与楼层内水平布线系统并排安装,用于整个楼层布线系统的公用接地。接地母线应为铜母线,其最小的尺寸应为 6mm(厚)×50mm(宽),长度视工程实际需要来确定。接地母线应采用电镀锡以减小接触电阻(不要手工绑接)。

2. 清单项目设置

接地母线在"计算规范"中的项目编码为 030409002,其项目特征包括:名称,材质,规格,安装部位,安装形式。工作内容包括:接地母线制作、安装,补刷(喷)油漆。

3. 清单项目计量

接地母线工程计量单位为"m"。

4. 工程量计算规则

接地母线工程量按设计图示尺寸以长度计算(含附加长度)。

接地母线附加长度见表 8-2。

表 8-2　接地母线、引下线、避雷网附加长度　m/根

项目	附加长度	说明
接地母线、引下线、避雷网附加长度	3.9%	接地母线、引下线、避雷网全长计算

第二节　防雷工程

一、避雷装置的种类

避雷装置的种类基本上分为四大类型,即:

(1)接闪器,如避雷针、避雷带、避雷网等。

(2)电源避雷器(安装时主要是并联方式,也可是串联方式)。

(3)信号型避雷器,多数用于计算机网络、通信系统上,安装的方式是串联。

(4)天馈线避雷器,它适用于有发射机天线系统和接收无线电信号设备系统,连接方式也是串联。

避雷器型号具体表示方法如下:

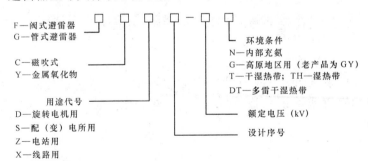

二、避雷引下线

1. 避雷引下线概述

(1)避雷引下线的分类及特点。避雷引下线是将避雷针接收的雷电流引向接地装置的导体,按照材料可分为:镀锌接地引下线和镀铜

接地引下线、超绝缘引下线。

1）镀锌引下线常用的有镀锌圆钢（直径 8mm 以上）、镀锌扁钢（3mm×30mm 或 4mm×40mm），建议采用镀锌圆钢。

2）镀铜引下线常用的有镀铜圆钢、镀铜钢绞线（也叫铜覆钢绞线），这种材料成本比镀锌的高，但导电性和抗腐蚀性都比镀锌材料好很多。

3）超绝缘引下线采用多层特殊材质的绝缘材料，保证了它强大的绝缘性能，满足产品设计要求的相当于 0.75m 空气的绝缘距离。产品外部设计特殊的防紫外线和抗老化层，有效地提高了产品抗老化性能，使用寿命大大提高。此种产品适用于安全要求比较高的场所，成本比铜材贵一些。

(2) 避雷引下线材料种类和要求。

1）镀锌钢材有扁钢、角钢、圆钢、钢管等，使用时应注意采用镀锌材料，应符合设计规定。产品应有材质检验证明及产品出厂合格证。

2）镀锌辅料有铅丝（即镀锌铁丝）、螺栓、垫圈、弹簧垫圈、U 形螺栓、元宝螺栓、支架等。

3）电焊条、氧气、乙炔、沥青漆、混凝土支架、预埋铁件、小线、水泥、砂子、塑料管、红油漆、白油漆、防腐漆、银粉、黑色油漆等。

(3) 避雷引下线安装质量标准。

1）接地装置的接地电阻值必须符合设计要求。

2）防雷接地引下线的保护管固定牢靠；断线卡子设置便于检测，接触面镀锌或镀锡完整，螺栓等紧固件齐全。防腐均匀，无污染建筑物。

2. 清单项目设置

避雷引下线在"计算规范"中的项目编码为 030409003，其项目特征包括：名称，材质，规格，安装部位，安装形式，断接卡子，箱材质、规格。工作内容包括：避雷引下线制作、安装，断接卡子、箱制作、安装，利用主钢筋焊接，补刷（喷）油漆。

3. 清单项目计量

避雷引下线工程计量单位为"m"。

4. 工程量计算规则

避雷引下线工程量按设计图示尺寸以长度计算(含附加长度)。避雷引下线附加长度见表8-2。

三、均压环

1. 均压环的分类

均压环指的是改善绝缘子串上电压分布的圆环状金具。

均压环按用处不同,可分为避雷器均压环、防雷均压环、绝缘子均压环、互感器均压环、高压试验设备均压环、输变电线路均压环等。

均压环按材质不同,可分为铝制均压环、不锈钢均压环、铁制均压环等。

2. 清单项目设置

均压环在"计算规范"中的项目编码为030409004,其项目特征包括:名称,材质,规格,安装形式。工作内容包括:均压环敷设,钢铝窗接地,柱主筋与圈梁焊接,利用圈梁钢筋焊接,补刷(喷)油漆。

3. 清单项目计量

均压环工程计量单位为"m"。

4. 工程量计算规则

均压环工程量按设计图示尺寸以长度计算(含附加长度)。

均压环附加长度见表8-2。

四、避雷网

避雷网是利用钢筋混凝土结构中的钢筋网作为雷电保护的装置(必要时还可以辅助避雷网),也叫做暗装避雷网。它是根据古典电学中法拉第笼的原理达到雷电保护的金属导电体网络。

1. 清单项目设置

避雷网在"计算规范"中的项目编码为030409005,其项目特征包括:名称,材质,规格,安装形式,混凝土块强度等级。工作内容包括:避雷网制作、安装,跨接,混凝土块制作,补刷(喷)油漆。

2. 清单项目计量

避雷网工程计量单位为"m"。

3. 工程量计算规则

避雷网工程量按设计图示尺寸以长度计算（含附加长度）。

避雷网附加长度见表8-2。

五、避雷针

1. 避雷针的制作

避雷针，又名防雷针，是用来保护建筑物等避免雷击的装置。在高大建筑物顶端安装一根金属棒，用金属线与埋在地下的一块金属板连接起来，利用金属棒的尖端放电，使云层所带的电和地上的电逐渐中和，从而不会引发事故。

避雷针一般采用圆钢或焊接钢管制成，其直径应不小于下列数值：

(1)针长1m以下：圆钢为12mm；钢管为20mm。

(2)针长1～2m：圆钢为16mm；钢管为25mm。

(3)烟囱上的避雷针：圆钢为20mm；2m针长时，为φ25圆钢。

当避雷针采用镀锌钢筋和钢制作时，截面面积不小于100mm^2，钢管厚度不小于3mm。1～12m长的避雷针宜采用组装形式，其各节尺寸见表8-3。

表8-3　　　　1～12m长避雷针采用组装形式的各节尺寸

避雷针高度/mm	1.0	2.0	3.0	4.0	5.0	6.0	7.0	8.0	9.0	10.0	11	12
第一节尺寸/mm φ25(φ50)	1000	2000	1500	1000	1500	1500	2000	1000	1500	2000	2000	2000
第二节尺寸/mm φ40(φ70)	—	1500	1500	1500	2000	2000	1000	1500	2000	2000	2000	—
第三节尺寸/mm φ50(φ80)	—	—	—	1500	2000	2500	3000	2000	2000	2000	2000	2000
第四节尺寸/mm φ100	—	—	—	—	—	—	—	4000	4000	4000	5000	6000

2. 清单项目设置

避雷针在"计算规范"中的项目编码为030409006,其项目特征包括:名称,材质,规格,安装形式、高度。工作内容包括:避雷针制作、安装、跨接、补刷(喷)油漆。

3. 清单项目计量

避雷针工程计量单位为"根"。

4. 工程量计算规则

避雷针工程量按设计图示数量计算。

六、半导体少长针消雷装置

1. 半导体少长针消雷装置适用场所及规格

半导体少长针消雷装置是半导体少针消雷针组、引下线、接地装置的总和。

半导体少长针消雷装置适用于以下场所:

(1)可能有直雷直接侵入的电子设备(例如广播电视塔、微波通信塔以及信号接收塔等,受雷直击时,直击雷会沿天馈线直接侵入电子设备)。

(2)内部有重要的电气设备的建(构)筑物。

(3)易燃、易爆场所。

(4)多雷区或易击区的露天施工工地或作业区。

(5)避雷针的保护范围难以覆盖的设施。

(6)多雷区或易击区的35~500kV架空输电线路以及发电厂、变电所(站)。

半导体少长针消雷装置的规格及适用范围见表8-4。

表8-4　　　　半导体少长针消雷装置的规格及适用范围

型号	规格	针数	质量/kg	适用范围
SLE-V-3	5000mm×3	3	45	输电线路
SLE-V-4	5000mm×4	4	50	输电线路
SLE-V-9	5000mm×9	9	95	中层民用建筑
SLE-V-13	5000mm×13	13	120	重要保护设施

续表

型号	规格	针数	质量/kg	适用范围
SLE-V-13/8	5000mm×(13/8)	13+8	120+8	60m 以上铁塔
SLE-V-16	5000mm×(13/16)	13+16	120+160	80m 以上铁塔
SLE-V-19	5000mm×19	19	160	重要保护设施
SLE-V-19/8	5000mm×(19/8)	19+8	160+80	60m 以上铁塔
SLE-V-19/16	5000mm×(19/16)	19+16	160+160	80m 以上铁塔
SLE-V-25	5000mm×25	25	205	重要保护设施

2. 清单项目设置

半导体少长针消雷装置在"计算规范"中的项目编码为030409007,其项目特征包括:型号,高度。工作内容包括:本体安装。

3. 清单项目计量

半导体少长针消雷装置安装工程计量单位为"套"。

4. 工程量计算规则

半导体少长针消雷装置安装工程量按设计图示数量计算。

七、等电位端子箱、测试板

1. 等电位端子箱概述

等电位端子箱是将建筑物内的保护干线,水煤气金属管道,采暖和冷冻、冷却系统,建筑物金属构件等部位进行联结,以满足规范要求的接触电压小于 50V 的防电击保护电器。其是现代建筑电器的一个重要组成部分,被广泛应用高层建筑。

总等电位联结的作用:在于降低建筑物内间接接触电击的接触电压和不同金属部件间的电位差,并清除自建筑物外经电气线路各种金属管道引入的危险故障电压的危害,建筑物每一电源进线都应作总等电位联结,各个联接端子板应互扣相通。

辅助等电位联结的作用:将两导电部分用导线直接作等电位联结,使故障接触电压降至接触电压限值以下。电源网络阻抗过大,使自动切断电源时间过长,不能满足防电击要求时;为满足浴室、游泳池、医院手术室等场所对防电击的特殊要求时;自 TN 系统同一配电器供给固定式和移动式两种电气设备,而固定式设备保护电器切断电源时间不能满足移动式防电击要求时。

测试板用以插入主机板上的插槽,以测试插槽的多个引脚。多个引脚配合主机板的电路布局所构成。

2. 清单项目设置

等电位端子箱、测试板在"计算规范"中的项目编码为 030409008,其项目特征包括:名称,材质,规格。工作内容包括:本体安装。

3. 清单项目计量

等电位端子箱、测试板工程计量单位为"台(块)"。

4. 工程量计算规则

等电位端子箱、测试板工程量按设计图示数量计算。

八、绝缘垫

绝缘垫是指用于防雷接地工程中的台面或铺地绝缘材料。

1. 清单项目设置

绝缘垫在"计算规范"中的项目编码为 030409009,其项目特征包括:名称,材质,规格。工作内容包括:制作,安装。

2. 清单项目计量

绝缘垫工程计量单位为"m^2"。

3. 工程量计算规则

绝缘垫工程量按设计图示尺寸以展开面积计算。

九、浪涌保护器

1. 浪涌保护器的定义与特点

浪涌保护器,也叫防雷器,是一种为各种电子设备、仪器仪表、通信线路提供安全防护的电子装置。当电气回路或者通信线路中因为外界的干扰突然产生尖峰电流或者电压时,浪涌保护器能在极短的时间内导通分流,从而避免浪涌对回路中其他设备的损害。

浪涌保护器的特点如下：
(1)保护通流量大,残压极低,响应时间快。
(2)采用最新灭弧技术,彻底避免火灾。
(3)采用温控保护电路,内置热保护。
(4)带有电源状态指示,指示浪涌保护器工作状态。
(5)结构严谨,工作稳定可靠。

2. 清单项目设置

浪涌保护器在"计算规范"中的项目编码为030409010,其项目特征包括：名称,规格,安装形式,防雷等级。工作内容包括：本体安装,接线,接地。

3. 清单项目计量

浪涌保护器工程计量单位为"个"。

4. 工程量计算规则

浪涌保护器工程量按设计图示数量计算。

十、降阻剂

1. 降阻剂的用途

降阻剂是指人工配置的用于降低接地电阻的制剂。降阻剂用途十分广泛,用于国民经济的各个领域中。如电力、电信、建筑、广播、电视、铁路、公路、航空、水运、国防军工、冶金矿山、煤炭、石油、化工、纺织、医药卫生、文化教育等行业。

2. 清单项目设置

降阻剂在"计算规范"中的项目编码为030409011,其项目特征包括：名称,类型。工作内容包括：挖土,施放降阻剂,回填土,运输。

3. 清单项目计量

降阻剂工程计量单位为"kg"。

4. 工程量计算规则

降阻剂工程量按设计图示以质量计算。

第九章 附属工程与电气调整试验

第一节 附属工程

一、铁构件

铁构件是指有钢铁或者不锈钢经过切割、焊接、除锈刷漆等工艺人工制作出来的加工件。一般是电气设备的架子等等,也就是现场施工时用槽钢或者角钢、扁钢制做出来的各种构件。

1. 清单项目设置

铁构件在"计算规范"中的项目编码为030413001,其项目特征包括:名称,材质,规格。工作内容包括:制作,安装,补刷(喷)油漆。

2. 清单项目计量

铁构件工程计量单位为"kg"。

3. 工程量计算规则

铁构件工程量按设计图示尺寸以质量计算。

二、凿(压)槽与打洞(孔)

凿(压)槽与打洞(孔)一般是指在装修过程中,地面已做好的情况下,电气配管、配线所需工序,施工完毕后需要对槽、洞(孔)进行恢复处理。

1. 清单项目设置

凿(压)槽与打洞(孔)在"计算规范"中的项目设置见表9-1。

2. 清单项目计量

(1)凿(压)槽工程计量单位为"m"。

(2)打洞(孔)工程计量单位为"个"。

表 9-1　　　　　凿(压)槽与打洞(孔)清单项目设置

项目编码	项目名称	项目特征	工作内容
030413002	凿(压)槽	1. 名称 2. 规格 3. 类型 4. 填充(恢复)方式 5. 混凝土标准	1. 开槽 2. 恢复处理
030413003	打洞(孔)		1. 开孔、洞 2. 恢复处理

3. 工程量计算规则

(1)凿(压)槽工程量按设计图示尺寸以长度计算。

(2)打洞(孔)工程量按设计图示数量计算。

三、管道包封

管道包封即混凝土包封,是指将管道顶部和左右两侧使用规定强度等级的混凝土全部密封。

1. 清单项目设置

管道包封在"计算规范"中的项目编码为030413004,其项目特征包括:名称,规格,混凝土强度等级。工作内容包括:灌注,养护。

2. 清单项目计量

管道包封工程计量单位为"m"。

3. 工程量计算规则

管道包封工程量按设计图示长度计算。

四、人(手)孔砌筑与防水

1. 人(手)孔通道位置选择

人(手)孔是组成通信管道的配套设施,按容量分为大、中、小号人(手)孔;按用途分为直通、三通、四通。

人(手)孔通道位置选择要求如下:

(1)人(手)孔通道位置应符合通信管道的使用要求。

(2)人(手)孔通道位置选择在机房、建筑物引入点等处。

(3)在道路交叉处的人(手)孔应选择在人行道上,稍偏向道路边的一侧,人(手)孔位置不应设置在建筑或单位的门口、低洼积水地段。

(4)管道长度超过150m,适当增加人(手)孔。

(5)管道穿越铁路、河道时,在两侧应放置人(手)孔。

(6)进入小区的管道、简易塑料管道、分支引上管道宜选择手孔。

(7)一般大容量电缆进局所,汇接处宜选择通道。

2. 清单项目设置

人(手)孔砌筑与防水在"计算规范"中的清单项目设置见表9-2。

表9-2　　　　　　人(手)孔砌筑与防水清单项目设置

项目编码	项目名称	项目特征	工作内容
030413005	人(手)孔砌筑	1. 名称 2. 规格 3. 类型	砌筑
030413006	人(手)孔防水	1. 名称 2. 类型 3. 规格 4. 防水材质及做法	防水

3. 清单项目计量

(1)人(手)孔砌筑工程计量单位为"个"。

(2)人(手)孔防水工程计量单位为"m"。

4. 工程量计算规则

(1)人(手)孔砌筑工程量按设计图示数量计算。

(2)人(手)孔防水工程量按设计图示防水面积计算。

第二节　电气调整试验

一、变配电系统调整试验

1. 清单项目设置

变配电系统调试试验在"计算规范"中的清单项目设置见表9-3。

表 9-3　　　　　　　变配电系统调试试验清单项目设置

项目编码	项目名称	项目特征	工作内容
030414001	电力变压器系统	1. 名称 2. 型号 3. 容量(kV·A)	系统调试
030414002	送配电装置系统	1. 名称 2. 型号 3. 电压等级(kV) 4. 类型	
030414003	特殊保护装置	1. 名称 2. 类型	调试
030414004	自动投入装置		
030414008	母线	1. 名称 2. 电压等级(kV)	
030414010	电容器		
030414012	电抗器、消弧线圈	1. 名称 2. 类别	
030414013	电除尘器	1. 名称 2. 型号 3. 规格	
030414014	硅整流设备、可控硅整流装置	1. 名称 2. 类别 3. 电压(V) 4. 电流(A)	

(1)电力变压系统调试。电力变压系统调试一般包括变压器、断路器、互感器、隔离开关、风冷及油循环冷却系统电气装置、常规保护装置等一、二次回路的调试及空投试验等。

(2)送配电装置系统调试。送配电装置系统调试一般包括自动开关或断路器、隔离开关、常规保护装置、电测量仪表、电力电缆等一、二次回路系统等的调试。

(3)特殊保护装置调试。特殊保护装置调试一般包括保护装置本体及二次回路的调整试验。

(4) 自动投入装置调试。自动投入装置调试一般包括自动装置、继电器及拉制回路的调整试验。

(5) 母线安装调试。母线和其他供电线路一样,安装完毕后,要做电气交接试验。必须注意,6kV 以上(含 6kV)的硬母线试验时与穿墙套管要断开,因为有时两者的试验电压是不同的。

对于穿墙套管、支柱绝缘子和母线的工频耐压试验,其试验电压标准如下:

1) 35kV 及以下的支柱绝缘子,可在母线安装完毕后一起进行。试验电压应符合表 9-4 的规定。

表 9-4　穿墙套管、支柱绝缘子及母线的工频耐压试验电压标准

[1min 工频耐受电压(kV)有效值]　　　　　　　　kV

额定电压		3	6	10
支柱绝缘子		25	32	42
穿墙套管	纯瓷和纯瓷充油绝缘	18	23	30
	固体有机绝缘	16	21	27

2) 对于母线绝缘电阻不作规定,也可参照表 9-5 的规定。

表 9-5　常温下母线的绝缘电阻最低值

电压等级/kV	1 以下	3~10
绝缘电阻/MΩ	1/1000	>10

对焊(压)接接头有怀疑或采用新施工工艺时,可抽测母线焊(压)接接头的 2%,但不少于 2 个,所测接头的直流电阻值不应大于同等长度母线的 1.2 倍(对软母线的压接头不应大于 1);对大型铸铝焊母线,则可抽查其中的 20%~30%,同样应符合上述要求。

对于高压母线交流工频耐压试验,必须按现行国家标准《电气装置安装工程　电气设备交接试验标准》(GB 50150—2006)的规定交接试验合格。

对于低压母线的交接试验,其规格、型号,应符合设计要求;相间和相对地间的绝缘电阻值应大于 0.5MΩ;母线的交流工频耐压试验

电压为1kV,当绝缘电阻值大于10MΩ时,可采用2500V绝缘电阻表摇测替代,试验持续时间1min,无击穿闪络现象。

(6)电容器保护调试。电容器保护调试项目包括:

1)常规调试及试验接线;

2)输入系统检验;

3)保护装置各逻辑功能(包括过电流保护、过电压保护、低电压保护、距离保护零序保护等)的检验。

(7)电抗器、消弧线圈调试。电抗器、消弧线圈调试一般包括电抗器、消弧圈的直流电阻测试、耐压试验,高压静电除尘装置本体及一、二次回路的测试等。

(8)电除尘器调试。为确保电除尘器安全运行,电除尘器投运前,必须对以下项目进行试验:

1)静态空电场升压试验。

2)两台并联供电电厂升压试验。

3)阴阳极分布板振打装置调试。

(9)硅整流设备、可控硅整流装置调试。硅整流设备、可控硅整流装置调试一般包括开关、调压设备、整流变压器、硅整流设备及一、二次回路的调试,可控硅控制系统调试等。

2. 清单项目计量

(1)电力变压器系统、送配电装置系统、硅整流设备、可控硅整流装置调试试验工程计量单位为"系统"。

(2)特殊保护装置调试试验工程计量单位为"台(套)"。

(3)自动投入装置调试试验工程计量单位为"系统(台、套)"。

(4)母线安装调试试验工程计量单位为"段"。

(5)电容器、电除尘器调试试验工程计量单位为"组"。

(6)电抗器、消弧线圈调试试验工程计量单位为"台"。

3. 工程量计算规则

(1)电力变压器系统、送配电装置系统、硅整流设备、可控硅整流装置调试试验工程量按设计图示系统计算。

(2)特殊保护装置、自动投入装置、母线、电容器、电抗器、消弧线圈、电除尘器调试试验工程量按设计图示数量计算。

4. 工程量计算实例

【例 9-1】某工程安装 3 台电力变压器,并对其进行检查接线及调试,试计算其工程量。

【解】电力变压器系统调试工程量＝3 系统

工程量计算结果见表 9-6。

表 9-6　　　　　　　　　　　工程量计算表

序号	项目编码	项目名称	项目特征描述	计量单位	工程量
1	030414001001	电力变压器系统	电力变压器系统调试	系统	3

【例 9-2】某备用电源自动投入装置系统如图 9-1 所示,试求其工程量。

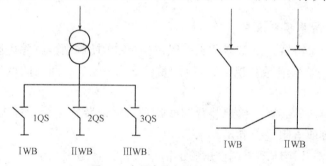

图 9-1　备用电源自动投入装置

【解】如图 9-1 所示,备用电源自动投入装置系统划分为备用电源自动投入装置调试和线路电源自动重合闸装置调试两部分,工程量计算结果见表 9-7。

表 9-7　　　　　　　　　　　工程量计算表

序号	项目编码	项目名称	项目特征描述	计量单位	工程量
1	030414004001	自动投入装置	备用电源自动投入装置调试	系统	3
2	030414004002	自动投入装置	线路电源自动重合闸装置调试	套	1

二、电缆试验

电缆试验就是检查电缆质量、绝缘状况和对电缆线路所做的各种测试。

1. 清单项目设置

电缆试验在"计算规范"中的项目编码为 030414015，其项目特征包括：名称，电压等级(kV)。工作内容包括：试验。

2. 清单项目计量

电缆试验工程计量单位为"次(根、点)"。

3. 工程量计算规则

电缆试验工程量按设计图示数量计算。

第三节 防雷及接地系统调整试验

1. 清单项目设置

(1) 避雷器。避雷器调试一般包括母线耐压试验，解除电阻测量、避雷器、母线绝缘监视装置、电测量仪表及一、二次回路的调试，接地电阻测试等。

(2) 接地装置。接地装置调试就是对接地装置用接地摇表进行测量，看接地电阻是否满足要求。

防雷及接地系统调试试验的清单项目设置见表 9-8。

表 9-8 防雷及接地系统调试试验清单项目设置

项目编码	项目名称	项目特征	工作内容
030414009	避雷器	1. 名称 2. 电压等级(kV)	调试
030414011	接地装置	1. 名称 2. 类别	接地电阻测试

2. 清单项目计量

避雷器调试试验工程计量单位为"组"；接地装置调试试验工程计量单位为"系统"或"组"。

3. 工程量计算规则

避雷器调试试验工程量按设计图示数量计算。接地装置调试试验工程量计算规则为：

(1) 以系统计量，按设计图示系统计算。

(2) 以组计量，按设计图示数量计算。

4. 工程量计算示例

【例 9-3】 如图 9-2 所示为某配电所主要接线图，试计算防雷及接地系统调试工程量。

【解】 防雷及接地系统调试主要包括避雷器调试和接地调试，根据工程量计算规则，工程量计算结果见表 9-9。

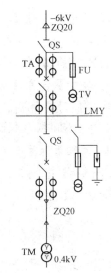

图 9-2 某配电所主要接线图

表 9-9 工程量计算表

序号	项目编码	项目名称	项目特征描述	计量单位	工程量
1	030414009001	避雷器	避雷器调试	组	1
2	030414011001	接地装置	接地调试	系统	1

第四节 中央信号、照明装置系统调整试验

1. 清单项目设置

中央信号、照明装置在"计算规范"中的清单项目设置见表 9-10。

表 9-10 中央信号、照明装置清单项目设置

项目编码	项目名称	项目特征	工作内容
030414005	中央信号装置	1. 名称	
030414006	事故照明切换装置	2. 类型	调试
030414007	不间断电源	1. 名称 2. 类型 3. 容量	

2. 清单项目计量

中央信号装置调试试验工程计量单位为"系统(台)"。事故照明切换装置、不间断电源调试试验工程计量单位为"系统"。

3. 工程量计算规则

中央信号装置调试试验工程量按设计图示数量计算。事故照明切换装置、不间断电源调试试验工程量按设计图示系统计算。

4. 工程量计算示例

【例 9-4】如图 9-3 所示,事故照明电源切换系统应分别划分为事故照明切换装置调试、中央信号装置调试,试计算其工程量。

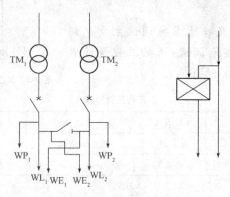

图 9-3 事故照明电源切换系统示意图

【解】工程量计算结果见表 9-11。

表 9-11　　　　　　　　　工程量计算表

序号	项目编码	项目名称	项目特征描述	计量单位	工程量
1	030414006001	事故照明切换装置	事故照明切换装置调试	系统	2
2	030414005001	中央信号装置	中央信号装置调试	系统	1

第十章 电气工程计量与计价综合示例

【例 10-1】某住宅楼消防系统采用配电箱和免维护铅酸电池(12/290V/A·h)进行配合配电,免维护铅酸蓄电池用作备用电源,如图 10-1 所示。试求此消防系统工程量。

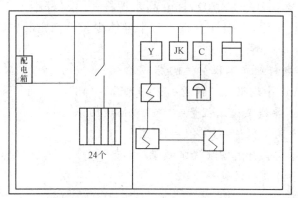

图 10-1 某住宅楼消防系统平面图

【解】配电箱工程量=1 台

电铃工程量=1 个

手动报警按钮工程量=1 只

报警控制器工程量=1 台

12/290V/A·h 免维护铅酸电池工程量=24 个

工程量计算结果见表 10-1。

表 10-1   工程量计算表

序号	项目编码	项目名称	项目特征描述	计量单位	工程量
1	030404017001	配电箱	配电箱	台	1
2	030404031001	小电器	电铃	个	1
3	030404031002	小电器	手动报警按钮	个	1

续表

序号	项目编码	项目名称	项目特征描述	计量单位	工程量
4	030405001001	蓄电池	12/290V/A·h 免维护铅酸电池	个	24
5	030404022001	控制器	报警控制器	台	1

【例 10-2】 某新建工厂需架设 380/220V 三相四线线路，导线使用裸铝绞线（$3\times120+1\times70$），15m 高水泥杆 10 根（杆距为 55m），杆上铁横担安装 1 根，末根杆上有 4 套半导体少长针消雷装置，试计算其工程量。

【解】 电杆组立工程量＝10 根

$120mm^2$ 导线架设工程量＝$3\times9\times55=1485$m

$70mm^2$ 导线架设工程量＝$1\times9\times55=495$m

横担安装工程量＝$10\times1=10$ 组

半导体少长针消雷装置工程量＝4 套

工程量计算结果见表 10-2。

表 10-2　　　　　　　　工程量计算表

序号	项目编码	项目名称	项目特征描述	计量单位	工程量
1	030410001001	电杆组立	15m 高水泥电杆，杆距为 55m	根	10
2	030410003001	导线架设	380/220V，裸铝绞线，$120mm^2$	m	1485
3	030410003002	导线架设	380/220V，裸铝绞线，$70mm^2$	m	495
4	030410002001	横担组装	横担安装	组	10
5	030409007001	半导体少长针消雷装置	装于末根杆	套	4

【例 10-3】 某水泵站电气安装工程如图 10-2 所示，配电室内设有 4 台 PGL 型低压开关柜，其尺寸（宽×高×厚）为 1000mm×2000mm×600mm，安装在 10 号基础槽钢上；电缆沟内设 12 个电缆支架，尺寸如支架详图所示；两台水泵动力电缆 D1、D2 分别由 PGL2、PGL3 低压开关柜引出，沿电缆沟内支架敷设，出电缆沟再改穿埋地钢管（钢管埋地深度为 0.2m）配至 1 号、2 号水泵动力电动机，水泵管距地面 1m。其中：D1、D2

回路,沟内电缆水平长度分别为 2m、3m,配管长度分别为 15m、14m,连接水泵电动机处电缆预留长度按 0.1m 计;嵌装式照明配电箱 MX 的尺寸(宽×高×厚)为 500mm×400mm×220mm(箱底标高+1.400m),对水泵房内装设的吸顶式工厂罩灯进行集中控制,吸顶式工厂罩灯采用 BV2.5mm² 穿 φ15 塑料管,顶板暗配。顶管敷设标高为+3.000m;配管水平长度如图中括号内数字所示,单位为 m。试计算其工程量。

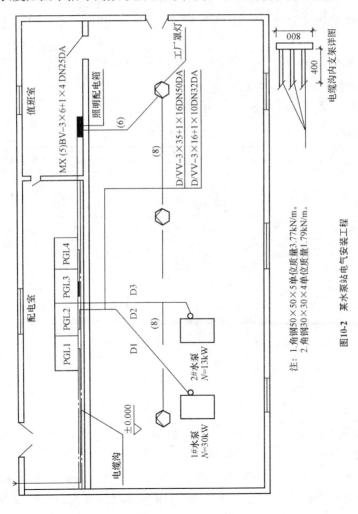

图10-2 某水泵站电气安装工程

【解】低压开关柜 PGL 工程量=4 台

照明配电箱 MX 工程量=1 台

工厂罩灯工程量=3 套

钢管暗配 DN50 工程量=15m

钢管暗配 DN32 工程量=14m

$\phi 15$ 塑料管工程量=$3-1.4-0.4+6+8+8=23.2$m

电缆敷设 D/VV$-3\times 16+1\times 10$ 工程量=$3+14+4+13+0.2\times 2+1\times 2=36.4$m

电缆敷设 D/VV$-3\times 35+1\times 16$ 工程量=$2+15+0.2+0.1=18.2$m

工程量计算结果见表 10-3。

表 10-3　　　　　工程量计算表

序号	项目编码	项目名称	项目特征描述	计量单位	工程量
1	030404004001	低压开关柜	PGL 型低压开关柜,1000mm×2000mm×600mm	台	4
2	030408001001	电力电缆	电缆敷设 D/VV$-3\times 16+1\times 10$	m	36.4
3	030408001002	电力电缆	电缆敷设 D/VV$-3\times 35+1\times 16$	m	18.2
4	030404017001	配电箱	嵌装式照明配电箱 MX,500mm×400mm×220mm	台	1
5	030412002001	工厂灯	吸顶式工厂罩灯	套	3
6	030408003001	电缆保护管	钢管暗配 DN50	m	15
7	030408003002	电缆保护管	钢管暗配 DN32	m	14
8	030411001001	配管	$\phi 15$ 塑料管暗配	m	23.2

【例 10-4】某住宅楼局部电气安装工程的工程量计算如下:砖混结构暗敷焊接钢管 SC15 为 90m,SC20 为 60m,SC25 为 35m;链吊双管荧光灯 YG$_{2-2}$2×40W 为 32 套;F81/1D,10A、250V 安装开关盒为 30 套;F81/10US,10A、250V 安装插座为 23 套;管内穿照明导线 BV

—2.5为360m。试编制其分部分项工程项目清单。

【解】工程量计算结果见表10-4。

表10-4　　　　　　　　　工程量计算表

序号	项目编码	项目名称	项目特征描述	计量单位	工程量
1	030411001001	电气配管	砖混结构焊接钢管SC15,暗敷	m	90
2	030411001002	电气配管	砖混结构焊接钢管SC20,暗敷	m	60
3	030411001003	电气配管	砖混结构焊接钢管SC25,暗敷	m	35
4	030411004001	电气配线	照明导线BV—2.5,管内穿	m	360
5	030412005001	荧光灯	双管荧光灯$YG_{2-2}2\times40W$,链吊安装	套	32
6	030404035001	插座	F81/10US,10A,250V插座安装	套	23
7	030404031001	小电器	F81/1D,10A,250V开关盒安装	套	30

【例10-5】如图10-3所示为某配电所主接线图,试计算其电气调试工程工程量。

【解】避雷器调试工程量＝1组

变压器系统调试工程量＝1系统

1kV以下母线系统调试工程量＝1段

1kV以下供电送配电系统调试工程量＝3系统

特殊保护装置调试工程量＝1套

工程量计算结果见表10-5。

表10-5　　　　　　　　　工程量计算表

序号	项目编码	项目名称	项目特征描述	计量单位	工程量
1	030414009001	避雷器	避雷器调试	组	1
2	030414001001	电力变压器系统	变压器系统调试	系统	1
3	030414008001	母线	1kV以下母线系统调试	段	1
4	030414002001	送配电装置系统	1kV以下供电送配电系统调试,断路器	系统	3
5	030414003001	特殊保护装置	熔断器	套	1

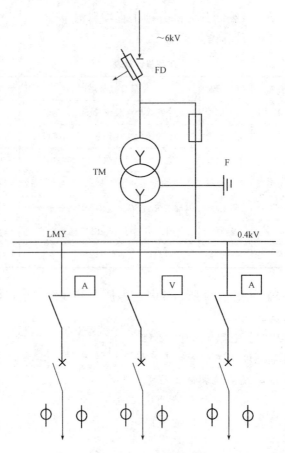

图 10-3 某配电所主接线图

【例 10-6】 某房间照明系统回路如图 10-4 所示,照明电源由本层总配电箱 AZM 尺寸(宽×高×厚)为 300mm×200mm×120mm 引来,配电箱为嵌入式安装,箱底标高 1.6m;室内中间装饰灯吸顶安装,型号为 XDCZ-50,8×100W,四周装饰灯也为吸顶安装,型号为 FZS-164,1×100W;单联、三联单控开关均暗装,分别为 10A、250V,安装高度为 1.4m,两排风扇为 300mm×300mm,1×60W,吸顶安装;管路均为 φ20 镀锌钢管沿墙、顶板暗配,顶管敷管标高为 4.50m,管内穿阻燃绝缘导线 ZRBV-500,1.5mm²;开关控制装饰灯 FZS-164 为隔一控一;配管水平长度如图示括号内数字,单位为 m。试计算其工程量。

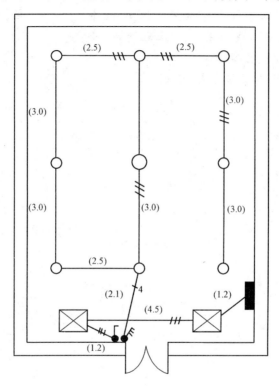

图 10-4 照明平面图

【解】AZM 配电箱安装工程量＝1 台

ϕ20 镀锌钢管安装工程量＝(4.5－1.6－0.2)＋1.2＋4.5＋1.2＋(4.5－1.4)×2＋2.1＋3.0＋2.5＋3.0×2＋2.5×2＋3.0×2
＝40.4m

管内穿阻燃绝缘导线 ZRBV-500,1.5mm² 工程量＝[(4.5－1.6－0.2)＋1.2＋3.0×3＋2.5＋0.3＋0.2]×2＋[4.5＋(4.5－1.4)＋1.2＋3.0×2＋2.5×2]×3＋[(4.5－1.4)＋2.1]×4
＝112.0m

装饰灯(XDCZ-50,8×100W)安装工程量＝1 套
FZS-164,1×100W 工程量＝8 套
开关(单联单控开关)安装工程量＝1 个
开关(三联单控开关)安装工程量＝1 个
排风扇安装工程量＝2 台
工程量计算结果见表 10-6。

表 10-6　　　　　　　　工程量计算表

序号	项目编码	项目名称	项目特征描述	计量单位	工程量
1	030404017001	配电箱	AZM 配电箱,300mm×200mm×120mm,嵌入式安装	台	1
2	030411001001	配管	ϕ20 镀锌钢管沿墙、顶板暗配,顶管敷管标高为 4.50m	m	40.4
3	030411004001	配线	管内穿阻燃绝缘导线 ZRBV-500,1.5mm^2	m	112.0
4	030412004001	装饰灯	XDCZ-50,8×100W	套	1
5	030412004002	装饰灯	FZS-164,1×100W	套	8
6	030404019001	控制开关	单联单控开关 10A、250V	个	1
7	030404019002	控制开关	三联单控开关 10A、250V	个	1
8	030404033001	风扇	排风扇,300mm×300mm,1×60W,吸顶安装	台	2

【例 10-7】某工程需安装电机检查接线及调试动力平面图(图 10-5)和照明平面图(图 10-6),试计算其工程量综合单价、合价及编制相应表格。

【解】(1)工程量计算结果见表 10-7。

第十章　电气工程计量与计价综合示例

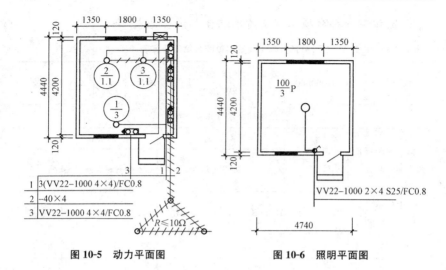

图 10-5　动力平面图　　　　图 10-6　照明平面图

电机检查接线：3kW，1台；1.1kW，2台

电机调试：3台

表 10-7　　　　　　　　　　工程量计算表

序号	项目编码	项目名称	项目特征描述	计量单位	工程数量
1	030406006001	低压交流异步电动机	名称、型号、类别；控制保护方式	台	3
2	030406006002	低压交流异步电动机	防爆，3kW以下	台	3

说明：

1. 泵房电源引自维修间配电箱，户外电缆直埋敷设，户内电缆穿 DN25 钢管埋地 0.2m 敷设，户外接地母线埋深 0.8m，接地装置安装参见国标图集 03D501—4，电气设备正常不带电的金属外壳均应可靠接地。

2. 房间为防爆照明，配线采用 BV－7502.5mm^2，导线 2 根穿 DN20 镀锌钢管沿墙面或顶板明敷；照明开关墙上明装，中心装高 1.3m；进线为电缆，过开关后换为 BV 导线；风机配线进线为电缆，过操作柱后采用 BV－7504mm^2 导线 4 根，穿 DN20 钢管沿地面暗敷，沿墙面明敷，操作柱均落地式安装。

◐ 防爆照明开关 SW—10　　⊂⊃ 防爆操作柱 LBZ—10ZD　　○ 防爆灯具 DB53—1001G/D

(2) 编制分部分项工程量清单综合单价表见表 10-8。

表 10-8　　分部分项工程量清单综合单价计算表

项目编号	030406006001	项目名称	防爆电机 3kW 以下	计量单位	台	工程量	3

清单综合单价组成明细									
定额编号	定额项目名称	定额单位	数量	单价/元				合价/元		
				人工费	材料费	机械费	管理费和利润	人工费	材料费	机械费	管理费和利润
2—448	防爆电机 3kW 以下	台	1	100.65	47.38	12.55	64.39	100.65	47.38	12.55	64.39
人工单价				小计				100.65	47.38	12.55	64.39
54 元/工日				未计价材料费				—			
清单项目综合单价/元								224.97			

(3) 编制分部分项工程量清单计价表见表 10-9。

表 10-9　　分部分项工程量清单计价表

项目编号	项目名称	项目特征描述	计量单位	工程数量	金额/元	
					综合单价	合价
030406006001	低压交流异步电动机	名称、型号、类别控制保护方式	台	3	—	—
030406006002	低压交流异步电动机	防爆、3kW 以下	台	3	224.97	674.91
—	本页小计	—	—	—		
	合计					

参 考 文 献

[1] 中华人民共和国住房和城乡建设部. GB 50500—2013 建设工程工程量清单计价规范[S]. 北京:中国计划出版社,2013.
[2] 中华人民共和国住房和城乡建设部. GB 50856—2013 通用安装工程工程量计算规范[S]. 北京:中国计划出版社,2013.
[3] 规范编制组. 2013 建设工程计价计量规范辅导[M]. 北京:中国计划出版社,2013.
[4] 陈建国. 工程计量与造价管理[M]. 上海:同济大学出版社,2001.
[5] 苑辉. 安装工程工程量清单计价实施指南[M]. 北京:中国电力出版社,2009.
[6] 张月明,赵乐宁,等. 工程量清单计价与示例[M]. 北京:中国建筑工业出版社,2004.
[7] 周承绪. 怎样阅读电气工程图[M]. 2 版. 北京:中国建筑工业出版社,1989.
[8] 丁云飞. 安装工程预算与工程量清单计价[M]. 北京:化学工业出版社,2005.
[9] 张卫兵. 电气设备安装工程识图与预算入门[M]. 北京:人民邮电出版社,2005.
[10] 刘佳力. 电气工程招投标与预决算[M]. 北京:化学工业出版社,2007.

我们提供

图书出版、图书广告宣传、企业/个人定向出版、设计业务、企业内刊等外包、代选代购图书、团体用书、会议、培训,其他深度合作等优质高效服务。

编辑部	图书广告	出版咨询	图书销售	设计业务
010-68343948	010-68361706	010-68343948	010-68001605	010-88376510转1008

邮箱:jccbs-zbs@163.com　　网址:www.jccbs.com.cn

发展出版传媒　服务经济建设
传播科技进步　满足社会需求

(版权专有,盗版必究。未经出版者预先书面许可,不得以任何方式复制或抄袭本书的任何部分。举报电话:010-68343948)